建设工程信息管理

（第3版）

主　编　安德锋　王　晶
副主编　孙　炜　初云燕

北京理工大学出版社
BEIJING INSTITUTE OF TECHNOLOGY PRESS

内 容 提 要

本书按照高等院校人才培养目标以及专业教学改革的需要，依据最新标准规范进行编写。全书共分为八章，主要内容包括建设工程信息管理概述、建设工程项目信息模型、建设工程信息采集技术、建设工程信息管理计划、建设工程信息过程管理、建设工程文件档案资料管理、建设工程管理信息系统和建设工程项目管理软件等。

本书可作为高等院校土木工程类相关专业的教材，也可作为建筑工程施工技术人员学习、培训的参考用书及函授和自学考试辅导用书。

版权专有　侵权必究

图书在版编目（CIP）数据

建设工程信息管理／安德锋，王晶主编．—3版．—北京：北京理工大学出版社，2020.4
ISBN 978-7-5682-7939-0

Ⅰ.①建… Ⅱ.①安… ②王… Ⅲ.①基本建设项目－信息管理－高等学校－教材 Ⅳ.①F284

中国版本图书馆CIP数据核字（2019）第253350号

出版发行 ／	北京理工大学出版社有限责任公司
社　　址 ／	北京市海淀区中关村南大街5号
邮　　编 ／	100081
电　　话 ／	（010）68914775（总编室）
	（010）82562903（教材售后服务热线）
	（010）68948351（其他图书服务热线）
网　　址 ／	http://www.bitpress.com.cn
经　　销 ／	全国各地新华书店
印　　刷 ／	北京紫瑞利印刷有限公司
开　　本 ／	787毫米×1092毫米　1/16
印　　张 ／	14.5
字　　数 ／	343千字
版　　次 ／	2020年4月第3版　2020年4月第1次印刷
定　　价 ／	49.00元

责任编辑／李玉昌
文案编辑／李玉昌
责任校对／周瑞红
责任印制／边心超

图书出现印装质量问题，请拨打售后服务热线，本社负责调换

第3版前言

建设工程信息管理是指项目管理者对信息的收集、加工整理、储存、传递与应用等一系列活动的总称。信息管理的目的是通过有序的信息流通，帮助决策者及时、准确地获得相应的信息。信息管理是了解和掌握信息来源，对收集信息进行分类，把握和正确运用信息管理的手段，并根据信息流通的不同环节，建立信息管理系统。

现阶段，很多建设工程施工过程都存在对信息管理工作不够重视的情况，信息管理工作整体水平不高，妨碍了信息管理工作在建设和施工管理中功能的发挥。建设工程信息管理工作不是单纯的技术问题、设备问题或者管理问题，加强建设工程信息管理工作必须要提高建设工程管理人员对信息管理工作的重视，深化管理人员对信息管理工作的思想认识。在今后的工程建设中，项目管理人员要转变观念，注意加强对工程信息的采集、传输和处理利用，提高建设工程信息管理工作水平、项目建设与施工管理工作。

建设工程信息管理作为高等院校土木工程类相关专业的课程，在工程建设过程中应用广泛。通过本课程的学习可以使学生熟悉信息管理在工程中的重要性，巩固学生对信息管理等知识的认识和理解，便于学生在将来的管理工作中能够及时发现和解决工程建设中的实际问题。

本书自第1、2版出版发行以来，经相关高等院校教学使用，得到了广大师生的认可和喜爱，编者倍感荣幸。随着时间的推移，一些相关规范的内容已经陈旧过期，对此，我们组织有关专家学者结合近年来高等教育教学改革动态，依据最新相关规范、规程对本书进行了修订。对各章节的知识目标、能力目标、本章小结进行了修订。在修订中对各章节知识体系进行了深入的思考，并联系实际进行知识点的总结与概括，便于学生学习与思考。对各章节的思考与练习也进行了适当补充，有利于学生课后复习。

本书系统地介绍了建设工程信息管理在各个项目中的实际操作与应用，主要内容包建设工程信息管理概述、建设工程项目信息模型、建设工程信息采集技术、建设工程信息管理计划、建设工程信息过程管理、建设工程文件档案资料管理、建设工程管理信息系统和建设工程项目管理软件等。

本书由安德锋、王晶担任主编，由孙炜、初云燕担任副主编。在修订过程中，参阅了国内同行的多部著作，部分高等院校的老师提出了很多宝贵的意见供我们参考，在此表示衷心的感谢！

虽经反复讨论修改，但限于编者的学识及专业水平和实践经验，修订后的图书若有疏漏和不妥之处，恳请广大读者指正。

编 者

第 2 版前言

信息无所不在，人们在参与各种社会活动时，都将会面临大量的信息。在人类社会早期的日常生活中，人们对信息的认识是比较宽泛和模糊的，如把信息与消息等同看待等。直到20世纪，尤其是20世纪中期以后，由于现代信息技术的迅速发展及其对人类社会的深刻影响，信息工作者和相关领域的研究人员才开始探讨信息的准确含义。信息是客观存在的一切事物通过物质载体所发生的消息、指令、数据、信号等所包含的一切可传送交换的知识内容。信息是管理的基础与纽带，是使各项管理职能得以充分发挥的前提，信息活动贯穿管理的全过程，而管理则是通过信息协调系统的内部资源、外部环境和系统目标，从而实现系统功能的活动。

信息管理是人类为了有效地开发和利用信息资源，以现代信息技术为手段，对信息资源进行计划、组织、领导及控制的社会活动。建设工程项目的信息管理则是在工程实施中对项目信息传输进行组织和控制，以合理地组织和控制工程信息的传输，方便有效地获取、存储、处理和交流工程项目信息，这对工程项目的实施和管理有着重要的意义。

目前，我国建筑行业的信息管理工作在该行业基础管理中处于最薄弱的环节，多数建设单位和施工企业项目信息管理的组织和控制基本上仍然沿用旧的模式，显然不能适应新形势的要求。为此，加强建筑工程信息管理的教学工作，推广现代化的项目信息管理手段，对推进建筑行业现代化的发展，提高建筑行业的管理水平与工作效率，具有重要的意义。

《建设工程信息管理》第1版教材自出版发行以来，在部分高等院校的教学工作中获得了一定的好评，然而也暴露出了一些缺陷，因此，我们根据各高等院校使用者的建议，结合近年来高等教育教学改革的动态，对教材进行了修订。在本次教材的修订工作中，我们根据科技的发展趋势，以及实际管理工作对技能知识点的需求，增加了部分与实际管理工作紧密相关的知识点，重点增加了建设工程信息采集技术的内容，包括条形码技术、卡片识别技术、无线射频识别技术、全球定位系统技术、地理信息技术系统等知识点；根据国家最新公布的《建设工程监理规范》（GB 50319—2013），对工程监理资料等内容进行了修订；重新编写了各章的知识目标、能力目标、本章小结、思考与练习，使其更具有实用性，便于学生进行预习和复习，以及总结、把握知识点，进而结合实际进行深入思考，学以致用；对教材中的一些错漏之处进行了修正。

本书由安德锋、王晶担任主编，孙炜、高丹、王硕担任副主编，崔雪、翟思敏参与了本书部分章节的编写。

在本书修订过程中，编者参阅了国内同行多部著作，部分高等院校教师也提出了很多宝贵的意见，在此表示衷心的感谢！对于参与本书第1版编写但不再参加本次修订的老师、专家和学者，本版教材所有编写人员向他们表示敬意，感谢他们对高等教育改革所做出的不懈努力，希望他们对本书保持持续关注并多提宝贵意见。

限于编者的学识及专业水平和实践经验，本书在修订后仍难免有疏漏或不妥之处，恳请广大读者指正。

编　者

第1版前言

信息管理是指对信息的收集、整理、处理、存储、传递与应用等一系列工作的总称。建设工程项目的信息管理，应根据信息的特点，有计划地组织信息沟通，以保证各级管理者及时、准确地获得自己所需的信息，作出正确决策。工程信息管理的根本作用在于为各级管理人员及决策者提供其所需要的各种信息。系统管理工程建设过程中的各类信息的可靠性、广泛性更高，业主能对项目的管理目标进行较好的控制，协调好各方的关系。

随着国民经济的不断快速向前发展，工程建设项目的规模越来越大，项目结构越来越复杂，项目的质量要求越来越高。投资数额在千亿元人民币以上的特大型交通、能源重点工程相继启动，投资额为数百亿元人民币的大型重点工程更是不计其数。因此，从国家、行业到企业，都迫切需要用信息化管理来推动工程建设项目的科学决策和现代化管理。

"建设工程信息管理"是高等院校土建学科工程监理专业课程，本书以适应社会需求为目标，以培养技术能力为主线。

全书共分为六章，分别介绍了建设工程信息管理概述、建设工程信息管理计划、建设工程信息过程管理、建设工程文件档案资料管理、建设工程管理信息系统和建设工程项目管理软件。在介绍建设工程信息管理基本理论的基础上，重点介绍了实践中进行信息管理时必须执行的相关规范、规程，建设工程文件档案资料管理等相关知识，在内容选择上考虑工程监理专业的深度和广度，以"必需、够用"为度，以"讲清概念、强化应用"为重点，深入浅出，注重实用。

本教材根据高等教育人才培养目标定位，以适应社会需求为目标，以培养技术能力为主线，以"必需、够用"为度，以"讲清概念、强化应用"为重点进行编写。在内容组织上，本教材注重原理性、基础性、现代性，强化学习概念和综合思维，有助于知识与能力的协调和发展。另外，本教材资料全面，理论与实践相结合，并注重与国家现行标准、规范相结合，力求知识性、权威性、前瞻性和实用性。

为方便教学，各章前设置【学习重点】和【培养目标】，各章后设置【本章小结】和【思考与练习】，从更深层次给学生以思考、复习的提示，由此构建了"引导—学习—总结—练习"的教学模式。

本书由安德锋主编，可作为高等院校土建学科工程监理专业的教材，也可作为工程建设监理人员学习、培训的参考用书。

在本书的编写过程中，编者参阅了国内同行的多部著作，在此表示衷心的感谢！本书虽经推敲核证，但限于编者的专业水平和实践经验，仍难免有疏漏或不妥之处，恳请广大读者指正。

编 者

目 录

第一章　建设工程信息管理概述 ……1
第一节　信息与系统 ……1
一、信息时代及信息时代的特点 ……1
二、信息的基本概念 ……2
三、系统的基本概念 ……6
第二节　建设工程信息 ……7
一、建设工程信息的形式 ……7
二、建设工程信息的特点 ……8
三、建设工程信息的分类 ……8
四、建设工程信息的编码 ……11
第三节　建设工程信息管理 ……12
一、建设工程信息管理的概念和作用 ……12
二、建设工程信息管理的原则 ……13
三、建设工程信息管理的内容 ……14
四、建设工程信息管理的基本要求 ……16
五、建设工程信息管理的任务 ……17
六、现代信息技术对建设工程信息管理的影响 ……17

第二章　建设工程项目信息模型 ……21
第一节　建设工程项目全寿命周期管理 ……21
一、建设工程项目全寿命周期的概念 ……21
二、建设工程项目各阶段的管理 ……22
三、建设工程全寿命管理的产生 ……23
第二节　建设工程项目信息模型 ……24
一、传统建设工程项目信息模型 ……24
二、基于电子商务的建设工程信息模型 ……24
三、建设工程项目全寿命管理的信息模型 ……26
第三节　建设工程项目中的信息沟通管理 ……26
一、建设工程项目信息沟通的含义 ……26
二、信息沟通的技术 ……27
三、信息交换的作用 ……27
四、信息交换的体系 ……27

第三章　建设工程信息采集技术 ……30
第一节　条形码技术 ……30
一、条形码概述 ……30
二、条形码的基本结构 ……32
三、条形码的分类 ……33
四、条形码技术的特点和内容 ……36
五、条形码系统 ……36
第二节　卡片识别技术 ……39
一、磁卡 ……39
二、光卡 ……40
三、IC卡 ……41
第三节　无线射频识别技术 ……44
一、无线射频识别技术的概念和特点 ……44
二、无线射频识别系统的组成 ……46

三、无线射频识别技术的标准 …………47

第四节　全球定位系统技术 ……………48
一、全球定位系统的概念和特点 ………48
二、全球定位系统的原理 ………………49
三、全球定位系统的组成 ………………49
四、全球定位系统的分类 ………………50
五、全球定位系统的应用 ………………51

第五节　地理信息技术系统 ……………52
一、地理信息系统的基本概念 …………52
二、地理信息系统的组成 ………………52
三、地理信息系统的分类 ………………53
四、地理信息系统的功能 ………………54
五、地理信息系统的应用 ………………55

第四章　建设工程信息管理计划 ………58

第一节　建设工程信息编码系统 ………58
一、建设工程信息的编码原则 …………58
二、建设工程信息的编码方法 …………59
三、建设工程项目管理中常用信息
　　代码的分类标准 ……………………59
四、建设工程信息编码举例 ……………61

第二节　建设工程信息流程 ……………63
一、建设工程中的信息流 ………………63
二、建设工程信息流程的结构 …………63
三、建设工程信息流程的组成 …………64
四、建设工程信息报告系统 ……………65
五、建设工程信息流程示例 ……………67

第五章　建设工程信息过程管理 ………70

第一节　建设工程信息的优先选择 ……70
一、建设工程信息优先选择的方法 ……70
二、建设工程信息优先选择的标准 ……71

第二节　建设工程信息的收集 …………72
一、建设工程决策阶段的信息收集 ……72

二、建设工程设计阶段的信息收集 ……72
三、建设工程施工招标投标阶段的
　　信息收集 ……………………………73
四、建设工程施工阶段的信息收集 ……74

第三节　建设工程信息的加工整理与
　　　　 存储 …………………………75
一、建设工程信息加工、整理和存储
　　流程 …………………………………76
二、建设工程信息分发和检索 …………76
三、建设工程信息的加工、整理 ………78
四、建设工程信息的存储 ………………79

第四节　建设工程信息的输出与反馈 …80
一、建设工程信息的输出 ………………80
二、建设工程信息的反馈 ………………80

第六章　建设工程文件档案资料管理 …84

第一节　建设工程文件档案资料管理
　　　　 概述 …………………………84
一、建设工程文件档案资料管理的
　　基本概念 ……………………………84
二、建设工程文件档案资料特征 ………85
三、工程文件归档范围 …………………86
四、建设工程文件档案资料管理职责 …86
五、建设工程档案编制质量要求与
　　组卷方法 ……………………………88
六、建设工程文件档案资料的验收与
　　移交 …………………………………93
七、建设工程档案的分类 ………………94

第二节　建设工程监理文件档案资料
　　　　 管理 …………………………99
一、建设工程监理文件档案资料管理
　　的基本概念 …………………………99
二、建设工程监理文件档案资料管理
　　的作用 ………………………………99

三、建设工程监理文件档案资料管理
　　细则…………………………………99
四、建设工程监理文件档案资料的
　　编制…………………………………100
五、建设工程监理文件档案资料的
　　传递流程……………………………106
六、建设工程监理文件档案资料归
　　档管理………………………………106
第三节　建设工程监理表格体系………107
一、工程准备阶段文件资料
　　（A类）……………………………108
二、监理单位的文件资料（B类）…116
三、施工单位的文件资料（C类）…120
四、竣工图资料（D类）………………136
五、工程竣工验收文件资料（E类）…137

第七章　建设工程管理信息系统………140
第一节　建设工程管理信息系统的基础
　　　　知识…………………………………140
一、建设工程管理信息系统的概念…140
二、建设工程管理信息系统的功能…141
三、建设工程管理信息系统的分类…142
四、建设工程管理信息系统的组成…143
五、建设工程管理信息系统的结构…144
六、建设工程管理信息系统的作用…147
七、建设工程管理信息系统的发展…147
八、基于互联网的建设工程信息管理
　　系统…………………………………148
第二节　建设工程管理信息系统的
　　　　开发…………………………………151
一、建设工程管理信息系统的开发
　　要求…………………………………151
二、建设工程管理信息系统的开发
　　原则…………………………………153

三、建设工程管理信息系统的开发
　　方法…………………………………154
四、建设工程管理信息系统的开发
　　管理…………………………………160
第三节　建设工程管理信息系统规划…162
一、建设工程管理信息系统规划的
　　定义…………………………………162
二、建设工程管理信息系统规划的
　　目标…………………………………162
三、建设工程管理信息系统规划的
　　作用…………………………………163
四、建设工程管理信息系统规划的
　　方法…………………………………163
五、建设工程管理信息系统规划的
　　过程…………………………………167
第四节　建设工程管理信息系统分析…169
一、建设工程管理信息系统分析的
　　基础知识……………………………169
二、详细调查与分析…………………171
三、组织结构与功能分析……………173
四、数据与数据流分析………………174
五、系统分析…………………………179
第五节　建设工程管理信息系统设计…181
一、建设工程管理信息系统设计
　　概述…………………………………181
二、建设工程管理信息系统总体
　　设计…………………………………182
三、建设工程管理信息系统详细
　　设计…………………………………188
第六节　建设工程管理信息系统的应用
　　　　和实施………………………………191
一、建筑工程信息管理系统的应用
　　模式…………………………………191
二、建设工程信息管理系统的实施…192

三、建设工程信息管理系统的发展
　　趋势……………………196

第八章　建设工程项目管理软件 ……199
第一节　建设工程项目管理软件概述…199
一、建设工程项目管理软件的特征…199
二、建设工程项目管理软件的分类…200
三、建设工程项目管理软件的功能
　　分析……………………202
第二节　建设工程项目管理软件的
　　应用 …………………205
一、建设工程项目管理软件应用的
　　重要性…………………205
二、建设工程项目管理软件应用的
　　形式……………………206
三、建设工程项目管理软件应用的
　　规划……………………206

四、建设工程项目管理软件应用的
　　步骤……………………207
五、建设工程项目管理软件应用时
　　需要解决的问题…………208
第三节　建设工程常用项目管理软件…209
一、综合进度计划管理软件…………209
二、Welcom Open Plan 项目管理
　　软件……………………211
三、建设工程项目合同事务管理与
　　费用控制管理软件………212
四、建筑信息模型或建筑信息管理…215
五、工程项目管理系统（PKPM）…218
六、清华思维尔项目管理软件………219

参考文献 ……………………………222

第一章 建设工程信息管理概述

知识目标

1. 了解信息时代及信息时代的特点；熟悉信息和系统的含义、分类、特征、基本要求。
2. 熟悉建设工程信息的形式、特点；掌握建设工程信息的分类、编码。
3. 了解建设工程信息管理的概念、作用和原则；熟悉建设工程信息管理的任务；掌握建设工程信息管理的内容和基本要求。

能力目标

1. 学习信息资源的基础知识，会应用信息技术对信息进行分类管理。
2. 能根据建设工程信息的特点进行建设工程信息的编码。

第一节 信息与系统

一、信息时代及信息时代的特点

(一)信息时代

科学技术的发展，使人类进入了一个崭新的时代，即信息时代。信息时代是有别于其他传统时代的一个新时代。信息时代体现在科学技术高度发展，社会信息总量急剧增长，人们工作、生活越来越依赖信息。

(二)信息时代的特点

在人类文明史上，我们经历了原始社会、农业社会、工业社会，相对信息时代而言，这些时代可以统称为传统时代。传统时代的一大特点是：人类发明并且不断改进劳动工具，来代替或减轻人类的体力劳动，提高劳动生产率，为社会创造财富，推动历史前进。我们可以看到：

石器的使用——人类进入了原始社会；
铁器的使用——人类进入了农业社会；
蒸汽机的使用——人类进入了工业社会。

与传统时代截然不同的是：信息时代的劳动工具不再是以创造、革新代替体力劳动工具为主,而是以创造、使用代替人类脑力劳动的工具为主,就今天而言是计算机(电脑)。也即:一方面,传统的劳动工具实现了智能化;另一方面,人们的劳动工具也主要是使用计算机,显然发生了劳动工具的量变到质变的飞跃,这也是信息时代相对传统时代发生了质变的本质区别。劳动工具的质变,大多数劳动者主要从事脑力劳动,是信息时代的第一个特点。

信息时代的主体是信息。传统时代是追求生产产品的最大化,而信息时代与传统时代不同,是以信息作为组织生产的出发点,信息反映需求,信息指导生产、反映生产过程的变化、调节生产节奏、控制生产过程,信息改变了传统的生产方式。另外,在人们生活中,所有需求也以信息形式提供,企业按照信息生产产品,满足需求。所以,信息是信息时代的主体,这是信息时代的第二个特点。

信息时代的第三个特点是人类对信息的需求、信息的生产、信息的利用迅猛增长,信息已和能源、原材料并列为自然界的第三大资源。传统时代组织生产必须具备能源、原材料,信息时代组织生产不但要具备能源、原材料这些硬资源,更需要信息这个软资源。通过信息网络,人们可以得到工程建设的信息、建设政策的信息、新型建筑材料的信息、建设资金的信息、工程进展的信息。很难想象,今天没有信息资源的企业,如何能够得到业务,组织生产,生产下去。

信息时代的第四个特点是个性化、多样化。传统时代千篇一律的产品将由具有个性化、多样化的产品代替。监理的建设工程更是如此,每一个工程都有各自的特点和个性,注意这个特点,是保证工程能够满足社会个性化需求的基本保证。

二、信息的基本概念

1. 信息的含义

信息来源于拉丁语"Information"一词,原是"陈述""解释"的意思,后来泛指消息、音信、情报、新闻、信号等,它们都是人和外部世界以及人与人之间交换、传递的内容。信息一词被定义为:信息是客观存在的一切事物通过物质载体所发生的消息、指令、数据、信号等可传送交换的知识内容。

信息是客观世界中各种事物的运动状态和变化的反映,是客观事物之间相互联系和相互作用的表现,表现的是客观事物运动状态和变化的实质内容。信息是无所不在的,人们在各种社会活动中都面临大量的信息。信息是需要被记载、加工和处理的,是需要被交流和使用的。为了记载信息,人们使用各种各样的物理符号及它们的组合来表示信息,这些符号及其组合就是数据。

数据是反映客观实体的属性值,它具有数字、文字、声音、图像或图形等表示形式。数据本身无特定意义,只是记录事物的性质、形态、数量特征的抽象符号,是中性概念。而信息则是被赋予一定含义的,经过加工处理以后产生的数据,例如报表、账册和图纸等都是对数据加工处理后产生的信息。应注意一点,数据与信息之间既有联系又有区别。数据虽能表现信息,但并非任何数据都能表示信息,信息更基本、更直接地反映现实的概念,并通过数据的处理来具体反映。

在人类社会早期的日常生活中,人们对信息的认识是比较宽泛和模糊的,如把信息与消息等同看待。到了20世纪尤其是20世纪中叶以后,由于现代信息技术的快速发展及其对人类社会的深刻影响,信息工作者和相关领域的研究人员才开始探讨信息的准确含义。

2. 信息的分类

信息分类就是把具有相同属性或特征的信息归并在一起，把不具有共同属性或特征的信息区别开来的过程。从不同角度划分，信息通常可分为以下几类。

(1)按信息特征划分。信息可分为自然信息和社会信息。自然信息是反映自然事物的，如自然界产生的信息，如遗传信息、气象信息等；社会信息是反映人类社会的有关信息，如市场信息、经济信息、政治信息和科技信息等。自然信息与社会信息的本质区别在于社会信息可以由人类进行各种加工处理，成为改造世界和激励发明创造的有用知识。

(2)按信息加工程度划分。信息可分为原始信息和综合信息。从信息源直接收集的信息称为原始信息；在原始信息的基础上，经过信息系统的综合、加工产生出来的新数据称为综合信息。产生原始信息的信息源往往分布广且较分散，收集的工作量一般很大，而综合信息对管理决策更有用。

(3)按信息来源划分。信息可分为内部信息和外部信息。在系统内部产生的信息称为内部信息；在系统外部产生的信息称为外部信息(或称为环境信息)。对管理而言，一个组织系统的内部信息和外部信息都有用。

(4)按管理层次划分。信息可分为战略级信息、战术级信息和作业级信息。战略级信息是高层管理人员制定组织长期策略的信息，如未来经济状况的预测信息；战术级信息为中层管理人员监督和控制业务活动以及有效地分配资源所需的信息，如各种报表信息；作业级信息是反映组织具体业务情况的信息，如应付款信息、入库信息。战术级信息是建立在作业级信息基础上的信息，战略级信息则主要来自组织的外部环境信息。

(5)按信息稳定性划分。信息可分为固定信息和流动信息。固定信息是指在一定时期内具有相对稳定性，且可以重复利用的信息，如各种定额、标准、工艺流程、规章制度、国家政策法规等；而流动信息是指在生产经营活动中不断产生和变化的信息，它的时效性很强，如反映企业的人、财、物、产、供、销状态及其他相关环境状况的各种原始记录、单据、报表和情报等。

(6)按信息生成时间划分。信息可分为历史信息、现时信息和预测信息。历史信息是指反映过去某一时段发生的信息；现时信息是指当前发生并获取的信息；预测信息是依据历史数据，按一定的预测模型，经计算获取的未来发展趋势信息，是一种参考信息。

(7)按信息流向划分。信息可分为输入信息、中间信息和输出信息。

(8)按载体划分。信息可分为文字信息、声像信息和实物信息。

3. 信息的特征

尽管信息的类型及其表现形式是多种多样的，但都有着各自的特性。一般来说，信息具有以下特征。

(1)普遍性。信息是事物运动的状态和方式，只要有事物存在，只要有事物的运动，就会有其运动的状态和方式，就存在着信息。无论在自然界、人类社会还是在人类思维领域，绝对的"真空"是不存在的，绝对不运动的事物也是没有的。因此，信息是普遍存在的。

(2)依存性。信息本身是看不见、摸不着的，它必须依附于一定的物质形式(如声波、电磁波、纸张、化学材料、磁性材料等)，不可能脱离物质单独存在。通常把这些以承载信息为主要任务的物质形式称为信息的载体。信息没有语言、文字、图像、符号等记录手段便不能被表述，没有物质载体便不能存储和传播，但其内容并不因记录手段或物质载体的改变而发生变化。

（3）时效性。信息的时效是指从信息源发出，经过接收、加工、传递、利用的时间间隔及其效率。时间间隔越短，使用信息越及时，使用程度越高，时效性越强。信息的时效性是人们进行信息管理工作时要谨记的特性。信息在工程实际中是动态的、不断产生并不断变化的，只有及时处理数据、及时得到信息，才能做好决策和工程管理工作，避免事故的发生，真正做到事前管理。

（4）真实性。信息有真信息与假信息之分。真实、准确、客观的信息是真信息，可以帮助管理者作出正确的决策，虚假、错误的信息则可能使管理者作出错误的决策。在信息系统中，应充分重视这一点。一方面要注重收集信息的正确性；另一方面在对信息进行传送、储存和加工处理时要保证其不失真。

（5）层次性。信息为满足管理的要求分为不同的层次，即战略级、策略级和执行级。例如：对于某水利枢纽工程，业主（或国家主管部门）关心的是战略信息，如工程的规模多大为宜，是申请贷款还是社会集资，各分项工程进展如何，工程能否按期完工，投资能否得到有效控制等；设计单位关心的是技术是否先进，经济上是否合理，设计方案能否保证工程安全等；而监理单位为了对业主负责，则对设计、施工的质量、进度以及成本等方面的信息感兴趣。它们在工程中同属于策略层。而承包商则处于执行地位，它需要的是基层信息，关心的是其所担负项目的进度、质量以及施工成本等方面的情况。如果目标发生了变化，管理层次与信息层次也将随之改变。如对于监理单位来说，该项目的总监理工程师（或称工程师）处于战略地位，受业主委托（或授权）对整个工程的实施进行管理，需要有关承包合同的签订、整个工程的进度、质量与安全、投资控制方面的各类信息；而驻地监理工程师（或称工程师代表）在工程管理中处于策略层，具体负责处理分管项目的进度、投资、质量以及合同方面的事务，需要有关的信息辅助决策。监理员作为执行人员，在其所分管的工程部位监督检查承包商的各项施工活动，需要施工的材料、工艺程序、方法、进度等方面的基础信息。

（6）系统性。在实际工程中，不能片面地处理数据，片面地产生、使用信息。信息本身就需要相关人员全面地掌握各方面的数据后才能被得到。信息也是系统的组成部分之一，只有从系统的观点来对待各种信息，才能避免工作的片面性；只有全面掌握投资、进度、质量、合同等各方面的信息，才能做好监理工作。

（7）可分享性。信息区别于物质的一个重要特征是它可以被共同占有，共同享用。比如在企（事）业单位中，许多信息可以被工程中的各个部门使用，既保证了各部门使用信息的统一性，也保证了决策的一致性。信息的共享有其两面性，一方面有利于信息资源的充分利用；另一方面也可能造成信息的贬值，不利于保密。因此，在信息系统的建设中，既需要利用先进的网络和通信设备以实现信息的共享，又需要具有良好的保密安全手段，以防保密信息的扩散。

（8）可加工性。人们可以对信息进行加工处理，把信息从一种形式变换为另一种形式，并保持一定的信息量。基于计算机的信息系统处理信息的功能要靠人编写程序来实现。

（9）可存储性。信息的可存储性即信息存储的可能程度。信息的形式多种多样，它的可存储性表现在能存储信息的真实内容且不发生畸变，能在较小的空间中存储更多的信息，储存安全而不丢失，能在不同形式和内容之间很方便地进行转换和连接，对已储存的信息可随时随地以最快的速度检索所需的内容。计算机技术为信息的可存储提供了条件。

(10)可传输性。信息可通过各种各样的手段进行传输。信息传输要借助一定的物质载体，实现信息传输功能的载体称为信息媒介。一个完整的信息传输过程必须具备信源(信息的发出方)、信宿(信息的接收方)、信道(媒介)、信息四个基本要素。

(11)价值性。信息是经过加工并对生产经营活动产生影响的数据，是劳动创造的一种资源，因而它是有价值的。索取一份经济情报或者利用大型数据库查阅文献所付的费用是信息价值的部分体现。信息的使用价值必须经过转换才能得到。信息的价值还体现在及时性上，"时间就是金钱"可以理解为及时获得有用的信息，信息资源就可被转换为物质财富。如果时过境迁，信息的价值会大为减小。

4. 信息的基本要求

信息必须符合管理的需要，要有助于项目系统和管理系统的运行，不能造成信息泛滥和污染。一般来说，信息必须符合如下基本要求。

(1)专业对口。不同的项目管理职能人员、不同专业的项目参加者，在不同的时间，对不同的事件，有不同的信息要求，所以信息首先要专业对口，按专业的需要提供和流动。

(2)反映实际情况。信息必须符合实际应用的需要，符合目标，而且简单有效，这是正确有效管理的前提，否则其会变成一个无用的废纸堆。不反映实际情况的信息容易造成决策、计划、控制的失误，进而损害项目成果。

(3)及时提供。只有及时提供信息，及时反馈，管理者才能及时地控制项目的实施过程。信息一旦过时，决策便失去时机，造成不应有的损失。

(4)简单，便于理解。信息要让使用者不费气力地了解情况、分析问题，所以，信息的表达形式应符合人们日常接收信息的习惯，而且对于不同的人，应有不同的表达形式。例如，对于不懂专业、不懂项目管理的业主，要采用更直观明了的表达形式，如模型、表格、图形、文字描述和多媒体等。

5. 信息在管理中的重要性

信息是管理的基础与纽带，是使各项管理职能得以充分发挥的前提，信息活动贯穿管理的全过程，管理就是通过信息协调系统的内部资源、外部环境和系统目标实现系统功能的活动。总的来说，信息在管理中的重要性表现在以下几个方面。

(1)信息是管理系统的基本构成要素，并促使各要素形成有机联系。信息是构成管理系统的基本要素之一，正是有了信息活动，管理活动才得以进行。同时，由于信息反映了组织内部的权责结构、资源状况和外部环境的状态，管理者能据此作出正确的决策，所以信息也是使管理系统各要素形成有机联系的媒介。可以说，没有信息，就不会有管理系统的存在，也就不会有组织的存在，管理活动也就失去了存在的基础。

(2)信息是决策者正确决策的基础。决策者所拥有的各种信息以及对信息的消化吸收是其作出决策的依据。决策者只有及时掌握全面、充分而有效的信息，才能统揽全局，高瞻远瞩，从而作出正确的决策。

(3)信息是组织中各部门、各层次、各环节协调的纽带。组织中的各个部门、层次与环节是相对独立的，有自己的目标、结构和行动方式。但是，组织需要实现整体的目标，管理系统的存在也是为了达到这个目的。因此，组织的各个部门、层次与环节需要协调行动，以消除各自所具有的独立性的影响，这除了需要一个中枢(管理者)以外，还需要有纽带能够将其联系在一起，使其能够相互沟通。信息就充当了这样的角色，成为组织中各个部门、层次与环节协调的纽带。

（4）信息是管理过程的媒介，可以使管理活动顺利进行。在管理过程中，信息发挥了极为重要的作用。各种管理活动都表现为信息的输入、变换、输出和反馈。因此，管理的过程也就是信息输入、变换、输出和反馈的过程。这表明管理过程是以信息为媒介的，唯有信息的介入，才使管理活动得以顺利进行。

信息的时态

（5）信息的开发和利用是提高社会资源利用效率的重要途径。社会资源是有限的，需要得到最合理、最有效的利用，以提高其利用效率，对于工程管理而言，即表现为经济效益和社会效益的提高。

三、系统的基本概念

1. 系统基本概念

信息的产生和应用是通过信息系统实现的，信息系统是整个工程系统的一个子系统，信息系统具有所有系统的一切特征，了解系统有助于了解信息系统和使用信息系统。

我们可以给系统下一个定义：系统是一个由相互有关联的多个要素，按照特定的规律集合起来，具有特定功能的有机整体，它又是另一个更大系统的一部分。

2. 系统的特征

（1）整体性。系统内各个要素集合在一起，共同协作，完成特定的任务。每个要素都是系统的一个子系统，完成系统分配给它的任务，在共同完成各自的任务基础上，达到整个系统目标的实现。每个子系统都必须服从系统总体目标，达到总体优化。

（2）相关性。系统的各个组成部分是既相互依赖，又相互独立、相互联系的，各自有自己的特定目标，目标的实现又必须依靠其他子系统提供支持。子系统在完成自己的目标过程中，又必须为其他子系统提供必要的支持和对其他子系统进行必要的制约。

（3）目的性。任何一个子系统都有自己的特定目标，也就是有特定的功能，为了完成特定的任务而存在。

（4）层次性。一个系统有多个子系统，一个子系统又把目标细分成自己的目标体系，由各个子系统独立完成其中的一部分目标。子系统为了完成自己的目标往往又再划分出更多的子子系统，一个系统又是另一个更大系统的组成部分，形成必要的层次。

（5）环境适应性。任何一个系统都不是孤立存在于社会环境中的，它与社会环境有密切的联系，既需要社会环境提供必要的支持，又必须为社会环境提供服务，受到周围环境的影响，也给社会环境带来影响，每个系统要抑制对社会环境的不利影响，产生有利影响，要学会适应环境。

3. 系统的基本观点

任何系统要正确认识、分析都必须运用系统的方法进行。系统包括以下基本观点：

（1）系统必须实现特定的目标体系；

（2）系统与外界环境有明确的界线；

（3）系统可以划分相互有联系的、有一定层次的多个子系统，每个子系统都有自己的目标体系、边界；

(4)子系统之间存在物质和信息交换,即物质流和信息流,反映了系统的运行状况,信息流正常与否关系到子系统的正常运转;

(5)系统是动态、发展的,要用动态的眼光去分析、优化、控制、重组,才能使系统满足客观规律,达到既定的目标。

4. 信息系统、监理信息系统的基本概念

(1)信息系统。信息是一切工作的基础,只有将信息组织起来才能发挥其作用。信息的组织由信息系统完成,信息系统是收集、组织数据产生信息的系统,我们可以给信息系统下如下定义:

①信息系统是由人和计算机等组成,以系统思想为依据,以计算机为手段,进行数据收集、传递、处理、存储、分发,加工产生信息,为决策、预测和管理提供依据的系统;

②信息系统是一个系统,具有系统的一切特点,信息系统目的是对数据进行综合处理,得到信息,它也是一个更大系统的组成部分。它能够再分多个子系统,与其他子系统有相关性,也与环境有联系。它的对象是数据和信息,通过对数据的加工得到信息,而信息是为决策、预测和管理服务的,是它们的工作依据。

(2)监理信息系统。监理信息系统是建设工程信息系统的一个组成部分,建设工程信息系统由建设方、勘察设计方、建设行政管理方、建设材料供应方、施工方和监理方各自的信息系统组成。监理信息系统只是监理方的信息系统,是主要为监理工作服务的信息系统。监理信息系统是建设工程信息系统的一个子系统,也是监理单位整个管理系统的一个子系统。作为前者,它必须从建设信息系统中得到所必需的政府、建设、施工、设计等各方提供的数据和信息,也必须送出相关单位需要的相关的数据和信息;作为后者,它也从监理单位得到必要的指令、帮助和所需要的数据与信息,向监理单位汇报建设工程项目的信息。这种错综复杂的关系,提出了信息系统的集成化要求。

5. 信息系统的集成化

信息系统的集成化是信息社会的必然趋势,也为信息社会提供了集成化的可能性。信息系统集成化,建立在系统化和工程化的基础上。信息系统集成化通过系统开发工具——"计算机辅助系统工程"(Computer Aided System Engineering,CASE)实现,CASE对全面搜集信息提供了有效手段,对系统完整、统一提供了必要的保证。集成化也即让参加建设工程各方在信息使用的过程中做到一体化、规范化、标准化、通用化、系列化。例如标准化就包括:代码体系标准化、指标体系标准化、系统模式标准化、描述工具标准化、研制开发过程标准化。总之,建设领域信息系统集成化,要求提供的工程管理软件必须标准化,这是监理单位采用工程管理软件时必须考虑的。

第二节 建设工程信息

一、建设工程信息的形式

(1)文字图形信息。文字图形信息包括勘察、测绘、设计图纸及说明书、计算书、合同,工作条例及规定、施工组织设计、情况报告、原始记录、统计图表、报表、信函等信息。

(2)语言信息。语言信息包括口头分配任务、工作指示、汇报、工作检查、介绍情况、谈判交涉、建议、批评、工作讨论和研究、会议等信息。

(3)新技术信息。新技术信息包括通过网络、电话、电报、电传、计算机、电视、录像、录音、广播等现代化手段收集及处理的信息。

二、建设工程信息的特点

建设工程信息与其他信息相比,有其特殊属性,就信息的主要表现形式而言有以下特点。

(1)信息的准确程度。这里是指对某一事物根据需要合理安排信息的准确要求,以提高信息处理的效率,减少资源占用。

(2)信息来源的差异性。根据信息的来源不同,可把信息分为系统内部信息和系统外部信息。对于外界信息,其格式和内容都不是本组织系统所能左右的,因此,必须做适当加工后才能进入系统处理。由本组织系统内部获得的信息,可对其收集、整理、格式、内容等提出要求。

(3)信息的使用频率。信息的使用频率是指单位时间内使用信息的平均次数。应该准确分析信息使用频率的高低,对使用频率不同的数据,采取不同的组织和处理方法。

(4)信息的时间性。所谓时间性,就是对信息按时间进行分类,一般可分成历史信息、当前信息和未来信息三类。在信息管理中,对历史信息和当前信息的处理是不同的:对历史信息,可根据信息本身的重要程度来确定存储时间的长短,一般是成批处理;对当前信息,一般要求及时处理,而不能等成批后再进行处理。而未来信息是根据历史信息和当前信息预测的。

(5)信息量。信息量是指信息的种数和每种信息在一定时间内发生的数量。信息量的大小对确定信息管理人员的配备及计算机信息管理系统的软件和硬件有直接影响,是信息管理系统的重要指标。

(6)信息的结构化程度。信息的结构化程度是指信息的组织是否有严格的规定。如一张报表的结构化程度就比一篇文章的结构化程度高。如果报表上所有栏目内的字数及范围都有明确的规定,那么其结构化程度就更高。使用计算机自动处理信息,则要求信息的结构化程度要高,否则,处理起来很困难,或者无法取得完整的信息,甚至无法进行处理。

三、建设工程信息的分类

1. 建设工程信息的分类方法

根据国际上的研究,建设工程信息有两种基本分类方法。

(1)线分类法。线分类法是将分类对象按所选定的若干属性或特征逐次地分成相应的若干个层级目录,并排列成一个有层次的、逐级展开的树状信息分类体系。在这一分类体系中,同一层面的同位类目间存在并列关系,同位类目间不重复、不交叉。线分类法具有良好的逻辑性,是最为常见的信息分类方法。

(2)面分类法。面分类法是将所选定的分类对象的若干个属性或特征视为若干个"面",

每个"面"中又可以分成许多彼此独立的类目。在使用时，可根据需要将这些"面"中的类目组合在一起，形成一个复合的类目。面分类法具有良好的适应性，而且有利于计算机处理信息。

在工程实践中，由于工程项目信息的复杂性，单独使用一种信息分类方法往往不能满足使用者的需要，一般根据应用环境组合使用，以某一种分类方法为主，以另一种方法为辅，同时进行一些人为的特殊规定以满足信息使用者的要求。

2. 建设工程信息的分类原则

对建设工程的信息进行分类必须遵循以下基本原则。

(1)稳定性。应选择分类对象最稳定的本质属性或特征作为信息分类的基础和标准。信息分类体系应建立在对基本概念和划分对象的透彻理解的基础之上。

(2)兼容性。项目信息分类体系必须考虑到项目各参与方所应用的编码体系的情况，项目信息分类体系应能满足不同项目参与方高效信息交换的需要。同时，与有关国际、国内标准的一致性也是兼容性应考虑的内容。

(3)可扩展性。项目信息分类体系应具备较强的灵活性，可以在使用过程中进行方便的扩展。在分类中通常应设置收容类目(或称为"其他")，以保证增加新的信息类型时，不至于打乱已建立的分类体系，同时一个通用的信息分类体系还应为具体环境中信息分类体系的拓展和细化创造条件。

(4)逻辑性。项目信息分类体系中信息类目的设置有着极强的逻辑性，如要求同一层面上各个子类互相排斥。

(5)综合实用性。信息分类应从系统工程的角度出发，放在具体的应用环境中进行整体考虑。这体现在信息分类的标准与方法的选择上，应综合考虑项目的实施环境和信息技术工具。确定具体应用环境中的项目信息分类体系时，应避免对通用信息分类体系生搬硬套。

3. 建设工程信息的类型

(1)按项目管理的目标划分。

1)投资控制信息：指与投资控制直接相关的信息，如各种估算指标、类似工程造价、物价指数、设计概算、概算定额、施工图预算、预算定额、工程项目投资估算、合同价组成、投资目标体系、计划工程量、已完工程量、单位时间付款报表、工程量变化表、人工、材料调查表、索赔费用表、投资偏差、已完工程结算、竣工决算、施工阶段的支付账单、原材料价格、机械设备台班费、人工费、运杂费等。

2)成本控制信息：指与成本控制直接相关的信息，如项目的成本计划、工程任务单、限额领料单、施工定额、对外分包经济合同、成本统计报表、原材料价格、机械设备台班费、人工费、运杂费等。

3)质量控制信息：指与项目质量控制直接相关的信息，如国家或地方政府部门颁布的有关质量政策、法律、法规和标准等，质量目标体系和质量目标的分解、质量目标的分解图表、质量控制的工作流程和工作制度、质量保证体系的组成、质量控制的风险分析、质量抽样检查的数据、各种材料设备的合格证、质量证明书、检测报告、质量事故记录和处理报告等。

4)进度控制信息：指与项目进度控制直接有关的信息，如施工定额、项目总进度计划、进度目标分解、项目年度计划、项目总网络计划和子网络计划、计划进度与实际进度偏差、网络计划的优化、网络计划的调整情况、进度控制的工作流程、进度控制的工作制度、进度控制的风险分析，材料和设备的到货计划、各分项分部工程的进度计划、进度记录等。

5)合同管理信息：指建设工程相关的各种合同信息，如工程招标投标文件，工程建设施工承包合同，物资设备供应合同，咨询、监理合同，合同的指标分解体系，合同的签订、变更、执行情况，合同的索赔等。

(2)按工程项目信息的来源划分。

1)项目内部信息：内部信息取自建设项目本身，如工程概况、设计文件、施工方案、合同结构、合同管理制度、信息资料的编码系统、信息目录表、会议制度、监理班子的组织、项目的投资目标、项目的质量目标、项目的进度目标等。

2)项目外部信息：外部信息是指来自项目外部环境的信息，如国家有关的政策及法规、国内及国际市场上原材料及设备的价格、物价指数、类似工程造价、类似工程进度、投标单位的实力、投标单位的信誉、毗邻单位的情况等。

(3)按项目的稳定程度划分。

1)固定信息：指在一定时间内相对稳定不变的信息，包括标准信息、计划信息和查询信息。标准信息主要指各种定额和标准，如施工定额、原材料消耗定额、生产作业计划标准、设备和工具的耗损程度等。计划信息反映在计划期内已定任务的各项指标情况。查询信息主要指国家和行业颁发的技术标准、不变价格、监理工作制度、监理工程师的人事卡片等。

2)流动信息：指在不断变化着的信息，如项目实施阶段的质量、投资及进度的统计信息，就是反映在某一时刻项目建设的实际进度及计划完成情况；又如，项目实施阶段的原材料消耗量、机械台班数、人工工日数等。

(4)按项目的性质划分。

1)技术信息：技术信息是建设工程信息最基本的组成部分，如工程的设计、技术要求、规范、施工要求、操作和使用说明等。技术信息也往往是建设工程信息的主要组成部分。

2)经济信息：经济信息是建设工程项目信息的一个重要组成部分，也是经常受到各方面关注的一个部分，如材料价格、人工成本、项目的财务资料、现金流动情况等。

3)管理信息：管理信息有时在建设工程信息中并不很引人注目，如项目的组织结构、具体的职能分工、人员的岗位责任、有关的工作流程等，但它设定了一个项目运转的基本机制，是保证一个项目顺利实施的关键因素。

4)法律信息：法律信息指项目实施过程中的一些法规、强制性规范、合同条款等。这些信息与建设工程模型并不一定有直接的对应关系，但它们设定了一个硬性的框架，项目的实施必须满足这个框架的要求。

(5)按信息的层次划分。

1)战略性信息：指有关项目建设过程的战略决策所需的信息，如项目规模、项目投资总额、建设总工期、承包商的选定、合同价的确定等信息。

2)策略性信息：提供给建设单位中层领导及部门负责人作中短期决策用的信息，如项目年度计划、财务计划等。

3)业务性信息：指的是各业务部门的日常信息，如日进度、月支付额等。这类信息较具体，精度要求较高。

四、建设工程信息的编码

编码由一系列符号、文字、数字组成,编码是信息处理的一项重要的基础工作。编码可以简化信息传递的形式,以提高信息传递的效率和准确度;编码也可以对信息单元的识别提供一个简单、清晰的代号,便于信息的存储与检索;编码还可以显示信息单元的重要意义,以协助信息的选择和操作。一个建设工程项目有不同用途的信息,为了有组织地存储信息,方便信息的检索和信息的加工整理,必须对项目的信息进行编码。

1. 建设工程项目信息编码的基本原则

(1)合理性。编码的方法必须是合理的,能适合使用者和信息处理的需要,项目信息编码的结构应该与项目信息分类体系相适应。

(2)可扩展性。项目信息编码时,要预留足够的位置,适应发展变化的需要。

(3)唯一性。每一编码都代表一个确定的信息内容,每一信息都有一个确定的编码表示。

(4)简单性。项目信息编码的结构必须易被使用者了解和掌握,长度应尽量短,以提高信息处理的效率。

(5)适用性。项目信息编码必须建立和不断完善编码标准化体系,以免其混乱和被误解。

(6)规范性。在同一个工程项目中的编码,要求编码一致,代码的类型、结构、编写格式统一。

2. 建设工程项目信息编码的方法

建设工程项目信息的编码可以有很多种,如建设项目的结构编码、建设项目管理组织结构编码、建设项目的政府主管部门和各参与单位编码(组织编码)、建设项目实施的工作项编码(建设项目实施的工作过程的编码)、建设项目的投资项编码(业主方)/成本项编码(施工方)、建设项目的进度项(进度计划的工作项)编码、建设项目进展报告和各类报表编码、合同编码、函件编码、工程档案编码等。这些编码是因不同的用途而编制的,如投资项编码(业主方)/成本项编码(施工方)服务于投资控制工作/成本控制工作;进度项编码服务于进度控制工作。但是有些编码并不是针对某一项管理工作而编制的,如投资/成本控制、进度控制、质量控制、合同管理、编制建设项目进展报告等,其都要使用建设项目的结构编码,因此需要进行编码的组合。建设项目信息编码的主要方法如下。

(1)建设工程项目的结构编码。依据项目结构,对项目结构的每一层的每一个组成部分进行编码。

(2)项目管理组织结构编码。依据项目管理的组织结构,对每一个工作部门进行编码。

(3)建设工程项目的政府主管部门和各参与单位的编码,包括政府主管部门、业主方的上级单位或部门、金融机构、工程咨询单位、设计单位、施工单位、物资供应单位和物业管理单位等。

(4)建设工程项目实施的工作项编码。建设项目实施的工作项编码应覆盖项目实施的工作任务目录的全部内容,它包括设计准备阶段的工作项、设计阶段的工作项、招标投标工作项、施工和设备安装工作项及项目动用前的准备工作项等。

(5)建设工程项目的投资项编码。该编码并不是概预算定额确定的分部分项工程的编码，它应综合考虑概算、预算、标底、合同价和工程款的支付等因素，建立统一的编码，以服务于项目投资目标的动态控制。

(6) 建设工程项目成本项编码。它不是预算定额确定的分部分项工程的编码，而应综合考虑预算、投标价估算、合同价、施工成本分析和工程款的支付等因素，建立统一的编码，以服务于项目成本目标的动态控制。

(7) 建设工程项目的进度项编码。应综合考虑不同层次、不同深度和不同用途的进度计划工作项的需要，建立统一的编码，服务于建设项目进度目标的动态控制。

(8) 建设工程项目进展报告和各类报表编码。其应包括建设项目管理形成的各种报告和报表的编码。

(9) 合同编码。应参考项目的合同结构和合同的分类，使其反映合同的类型、相应的项目结构和合同签订的时间等特征。

信息技术对建设工程的影响

(10) 函件编码。其应反映发函者、收函者、函件内容所涉及的分类和时间等，以便对函件进行查询和整理。

(11) 工程档案的编码。应根据有关工程档案的规定、建设项目的特点和建设项目实施单位的需求建立该编码。

第三节 建设工程信息管理

一、建设工程信息管理的概念和作用

1. 建设工程信息管理的概念

建设工程信息管理是对建设工程信息的收集、整理、处理、储存、传递与应用等一系列工作的总称。建设工程项目的信息管理，应根据其信息的特点，有计划地组织信息沟通，以保证能及时、准确获得各级管理者所需要的信息，达到使其正确作出决策的目的。

2. 建设工程信息管理的作用

(1) 辅助决策。针对工程项目管理过程中积累的大量信息，借助信息化手段建立起信息存储、管理、交流的平台，可以实现跨地域的同步交流与管理。计算机信息系统为项目参与各方随时提供工程的进度、安全、质量和材料采购情况，及时收集、追踪各种信息，减少人工统计数据的片面性和误差，使信息传递更加快捷、开放。项目管理者可以通过项目数据库，方便、快捷地获得需要的数据，通过数据分析，减少决策过程中的不确定性、主观性，增强决策的合理性、科学性及快速反应能力。

(2) 提高管理水平。借助信息化工具对建设工程项目的信息流、物流、资金流进行管理，可以及时准确地提供各种数据，杜绝由手工和人为因素造成的错误，保证信息流经多个部门后的一致性，避免由于口径不一致或版本不一致造成的混乱。同时，利用信息管理平台、电子邮件等信息化手段，可以把工程项目参与各方紧密联系起来，利用项目管理数据库提供的各种项目信息，实现异地协调与控制。

（3）再造管理流程。建设工程项目管理通过环环相扣的业务流程，把各项投入变成最终产品。在同等的人、财、物投入情况下，不同的业务流程所产生的结果是不同的。传统的项目组织结构及管理模式存在多等级、多层次、沟通困难、信息传递失真等弊端。以信息化建设为契机，利用成熟系统所蕴含的先进管理理念，对项目管理进行业务流程的梳理及变革，将有效地促进项目组织管理的优化，使信息化系统减少了管理层次，缩短了管理链条，精简了人员，使决策层与执行层能直接沟通，缩短了管理流程，加快了信息传递。

（4）降低成本，提高工作效率。工程项目信息化管理，可以大大降低管理人员的劳动强度。通过网络进行各种文件、资料的传送和查询，节约了沟通的成本。如采用计算机系统管理材料物资，可对施工中所需的各种材料进行有效的采购、供应、分析和核算；进行网上采购，可节约采购成本；利用库存信息，合理进行材料调配，减少了库存，节约了劳动力和经营成本。

（5）提高管理创新能力。成熟的信息系统是某种先进管理理念的体现。管理信息化可以借鉴这些理念，建立规范制度，提升管理水平。同时，利用网络资源，可以方便、快捷、广泛地获取新技术、新工艺和新材料信息，为创建优质工程提供条件。

二、建设工程信息管理的原则

建设工程产生的信息数量巨大、种类繁多，所以，为了便于信息的收集、处理、储存、传递和利用，在进行工程信息管理的具体工作时，应遵循以下基本原则。

（1）标准化原则。在工程项目的实施过程中要求对有关信息的分类进行统一，对信息流程进行规范，对于产生的控制报表则力求做到格式化和标准化，通过建立健全的信息管理制度，从组织上保证信息生产过程的效率。

（2）定量化原则。建设工程产生的信息不应是对项目实施过程中产生的数据的简单记录，而应该经过信息处理人员的比较与分析。所以，采用定量工具对有关数据进行分析和比较是十分必要的。

（3）有效性原则。项目信息管理者所提供的信息应针对不同层次管理者的要求进行适当加工，针对不同管理层提供不同要求和浓缩程度的信息。例如，对于项目的高层管理者而言，为其提供的决策信息应精练、直观，尽量采用形象的图表来表达，以满足其战略决策的信息需要。

（4）时效性原则。建设工程的信息都有一定的生产周期，如月报表、季度报表、年度报表等，这都是为了保证信息产品能及时服务于决策。所以，建设工程的成果也应具有相应的时效性。

（5）可预见性原则。建设工程产生的信息作为项目实施的历史数据，可以用于预测未来的情况，管理者应通过先进的方法和工具为决策者制订未来的目标和行动规划提供必要的信息。如通过对以往投资执行情况的分析，对未来可能发生的投资进行预测，使其作为采取事先控制措施的依据。

（6）高效处理原则。通过采用高性能的信息处理工具（建设工程信息管理系统），尽量缩短信息在处理过程中的延迟，项目信息管理者的主要精力应放在对处理结果的分析和控制措施的制订上。

三、建设工程信息管理的内容

1. 建设工程项目信息的采集

建设工程参建各方对数据和信息的采集是不同的，有不同的来源、不同的角度、不同的处理方法，但要求各方相同的数据和信息应该规范。其参建各方在不同时期对数据和信息的采集侧重点也不同，也要求规范信息行为。建设工程的不同阶段，如项目决策阶段、项目设计阶段、项目施工招标投标阶段、项目施工阶段等，决定了不同的信息内容，但无论项目信息内容有何不同，人们获取信息的来源、信息采集的途径、信息采集的方法却是相同的。

（1）项目决策阶段的信息采集。应该在进入工程咨询期时就进行项目决策阶段相关信息的采集，主要是工程项目外部的宏观信息，从时间跨度上要采集过去、现代和未来与项目相关的信息。这一阶段的信息具有较大的不确定性。

在项目决策阶段，信息采集主要从四个方面进行：第一，项目相关市场方面的信息，项目资源相关的信息；第二，自然环境相关方面的信息；第三，新技术、新工艺、新材料等专业配套能力方面的信息；第四，整治环境，社会治安状况，当地法律、政治、教育的信息等。

（2）项目设计阶段的信息采集。在工程项目设计阶段主要采集与工程设计有关的信息以及工程设计的成果信息，信息采集包括设计依据和项目审批信息、同类工程相关信息、拟建工程相关信息、工程勘察和测量信息、法律法规信息、设计规范和设计标准的信息、设计管理的信息、设计成果的信息等。

（3）项目施工招标投标阶段的信息采集。该阶段的信息采集有助于协助建设单位编制招标书，有助于建设单位选择施工单位和项目经理、项目班子，有利于施工合同的签订。要求信息采集人员充分了解施工设计和施工图预算，熟悉法律法规、招标投标程序、合同示范范本，特别是要求其在了解工程特点和工程量分解上有一定的能力。

项目施工招标投标阶段的信息采集主要从三个方面进行：第一，工程地质、水文勘察报告，施工图设计及施工图预算、设计概算，设计、地质勘察、测绘的审批报告等信息；第二，设计单位建设前期的报审文件，工程造价的市场变化情况，当地施工单位的情况，本工程适用的相关规范、规程等信息；第三，有关招标投标的规定和代理信息以及建设过程采用的新技术、新设备、新材料、新工艺等。

（4）施工阶段的信息采集。在工程施工阶段主要采集施工准备和现场施工的相关信息，包括施工组织、施工方案、施工预算、施工现场自然条件、施工材料和设备、施工人员和管理、施工成本控制、施工质量和安全管理、施工进度控制、施工合同管理等信息。施工阶段的信息种类繁多，施工周期长，信息来源分散。施工阶段信息采集是工程信息采集的核心和关键，是工程施工管理和监控的基础。

（5）竣工验收阶段的信息采集。在工程竣工验收阶段主要采集工程竣工验收和移交的相关信息，包括工程建设中所有的竣工验收资料、竣工图纸、工程存档资料等信息。

2. 建设工程项目信息的加工及整理

建设工程项目信息的加工、整理主要是对建设各方得到的数据和信息进行鉴别、选择、核对、合并、排序、更新、计算、汇总和转储，生成不同形式的数据和信息，将其提供给有不同需求的各类管理人员使用。

在信息加工时，要按照不同的需求、不同的加工方法分层进行加工。对项目建设过程中的施工单位提供的数据要加以选择、核对，进行必要的汇总，对动态的数据要及时更新，对于施工中产生的数据要按照单位工程、分部工程、分项工程组织在一起，对于每一个单位、分部、分项工程又把数据按进度、质量、成本等方面分别组织。

(1)建设工程项目信息的筛选。信息的筛选是根据用户的需要，从社会信息流中把符合既定标准的一部分挑选出来，使信息内容、传递时机、获取方式等信息流诸要素与用户需要相匹配。由于客观条件的限制，或者受人的主观因素的影响，在初始信息采集活动中经常会出现信息失真、信息老化甚至信息混乱等问题。因此，要对从各类信息源采集来的信息进行优化选择。

优化选择的依据是信息使用者的最终需要，但用户的信息需要是复杂多变的，所以，其只能是优化选择的原则性依据，而不是具体的标准。对于不同的用户，优化选择的标准不同，而同一用户因时间、地点和环境条件的不同，其选择标准也是变化的。一般应从信息内容与用户提问的关联程度、信息内容能否正确地反映客观现实、信息内容的新颖性、信息成果的领先水平、信息适合用户需要、便于当前使用的程度等方面考虑，对初始信息进行鉴别、筛选和剔除。其主要任务是去粗取精、去伪存真，使信息流具有更强的针对性和时效性。可采用的方法包括比较法、分析法、核查法、引用摘录法和专家评估法等。

(2)工程项目信息的加工。信息加工是为了便于人们在需要时查询、识别并获取信息。

1)数据项的确定：数据项是描述信息外表特征或内容性质并构成数据库记录的最小单位和基础。任何一个数据项都有可能成为数据库检索的入口，数据项的选择关系到能否准确地描述信息，影响到数据库的功能和检索效果。数据项的选取应考虑完整性、标准化、方便性、低冗余和灵活性的原则，充分发挥每一个数据项的实用功能。

2)信息外表特征的加工：信息外表特征的加工是对存在于一定物理载体信息的外表特征和物质形态进行描述的过程。对于文献型信息，国内外均有许多信息加工条例和标准，对各类数据项的选取和描述分别作了规定或说明。对于非文献型信息的加工，一种方法是将口头信息和实物信息转化为文献型信息，然后依据格式进行加工；另一种方法是直接描述事物的名称、外形、内容、性能、生产者及生产时间、地点等，将其按规定格式记录下来，形成数据库之类的信息产品。

3)信息内容特征的加工：在对信息内容进行分析的基础上，根据一定规则给信息的内容属性以标识，并进行描述，也称信息标引。这是通过分析信息的主题概念、内容性质等特征，赋予其能揭示有关特征的简明代码，从而为信息揭示、组织和检索提供依据。信息标引可以分为以学科分类代码作为信息标识的分类标引和以主题词符号作为信息标识的主题标引。

3. 建设工程项目信息的存储

工程信息的存储介质包括纸张、胶片、录音录像带、光盘、计算机存储器等。纸张是最常用的信息存储介质，但是纸张存储的信息不便于检索，传递速度慢。随着计算机应用范围的扩大和功能的日益增强，计算机成为越来越有效的信息存储介质。电子化的工程信息提供了更加便捷的信息检索、传递和使用途径。

4. 建设工程项目信息的检索和传递

无论是纸张存储的工程档案资料信息，还是计算机存储的海量信息资料，工程信息在使用前必须提供高效率的信息检索功能。因此，必须构建完善的工程信息分类和编目标准，以数据库或资料库的形式有规律地存储信息，并且使信息检索和查找方法、手段与存储方式相适应。完善的信息检索功能可以系统地保存工程信息，并且可以使人们及时和方便地查找所需的工程信息，为工程管理提供支持。

工程信息检索必须建立在信息安全的基础上，为有权使用信息的部门和人员及时提供规定格式的工程信息，禁止将工程信息提供给无关人员和部门。

工程信息的传递就是将工程信息传递给需要的人员和工程参与方，是各参与方之间交流和交换工程信息的过程。工程信息的传递依赖于信息流途径，如面对面传递、邮寄线路、通信线路、有线和无线网络等。

计算机技术和通信技术为现代工程信息传递提供了更加快捷、准确和低成本的条件。

5. 建设工程项目信息的使用

工程信息管理的最终目的是更好的使用信息，为项目管理决策服务。对于经过加工处理的工程信息，需要按照工程管理的实际要求，以各种合适的形式将其提供给项目管理人员，如报表、文字、图形、图像、声音等。

传统的信息使用主要依靠书面数据，信息容量小，信息使用效率低。随着功能的提升和应用的普及，计算机提供了更高效的信息使用工具，使工程信息的收集、处理、传递更加智能化，使工程管理效率更高。

四、建设工程信息管理的基本要求

为了能全面、及时、准确地向项目管理人员提供有关信息，建设工程信息管理应满足以下几方面的基本要求。

(1) 要有严格的时效性。如果不严格注意时间，那么信息的价值就会随之消失。因此，能适时提供信息，往往对指导工程施工十分有利，甚至可以取得很大的经济效益。要严格保证信息的时效性，应注意并解决以下问题：

1) 当信息分散于不同地区时，如何迅速而有效地进行收集和传递工作；

2) 当各项信息的口径不一、参差不齐时，如何处理；

3) 采取何种方法、何种手段能在很短的时间内将各项信息加工整理成符合目的和要求的信息；

4) 使用计算机自动处理信息的可能性和处理方式。

(2) 要有针对性和实用性。信息管理的重要任务之一，就是根据需要提供针对性强、适用性强的信息。如果只能提供成沓的细部资料，其又只能反映一些普通的、并不重要的变化，这样，决策者不仅要花费大量时间去阅览这些作用不大的烦琐资料，而且仍得不到决策所需要的信息，使信息管理起不到应有的作用。为避免此类情况的发生，在信息管理中应采取如下措施：

1) 可运用数理统计等方法，对收集到的大量庞杂的数据进行分析，找出影响重大的方面和因素，并力求给予其定性和定量的描述；

2) 要将过去和现在、内部和外部、计划与实施等加以对比分析，明确看出当前的情况和发展的趋势；

3) 要有适当的预测和决策支持信息，更好地为管理决策服务，以取得应有的效益。

(3) 要有必要的精确度。要使信息具有必要的精确度，就需要对原始数据进行认真的审查和必要的校核，避免分类和计算的错误。即使对加工整理后的资料，也需要做细致的复核。这样，才能使信息有效、可靠。但信息的精度应以满足使用要求为限，并不一定越精确越好，因为实现不必要的精度会耗用更多的精力、费用和时间，容易造成浪费。

(4) 要考虑信息成本。各项资料的收集和处理所需要的费用直接与信息收集的多少有关，要求越细、越完整，则费用越高。例如，如果每天都将施工项目上的进度信息收集完整，势必会耗费大量的人力、时间和费用，这将使信息的成本显著提高。因此，在进行施工项目信息管理时，必须要综合考虑信息成本及信息所产生的收益，寻求最佳的切入点。

五、建设工程信息管理的任务

(1) 组织项目基本情况的信息并将其系统化，编制项目手册。项目管理的任务之一是按照项目的任务、项目的实施要求，设计项目实施和项目管理中的信息和信息流，确定它们的基本要求和特征，并保证在实施过程中信息流通畅。

(2) 整理项目报告及各种资料的规定，例如资料的格式、内容，数据结构的要求。

(3) 按照项目实施、项目组织、项目管理工作过程建立项目管理信息系统流程，在实际工作中保证这个系统正常运行，并控制信息流。

(4) 文件档案管理工作。有效的项目管理需要更多地依靠信息系统的结构。信息管理影响组织和整个项目管理系统的运行效率，是人们沟通的桥梁，监理工程师应对它有足够的重视。

六、现代信息技术对建设工程信息管理的影响

随着现代信息技术的高速发展和广泛应用，其影响已波及传统建筑业的方方面面。同时，随着现代信息技术（尤其是计算机软硬件技术、数据存储与处理技术及计算机网络技术）在建筑业中的应用，建设工程的手段也不断更新和发展，如图1-1所示。

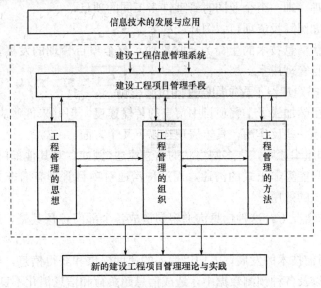

图1-1 信息技术对建设工程的影响

建设工程的手段与建设工程思想、方法和组织不断互动，对建设工程项目的实践产生了深远的影响。

1. 现代信息技术对建设工程项目管理的正面影响

具体而言，现代信息技术对建设工程项目管理的正面影响主要表现为以下几个方面。

(1)现代信息技术加快了项目管理系统中的信息反馈速度和系统的反应速度，人们能够及时查询工程进展情况，进而及时地发现问题、作出决策。

(2)项目的透明度增加，人们能了解企业和项目的全貌。

(3)总目标容易贯彻，项目经理和上层领导容易发现问题。下层管理人员和执行人员也能更快、更容易地了解和领会上层的意图，使各方面的协调更为容易。

(4)信息的可靠性增加。人们可以直接查询和使用其他部门的信息，这样不仅可以减少信息的加工和处理工作，而且在传输过程中可以保证信息不失真。

(5)与传统的信息处理和传输方法相比，现代信息技术能提供更大的信息容量。人们使用信息的范围和深度大大增加。例如项目管理职能人员可以从互联网上直接查询最新的工程招标信息、原材料市场行情。

(6)工程系统的集成化，包括各方建设工程系统的集成以及建设工程系统与其他管理系统(项目开发管理、物业管理)在时间上的集成。

(7)建设工程组织的虚拟化。在大型项目中，建设工程组织在地理上分散，但在工作上协同。

(8)由于信息沟通技术的应用，项目实施中有效的信息沟通与组织协调使工程建设各方可以更多地采用主动控制，避免了许多不必要的工期延迟和费用损失，目标控制更为有效。

(9)使项目风险管理的能力和水平大为提高。由于现代市场经济的特点，工程项目的风险越来越大。风险管理需要大量的信息，而且要迅速获得这些信息，需要十分复杂的信息处理过程。现代信息技术使人们能对风险进行有效的、迅速的预测、分析、防范和控制。

(10)现代信息技术使人们更科学、更方便地进行如下类型的项目管理：

1)大型的、特大型的、特别复杂的项目；

2)多项目的管理，即一个企业同时管理许多不同的项目；

3)远程项目，如国际投资项目、国际工程等。

这些显示出现代信息技术的生命力。它推动了整个项目管理的发展，提高了项目管理的效率，降低了项目管理成本。

2. 现代信息技术对建设工程项目管理的负面影响

现代信息技术虽然加快了工程项目中信息的传输速度，但并未能解决心理和行为问题，甚至有时还可能引起一些反作用，具体表现在以下几个方面：

(1)按照传统的组织原则，许多网络状的信息流通(例如，对其他部门信息的查询)不能算作正式的沟通，只能算非正式沟通，而这种沟通对项目管理有着非常大的影响，会削弱正式信息沟通方式的效用；

(2)在一些特殊情况下，这种信息沟通容易造成各个部门各行其是，造成总体协调的困难和行为的离散；

(3)由于现代通信技术的发展，人们以惊人的速度提供和获得信息，容易被埋在一大堆文件、报告、计划以及各种预测数据中，造成信息超负荷和信息消化不良；

(4)如果项目中出现问题、危机或风险，随着信息的传递其会蔓延开来，造成恐慌，各个方面可能各自采取措施，导致行为的离散，使项目管理者采取措施解决问题和风险的难度加大；

(5)人们通过非正式的沟通获得信息，这些信息会干扰人们对上层指令、方针、政策、意图的理解，结果造成执行上的不协调；

(6)由于现代通信技术的发展，人们忽视面对面的沟通，而依赖计算机在办公室获取信息，减少获得软信息的可能性；

(7)容易造成信息在传递过程中的失真、变形。

本章小结

信息是客观存在的一切事物通过物质载体所发生的消息、指令、数据、信号等可传送交换的知识内容。信息管理是人类为了有效地开发和利用信息资源，以现代信息技术为手段，对信息资源进行计划、组织、领导及控制的社会活动。本章主要介绍建设工程信息、建设工程信息管理的相关概念。

思考与练习

一、填空题

1. 信息是客观存在的一切事物通过物质载体所发生的_____、_____、_____、_____等可传送交换的知识内容。

2. 信息按其特征可分为_____和_____，信息按其加工程度可分为_____和_____。

3. 信息必须符合管理的需要，要有助于_____和_____的运行，不能造成信息泛滥和污染。

4. 建设工程信息主要有_____、_____、_____。

5. _____是对建设工程信息的收集、整理、处理、储存、传递与应用等一系列工作的总称。

二、选择题

1. 信息资源的特征，不包括(　　)。
   A. 选择性　　　　　　　　　B. 共享性
   C. 驾驭性　　　　　　　　　D. 真实性

2. 建设项目信息编码的主要方法不包括(　　)。
   A. 建设工程项目的结构编码
   B. 建设工程项目的政府委托部门的编码
   C. 建设工程项目实施的工作项编码
   D. 建设工程项目的投资项编码

3. 工程项目设计阶段主要采集与工程设计有关的信息以及工程设计的成果信息，工程项目设计阶段的信息采集包括(   )。
   A. 工程地质、水文勘察报告　　　　B. 设计单位建设前期报审文件
   C. 设计管理的信息　　　　　　　　D. 施工图设计
4. 建设工程施工信息管理的基本要求不包括(   )。
   A. 要有严格的时效性　　　　　　　B. 要有针对性和实用性
   C. 要有必要的误差值　　　　　　　D. 要考虑信息成本

三、简答题
1. 信息的特征有哪些？
2. 一般来说，信息必须符合哪些基本要求？
3. 根据国际上的研究，建设工程信息的分类方法有哪几种？
4. 对建设工程的信息进行分类必须遵循哪些基本原则？
5. 建设工程信息管理的作用有哪些？
6. 建设工程信息管理的内容有哪些？
7. 简述建设工程信息管理的任务。

第二章　建设工程项目信息模型

知识目标

1. 了解建设工程项目全寿命周期管理的概念；熟悉建设工程全寿命管理的产生；掌握建设工程项目各阶段的管理。

2. 熟悉传统建设工程项目信息模型、基于电子商务的建设工程信息模型、建设工程项目全寿命管理的信息模型。

3. 了解建设工程项目信息沟通的含义；熟悉信息沟通的技术、作用；掌握信息交换的体系。

能力目标

1. 能根据建设工程项目周期的概念进行建设工程项目各阶段的管理。
2. 学习建设工程信息沟通与管理体系，能对建设工程信息进行管理。

第一节　建设工程项目全寿命周期管理

一、建设工程项目全寿命周期的概念

建设工程项目在从开始到结束的整个过程中，经历了前期决策、设计、招标投标、施工、试运行和正式运营、项目结束等多个阶段，涉及投资方、开发方、监理方、设计方、施工方、供货方、项目使用期的管理方等。

建设工程项目的全寿命周期是指从项目构思与设想到项目废除的全过程，它包括项目的决策阶段、实施阶段和使用阶段（运行阶段或运营阶段）。

决策阶段的主要任务是确定项目的定义，即确定项目建设的任务和确定项目建设的投资目标、质量目标和工期目标等；建设工程项目的实施阶段，包括设计准备阶段、设计阶段、施工阶段、动用前准备阶段和保修阶段。招标投标工作分散在设计准备阶段、设计阶段和施工阶段中进行，因此可以不单独列为招标投标阶段。实施阶段的主要任务是完成建设任务，并使项目建设的目标尽可能好地实现；使用阶段的主要管理任务是确保项目的运

行或运营，使项目能保值和增值。

二、建设工程项目各阶段的管理

1. 开发管理

开发管理即建设工程项目决策阶段的管理，其主要任务是定义开发或建设的任务和意义，其管理的核心是对所要开发的项目进行策划，它包括下述工作：建设环境和条件的调查与分析；项目建设目标论证与项目定义；项目结构分析；与项目决策有关的组织、管理和经济方面的论证与策划；与项目决策有关的技术方面的论证与策划；项目决策的风险分析等。

建设工程项目实施阶段也有策划工作，其主要任务是定义如何组织开发或建设，包括下述工作：项目实施的环境和条件的调查与分析；项目目标的分析和再论证；项目实施的组织策划；项目实施的管理策划；项目实施的合同策划；项目实施的经济策划；项目实施的技术策划；项目实施的风险策划等。

2. 项目管理

项目管理的内涵是从项目开始至完成，通过项目策划和项目控制，使项目的费用目标、进度目标和质量目标得以实现。按建设工程生产组织的特点，在一个项目中往往由许多参与单位承担不同的建设任务，而各参与单位的工作性质、工作任务和利益不同，因此，就形成了不同类型的项目管理。由于业主方是建设工程项目生产过程的总集成者——人力资源、物质资源和知识的集成，业主方也是建设工程项目生产过程的总组织者，因此，对于一个建设工程项目而言，虽然有代表不同利益方的项目管理，但是，业主方的项目管理是管理的核心。

(1)业主方的项目管理。业主方项目管理服务于业主的利益，其目标包括项目的投资目标、进度目标和质量目标。业主方的项目管理工作涉及项目实施阶段的全过程，即在设计前的准备阶段、设计阶段、施工阶段、动用前的准备阶段和保修期分别进行安全管理、投资控制、进度控制、质量控制、合同管理、信息管理、组织和协调等工作。

(2)设计方的项目管理。设计方作为项目建设的一个参与方，其项目管理主要服务于项目的整体利益和设计方本身的利益。项目的投资目标的实现与设计工作密切相关。设计方的项目管理工作主要在设计阶段进行，但它也涉及设计前的准备阶段、施工阶段、动工前的准备阶段和保修期。设计方项目管理包括与设计工作有关的安全管理、设计成本控制和与设计工作有关的工程造价控制、设计进度控制、设计质量控制、设计合同管理、设计信息管理、与设计工作有关的组织和协调等。

(3)施工方的项目管理。施工方作为项目建设的一个参与方，其项目管理主要服务于项目的整体利益和施工方本身的利益。施工方的项目管理工作主要在施工阶段进行，但它也涉及设计准备阶段、设计阶段、动工前的准备阶段和保修期。在工程实践中，设计阶段和施工阶段往往是交叉的，因此，施工方的项目管理工作也涉及设计阶段。其任务包括施工安全管理、施工成本控制、施工进度控制、施工质量控制、施工合同管理、施工信息管理、与施工有关的组织与协调。施工方可能是施工总承包方、施工总承包管理方、分包施工方，或建设项目总承包的施工任务执行方，或仅仅提供施工的劳务。当施工方担任的角色不同时，其项目管理的任务和工作重点也会有差异。

(4)供货方的项目管理。供货方作为项目建设的一个参与方,其项目管理主要服务于项目的整体利益和供货方本身的利益。供货方的项目管理工作主要在施工阶段进行,但它也涉及设计准备阶段、设计阶段、动工前的准备阶段和保修期。其任务包括供货的安全管理、供货方的成本控制、供货的进度控制、供货的质量控制、供货合同管理、供货信息管理、与供货有关的组织与协调。

3. 设施管理

设施管理的目的是使建设工程项目在使用期(运营期或运行期)能保值和增值。设施管理工作应尽可能在项目的决策期和实施期介入,以利于在决策期和实施期充分考虑项目使用的需求。在项目决策阶段,设施管理的主要工作是参与项目定义的工作过程,并对决策阶段的重要问题参与讨论。在设计准备阶段和设计阶段,设施管理的主要工作是参与设计任务书的编制,并从设施管理的角度跟踪设计过程。在施工阶段,设施管理的主要工作是参与设计变更的确定,并跟踪施工过程。

三、建设工程全寿命管理的产生

工程项目建设从开始到结束的整个过程中,与项目有关的技术、经济、管理、法律等各方面的信息从无到有,从粗到细,经历了复杂的不断积累增加的变化过程。

由于建设工程项目的特殊性,项目建设周期长,参与到项目中来的多个单位、各种人员在项目建设前没有直接关系,而在项目建设中需了解工程项目的要求,要掌握相应的信息,产生并处理新的工程信息。随着设计、投标、施工等各阶段工作的逐渐展开,与建设工程有关的信息得到不断的增加并逐渐深化和系统化。当一个阶段工作结束,下一个阶段工作开始时,新的人员开始参与到项目中来,对于这些人员,原有的信息绝大多数是未知的。如果没有统一的信息平台,就会使得工程建设各阶段衔接中产生大量的信息丢失,从而降低工程的效率。

如何避免工程建设过程信息的流失所造成的负面影响,已成为建设领域信息化的一个主要工作任务。国内外IT技术的最新发展从信息化的角度为避免信息流失和减少交流障碍提供了两方面的可能性:一方面是推行建设工程设计、施工和管理工作中的工程信息的模型化和数字化,即建筑信息模型(Building Information Modeling,BIM)的概念;另一方面是提高建设工程信息在参与建设工程各个单位和个人之间共享的程度,减少信息在这些界面之间的交流障碍,即建设工程全寿命管理(Building Lifecycle Management,BLM)的概念。建设工程全寿命管理是将工程建设过程中包括规划、设计、招标投标、施工、竣工验收及物业管理等作为一个整体,形成衔接各个环节的综合管理平台,通过相应的信息平台,创建、管理及共享统一完整的工程信息,减少工程建设各阶段衔接及各参与方之间的信息丢失,提高工程的建设效率。

建设工程项目的参与方及分工

第二节　建设工程项目信息模型

一、传统建设工程项目信息模型

基于国际通用的 FIDIC 合同条件的建设工程信息模型(图 2-1)，一级实体代表工程建设中的主要三方，即业主、工程师和总承包商。同时描述了二级实体与一级实体的信息交换关系。该模型是按主体描述的信息关系图。

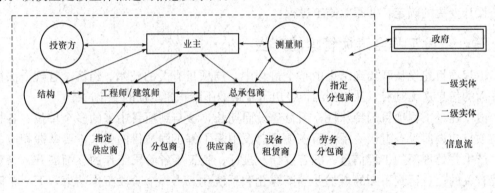

图 2-1　基于 FIDIC 合同条件的建设工程信息模型

二、基于电子商务的建设工程信息模型

建筑业电子商务是对建设工程项目建设周期实行全过程、动态化、多层次的信息交流，并将项目所有参与方联结在一起的复杂的电子交易系统。而实现电子商务活动的最重要问题就是对项目所有参与方信息资源的整合，以及对信息技术与建筑业业务流程的整合。因此，建筑业电子商务可理解为：基于网络，运用电子整合方法，在建筑业领域进行的所有层面的商务处理活动。

建筑业电子商务可称为 P (O\A\E\G\S\T\L)电子商务。参与交易的各方主要包括：业主(Owner)——获得最终建筑产品；建筑师(Architecture)——提供设计方案及图样；工程师(Engineer)——提供包括项目前期论证、技术管理咨询及监理等咨询服务；总承包商(General Contractor)——提供总包服务；各专业及劳务分包商(Subcontractor)——提供各种分包服务；材料及商品等供应商(Trade Contractor)——提供工程所需的各种材料及商品等；设备及工具租赁商(Leasing Contractor)——提供租赁设备等。由以上七方构成的基于电子商务的工程信息模型(图 2-2)。按完成项目的过程，建筑业的电子商务可分为两个阶段，即竞标阶段的电子商务和履约阶段的电子商务。在普通承发包方式(包括设计建造方式)下，第一阶段的电子商务结束于签订总承包合同；第二阶段的电子商务是以完成修复活动和最后支付为结束标志。

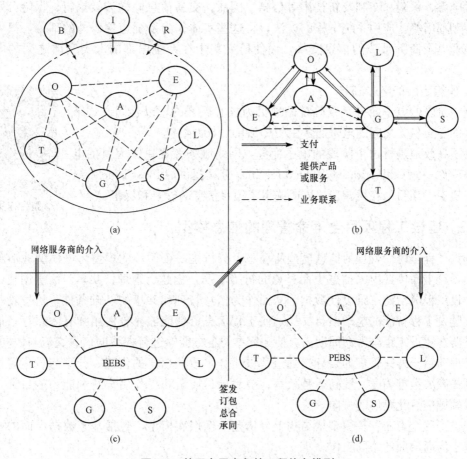

图 2-2 基于电子商务的工程信息模型

(a)竞标阶段的信息关系图；(b)履约阶段的信息关系图；
(c)以竞标获得项目为中心的系统；(d)以完成特定项目为中心的在线采访
O—业主；A—建筑师；E—工程师；G—总包商；T—供应商
L—租赁商；B—银行；I—保险公司；R—技术研究及专利部门
BEBS—竞标阶段电子商务系统；PEBS—履约阶段电子商务系统

1. 竞标阶段的电子商务

在图 2-2 中，第一阶段的电子商务是以获得合同为目的的电子商务活动。电子商务系统中的七方在网络环境下通过频繁的信息交换进行如下业务联系。

(1)业主为获得称职的设计及营造商需要进行大量的信息挖掘。

(2)总承包商在工程估价时，利用网络实时与分包商、材料及商品供应商、设备租赁商等沟通，以获得最新的分包商报价、最新的材料及商品价格和设备租赁价格等，以使自己的投标价更具有竞争力。

(3)建筑师为使自己的限额(这里指投资额)设计方案更容易夺标，需要实时了解各种材料及商品的价格和新材料、新方法的应用情况。

电子商务系统中的各交易方在第一阶段进行的复杂业务联系由图 2-2(a)、(c)描述。图中各个节点之间复杂的连线表示其业务及信息联系。在竞标阶段的电子商务中，也需要了解有关金融、保险、专利及新技术等信息。因此，交易信息同样涉及银行、保险公司、技术及专利部门等。应用系统工程的方法，将这些实体作为系统边界以外的部分，只考虑其对建筑业电子商务系统的信息交换，而使研究集中在系统内部的七类实体之间的电子商务上。

2. 履约阶段的电子商务

这一阶段的电子商务是以确定的项目为核心展开的，以合同方式结合起来的各交易方之间的电子商务由图 2-2(b)、(d)描述。

为了高效地进行这个阶段的电子商务，网络服务商提供了大量的电子商务软件，如 Collaborative Structures Inc. 公司提供的 First Line 系统等。它实现了项目的在线营造，同时确保了项目信息的安全和保密。

网络服务对系统的
整合作用

三、建设工程项目全寿命管理的信息模型

建设工程全寿命管理的信息模型从动态上分析是一个循环的模型，该模型地形象表示了工程项目生命周期内的信息生命过程的行为本质：创建、管理、共享。信息创建，是要创建建设工程灵活的三维设计数据，从而作为信息管理和共享的基础条件；信息管理，是要建立建设工程智能的电子项目文档，使工程信息资料能够充分使用和有效保存；信息共享，是要在建设工程全寿命周期内，使工程参与各方能够进行在线的信息交流与协同工作。建设工程项目全寿命管理的目标是通过协同工作，改善信息的创建、分享与过程管理，从而达到提高决策准确度、提高运营效率、提高项目质量和提高用户获利能力的目标，是工程建设领域信息化发展的方向。

建设工程全寿命管理模型从结构上分析是一个层次模型，包括基于数据层面的协同工作和基于沟通层面的协同工作。

第三节　建设工程项目中的信息沟通管理

一、建设工程项目信息沟通的含义

信息沟通就是交换和共享数据、信息和知识的过程，也就是建设工程参与各方在项目建设过程中，运用现代信息和通信技术及其他合适的手段，相互传递、交流和共享项目信息和知识的行为和过程。其目的是在建设项目参与各方之间共享项目信息和知识，使之在恰当的时间、恰当的地点，为恰当的人及时提供恰当的项目信息和知识。

信息沟通可以使人们在建设项目各组成部分、各实施阶段、各参与方之间随时随地获得所需要的各种项目信息。其用虚拟现实的、逼真的工程项目模型指导建设工程项目的决策、设计与施工全过程。其可减少距离的影响，使项目团队成员相互沟通时有同处一地的感觉，并可对信息的产生、保存及传播进行有效管理。

二、信息沟通的技术

以计算机网络为代表的现代信息和通信技术(IT技术)所具有的强大功能,改善了建设工程中的信息沟通及信息管理工作。应用IT技术可以使工程人员相互之间很好地沟通,灵活地交换信息,并且可以很好地协调各专业高层人员之间的活动,处理或减少工程中的不确定性,如项目信息系统、基于知识的专家系统等,对解决问题有很大帮助。

IT技术不仅能利用自动手段捕获、保存和检索数据,利用有效的信息处理方法把数据处理成信息,而且能利用功能强大的网络通信技术,以丰富的形式快速、大量地传输各种形式的数据、信息和知识等。另外,数据、信息和知识还能方便地以物理方式传输。可根据建设工程管理的功能和具体项目管理的需要选择合适的IT技术。

对于建设工程信息还可以通过互联网在建设系统相关网站进行收集。其主要来自以下三方面的网站。

(1)政府相关部门的网站:如住房和城乡建设部与专业部委的网站,有关行业协会的网站,各地政府或地方相关部门的网站。通过这些网站,可以了解政府颁布的最新法律法规、规程、规范、技术标准、政策文件、建设行业动态及建设工程的招标信息等。

(2)相关企业的网站:包括国内外建筑类网站,施工单位、监理咨询单位的企业网站,材料供应单位的网站等。

(3)各类信息的通用网站:主要有商业性网站和各地城市网、物业小区信息网等。

三、信息交换的作用

工程信息交换标准是工程管理信息化的基础工作之一,信息分类编码是信息交换标准体系的重要组成部分,信息交换标准主要有信息表示标准、信息分类编码、传输协议等。信息表示标准一般包括名词标准、度量标准、制图标准、图式符号标准等,用于规范信息表示方法,避免不同的人描述同一信息时使用不同的表示方法,造成混乱。

信息分类编码标准是进行信息交换和实现信息资源共享的重要前提,是实现管理工作现代化的必要条件,是信息标准化工作的一项重要内容。信息分类必须遵循科学性、系统性、可扩展性、兼容性、综合实用性等原则。信息分类编码是保证信息交换唯一性的必要手段,是根据信息内容的属性或特征,将信息按一定的原则和方法进行区分和归类,并建立排列顺序规则,以便管理和使用信息。

工程信息交换标准体系的最主要的意义在于其建立了工程信息交换和共享的基础条件。为改变以往工程各个参与方使用各自的信息编码规则,许多基础信息重复整编、不统一、无法共享的局面提供了可能。随着工程管理信息化工作的展开,信息交换标准将发挥其应有的作用。

四、信息交换的体系

建设信息交换标准是建筑业信息化的基础。建筑业生产的复杂性和需要多方协作才能完成的特殊性,决定了建筑业信息(数据)交换的复杂性和信息交换标准的复杂性。基于Internet、Intranet及Extranet的建筑业信息交换标准体系,由九大信息交换标准构成。这些标准包括业主同政府主管部门之间的报建及审批信息交换标准;业主与建筑师之间的有关建筑规划及设计方面的信息交换标准;业主与工程师(包括监理师)之间的用于项目监理,了解和控制工程项目使之按质、按量、按期、按投资要求完成的有关信息交换标准;委托招标方和参加投标方之间有关招标文件标准化的信息交换标准;投标方与招标委托方之间有关投标文件标准化的信息交换标准;招标方与中标方之间的授标信息交换标准,包括体现业主与承包商之间基于各种承包方式的各种标准合同文本体系的信息交换标准;工程师(或监理师)与承包商之间在整个营造过程中有关信息的交换标准,包括设计变更、工期变动、各种索赔等信息的交换标准;结算信息交换标准,其不仅包括有关工程的工程量表的确认及支付,而且考虑了与会计系统信息交换的一致性,是工程控制系统与会计系统的一个结合点;总包与分包之间的主要信息交换,包括有关合同等信息,构成了相应的总包分包信息交换标准。这些信息交换标准构成了一个信息交换标准系统。

信息交换标准的作用

本章小结

工程项目全寿命管理是通过信息获取、决策、计划、组织、领导、控制和创新等职能的发挥来分配、协调包括人力资源在内的一切可以调用的资源,以实现工程项目系统目标。本章主要介绍建设工程项目全寿命周期管理、建设工程项目信息模型、建设工程项目中的信息沟通管理。

思考与练习

一、填空题

1. _____是指从项目构思与设想到项目废除的全过程。
2. 开发管理即建设工程项目决策阶段的管理,其管理的核心是_____。
3. 项目管理的内涵是从项目开始至完成,通过项目策划和项目控制,使项目的_____、_____和_____得以实现。
4. 传统建设工程项目信息模型中,一级实体代表工程建设中的主要三方,即_____、_____和_____。
5. _____可以使人们在建设项目各组成部分、各实施阶段、各参与方之间随时随地获得所需要的各种项目信息。
6. _____是进行信息交换和实现信息资源共享的重要前提,是实现管理工作现代化的必要条件,是信息标准化工作的一项重要内容。

二、选择题

1. 建设工程项目的全寿命周期不包括( )。
   A. 项目的预算阶段　　　　　　B. 项目的决策阶段
   C. 实施阶段　　　　　　　　　D. 使用阶段

2. 开发管理不包括下述（　　）工作。
   A. 建设环境和条件的调查与分析
   B. 项目建设目标论证与项目定义
   C. 与项目成本控制有关的工程造价控制
   D. 与项目决策有关的技术方面的论证与策划
3. 对于一个建设工程项目而言，虽然有代表不同利益方的项目管理，（　　）的项目管理是管理的核心。
   A. 业主方　　　　B. 设计方　　　　C. 施工方　　　　D. 供货方

三、简答题

1. 简述建设工程全寿命管理的产生。
2. 简述建设工程项目全寿命管理的信息模型。
3. 什么是信息沟通？信息沟通的目的是什么？
4. 简述信息交换的作用。

第三章 建设工程信息采集技术

知识目标

1. 了解条形码的基础知识，熟悉条形码的基本结构、分类，掌握条形码技术的特点、内容、系统识别等。
2. 了解卡片的基本概念，熟悉卡片的应用参数，掌握磁卡、光卡、IC卡的使用方法。
3. 了解无线射频识别技术的概念，熟悉无线射频识别技术的标准，掌握无线射频识别技术系统的组成。
4. 了解全球定位系统的基本知识，熟悉全球定位系统的应用，掌握全球定位系统的原理、组成。
5. 了解地理信息系统的基本概念，熟悉地理信息系统的分类、应用，掌握地理信息系统的功能、组成等。

能力目标

学习建设工程信息采集的基础知识，具备识别和使用条形码、磁卡、光卡、IC卡、无线射频、全球定位系统、地理信息系统的能力。

第一节 条形码技术

一、条形码概述

1. 条形码的定义

条形码是由一组规则排列的条、空及其对应字符组成的标记，用于表示一定的信息。

条指对光线反射率较低的部分，用黑色表示；空指对光线反射率较高的部分，用白色表示。这些条和空组成的标记，能被特定的设备，如光电扫描器识读，以标识物品的各种信息，如名称、单价、规格等。如果某个条形码的条或空标记模糊或已磨损，则条形码上的对应字符可供人直接识读或通过键盘向计算机输入数据使用。由于白色反射率比黑色高很多，而且黑、白条粗细不同，在用光电扫描器扫描后，通过光电转换设备将条形码中这些不同的反射效果转换为不同的电脉冲,形成可以传输的电子信息。当经过转换与计算机兼容的二进制的条形码信息传输到计算机时,通过计算机数据库中已建立的条形码与商品信息的对应关系,条形码中的商品信息就被读出。条形码辨识技术已相当成熟,是一种可靠性高、输入快速、准确性高、成本低、应用面广的资料自动收集技术。条形码不仅可以用来标识物品,还可以用来标识资产、位置和服务关系等。

目前世界上有 225 种以上的一维条形码,每种一维条形码都有自己的一套编码规则,规定每个字母(可能是文字或数字)由几个线条及几个空白组成,以及字母的排列。一般较流行的一维条形码有 39 码、EAN 码、UPC 码、128 码,以及专门用于书刊管理的 ISBN、ISSN 等。

2. 代码

代码即用来表现客观事物的一个或一组有序的符号。在对项目进行标识时,首先要根据一定的编码规则为其分配一个代码,然后再用相应的条形码符号将其表示出来。一个代码只能唯一地标识一个物品,而一个物品只能有一个唯一的代码。在不同的应用系统中,代码可以有含义,也可以无含义。有含义代码可表示一定的信息属性(如分类、排序、逻辑意义等)。例如,某食品厂的产品有多种系列,其中代码 10 000~19 999 是原味类食品,20 000~29 999 为油炸类食品等,从编码的规律可以看出,代码的第一位代表了产品的分类信息,是有含义的。无含义代码则只作为分类对象的唯一标识,不提供对象的任何其他信息。例如,001(普通小麦)、002(优质小麦)、003(有机小麦)这一顺序码中,各代码只是一个代号,代替对象的名称而已。

3. 码制

码制是指条形码符号的类型,每种类型的条形码符号都是由符合特定编码规则的条和空组合而成的。每种码制都具有固定的编码容量和规定的条形码字符集。条形码字符中的字符总数不能大于该种码制的编码容量。常用的一维条形码码制包括:EAN 条形码、UPC 条形码、交叉 25 条形码、39 条形码、93 条形码、库德巴条形码等。

4. 字符集

字符集是指某种码制的条形码符号可以表示的字母、数字和符号的集合。有些码制仅能表示 10 个数字字符,即 0~9,如 EAN/UPC 条形码、交叉 25 条形码;有些码制除了能表示 10 个数字字符外,还可以表示几个特殊字符,如库德巴条形码。39 条形码可表示数字字符 0~9、26 个英文字母 A—Z 以及一些特殊符号。

5. 自校验特性

条形码符号的自校验特性是指条形码字符本身具有校验特性。若在条形码符号中,一个印刷缺陷(例如,因出现污点把一个窄条错认为宽条,而把相邻宽空错认为窄空)不会导致替代错误,那么这种条形码就具有自校验功能。自校验功能也只能校验出一个印刷缺陷,对于大于一个的印刷缺陷,任何具有自校验功能的条形码都不可能完全校验出来。

6. 条形码质量

条形码质量是指条形码的印制质量,主要从外观、条(空)反射率、条(空)尺寸误差、空白区尺寸、条高、数字和字母的尺寸、校验码、译码的正确性、放大系数、印刷厚度、印刷位置等几个方面进行判定。

7. 条形码密度

条形码密度是指单位长度的条形码所表示条形码字符的个数，通常用 CPI 表示，即每英寸内能表示的条形码字符的个数。39 条形码的最高密度为：94 个/in(1 in＝2.54 cm)，库德巴条形码的最高密度为 100 个/in，交叉 25 条形码的最高密度为 177 个/in。条形码密度越高，所需扫描设备的分辨率也就越高，这必然增加扫描设备对印刷缺陷的敏感性。

8. 连续型条形码和离散型条形码

没有条形码字符间隔的条形码为连续型条形码，有条形码字符间隔的条形码为离散型条形码(又称为非连续型条形码)，分别如图 3-1、图 3-2 所示。连续型条形码的条形码密度比离散型条形码的高。

图 3-1　连续型条形码

图 3-2　离散型条形码

9. 双向可读条形码

双向可读条形码是指条形码符号两端均可作为扫描起点的条形码，绝大多数码制都具有双向可读性。

10. 自校验条形码

自校验条形码是指条形码字符本身具有校验功能的条形码。

11. 定长条形码和非定长条形码

条形码字符个数是固定的称为定长条形码，反之，称为非定长条形码。例如，EAN/UPC 条形码是定长条形码，它们的标准版仅能表示 12 个字符；39 条形码、交叉 25 条形码则为非定长条形码。

二、条形码的基本结构

条形码是由一组黑白相间、粗细不同的条状符号组成的，条形码隐含着数字信息、字母信息、标志信息、符号信息，其主要用来表示商品的名称、产地、价格、种类等，是全世界通用的商品代码的表示方法。一个完整的条形码符号一般由以下部分组成：两侧空白区(也称为静区)、起始符、数据符(对于 EAN 码，则含中间分隔符)、校验符(可选)、终止符以及供人识别符。其排列方式如图 3-3 所示。

(1)空白区(静区)。条形码起始符、终止符的两端外侧与空的反射率相同的限定区域，是没有任何符号的白色区域，它提示条形码阅读器准备扫描。当两个条形码相距较近时，静区有助于对它们加以区分，静区的宽度通常应不小于 6 mm。

(2)起始符。位于条形码起始位置的若干条与空，标志一个条形码符号的开始。阅读器确认此字符存在后开始处理扫描脉冲。

(3)数据符。位于起始符后面的字符，它包含条形码所表达的特定信息。其结构异于起始符,允许进行双向扫描。

(4)校验符。表示校验码的字符。校验码代表一种算术运算的结果。阅读器在对条形码进行解码时,对读入的各字符进行规定的运算,如运算结果与校验码相同,则规定此次阅读有效,否则不予读入。

(5)终止符。条形码的最后一位字符,标志一个条形码符号的结束,阅读器确认此字符后停止处理。

(6)供人识别符。位于条形码字符的下方,是与相应的条形码字符相对应的、供人识别的字符。

图3-3 条形码符号的排列方式

三、条形码的分类

条形码技术发展迅速,出现了很多种类的条形码,可以分别按照维数、码制分类。

1. 按维数分类

(1)一维条形码。一维条形码自问世以来,很快得到普及。按照应用范围,一维条形码可分为商品条形码和流通条形码。商品条形码包括EAN码和UPC码,流通条形码包括128码、39码、库德巴码等。由于一维条形码的信息容量很小,如商品条形码仅能容纳13位的阿拉伯数字,描述商品所需的更多信息只能依赖计算机数据库的支持。一维条形码系统需要预先建立数据库,因此,一维条形码的应用范围受到一定的限制。

(2)二维条形码。在水平和垂直方向的二维空间存储信息的条形码,称为二维条形码。二维条形码除具有一维条形码的优点外,还具有信息容量大、可靠性高、保密防伪性强、易于制作、成本低等优点。二维条形码也有许多不同的编码方法(或称为码制),通常可分为三种类型:堆叠式二维码,是在一维条形码编码原理的基础上,将多个一维码在纵向堆叠而产生,典型的码制如Code16K、Code49、PDF417等;矩阵式二维码,是在一个矩形空间通过黑、白像素在矩阵中的不同分布进行编码,典型的码制如Aztec、Maxi Code、QR Code、Data Matrix等;邮政码,是通过不同长度的条进行编码,主要用于邮件编码,如Postnet、BPO4-State。

二维码可以储存各种信息,主要包括网址、名片、文本信息、特定代码。根据信息的应用方式,又可以分为:线上应用,如网址和特定代码,更多的是线上应用;离线应用,如文本信息和名片,更多的是线下应用。

(3)多维条形码。目前,多维条形码主要为二维条形码,为了提高条形码符号的信息密度,二维以上的多维条形码技术成为未来研究和发展的方向。

2. 按码制分类

(1)UPC码。UPC码是一种长度固定的连续型数字式码制,其字符集为数字0~9。它采用4种元素宽度,每个条或空是1、2、3或4倍单位元素宽度。UPC码有两种类型,即标准的UPC—A码和缩短的UPC—E码,如图3-4所示。

图 3-4　UPC—A 码和 UPC—E 码

(a)UPC—A 码；(b)UPC—E 码

(2)EAN码。EAN码是长度固定、连续型的数字式码制,其字符集是数字0~9。EAN码采用4种元素宽度,每个条或空是1、2、3或4倍单位元素宽度。EAN码与UPC码兼容,具有相同的符号体系。EAN码的字符编号结构与UPC码相同。EAN码有标准版(EAN—13)和缩短版(EAN—8)两种,如图3-5所示。我国的通用商品条形码与其等效。

图 3-5　EAN—13 码和 EAN—8 码

(a)EAN—13 码；(b)EAN—8 码

(3)交叉25码。交叉25码是一种长度可变的连续型自校验数字式码制,其字符集为数字0~9。它采用两种元素宽度,每个条和空是宽或窄元素,如图3-6所示。编码字符个数为偶数,所有奇数位置上的数据以条编码,偶数位置上的数据以空编码。如果为奇数个数据编码,则在数据前补一位0,以使数据为偶数个数位。

(4)39码。39码是第一个可表示数字和字母的码制,是长度可变化的离散型自校验字母数字式码制。其字符集为数字0~9、26个大写字母和7个特殊字符,共43个字符,其中"*"仅作为起始符和终止符,如图3-7所示。每个字符由9个元素组成,其中有5个条(2个宽条,3个窄条)和4个空(1个宽空,3个窄空),是一种离散码。39码具有编码规则简单、误码率低、所能表示的字符个数多等特点,广泛应用于工业、图书以及票证等。

(5)库德巴码。库德巴码是一种长度可变的连续型自校验数字式码制。其字符集为数字

0~9、"abcd"4个字母和6个特殊字符,其中"abcd"仅作为起始符和终止符,并可任意组合,如图 3-8 所示。其主要用于医疗卫生、图书情报、物资等领域的自动识别。

图 3-6 交叉 25 码

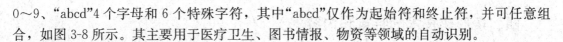
图 3-7 39 码

图 3-8 库德巴码

(6)128 码。128 码是一种长度可变的连续型自校验数字式码制。它采用 4 种元素宽度,每个字符有 3 个条和 3 个空,共 11 个单元元素宽度,又称(11,3)码。128 码的符号结构包括:左侧空白区、起始字符、表示数据和特殊符号的一个或多个符号字符、符号校验符、终止符、右侧空白区(图 3-9)。128 码有 3 种含义不同的字符集 A、B、C,使用这 3 个交替的字符集可将 128 个 ASCII 码编码,如图 3-10 所示。128 码与 39 码有很多相似处,都广泛运用在企业内部管理、生产流程、物流控制系统方面。其不同之处在于 128 码比 39 码能表现更多的字符,单位长度里的编码密度更高。

图 3-9 128 码的符号结构

图 3-10 128 码

(7)93 码。93 码是一种长度可变的连续型字母数字式码制。其字符集为数字 0~9、26 个大写字母和 7 个特殊字符("-"、"."、"Space"、"/"、"+"、"%"、"$")以及 4 个控制字符,每个字符有 3 个条和 3 个空,共 9 个元素宽度,如图 3-11 所示。93 码与 39 码具有相同的字符集,但密度要比 39 码高,所以在面积不足的情况下,可以用 93 码代替 39 码。

(8)Matrix 25 码。Matrix 25 码只能表示数字 0~9。当采用 Matrix 25 码的编码规范,而采用交叉 25 码的起始符和终止符时,生成的条形码就是中国邮政码,如图 3-12 所示。

(9)Industrial 25 码。Industrial 25 码只能表示数字,有两种单元宽度。每个条形码字符由 5 个条组成,其中两个宽条,其余为窄条。这种条形码的空不表示信息,只用来分隔条,一般取与窄条相同的宽度,如图 3-13 所示。

图 3-11 93 码

图 3-12 Matrix 25 码

图 3-13 Industrial 25 码

四、条形码技术的特点和内容

1. 条形码技术的特点

(1)技术简单。条形码符号制作容易,扫描操作简单易行。

(2)可靠性高。键盘录入数据,误码率为1/300;利用光学字符识别技术,误码率约为1/10 000;而采用条形码扫描录入方式,误码率仅有百万分之一,首读率可达98%以上。

(3)采集信息量大。利用条形码扫描,一次可以采集几十位字符的信息,而且可以通过选择不同码制的条形码增加字符密度,使录入信息量成倍增加。

(4)信息采集速度快。普通计算机的键盘录入速度是200字符/分,条形码扫描录入信息的速度是键盘录入的20倍。

(5)灵活、实用。条形码符号作为一种识别手段可以单独使用,也可以和有关设备组成识别系统实现自动化识别,还可和其他控制设备联系起来实现整个系统的自动化管理,也可以在自动识别设备中实现手工键盘输入。

(6)设备结构简单、成本低。条形码符号识别设备的结构简单,操作容易,无须专门训练。与其他自动化识别技术相比,条形码技术所需的费用低。

(7)自由度大。识别装置与条形码标签相对位置的自由度要比OCR(光学字符自动识别系统)大得多,条形码通常只在一维方向上表示信息,同一条形码符号所表示的信息是连续的,即使标签上的条形码符号在条的方向上有部分残缺,仍可以从正常部分识读正确的信息。

2. 条形码技术的内容

(1)编码规则及条形码标准。条形码编码规则和标准主要研究条形码的基本术语、基本概念、条形码码制和编码原理,以及国际标准、行业标准、使用标准等。

(2)条形码自动识别硬件技术。条形码自动识别硬件技术可将条形码符号所表示的数据转变为计算机可读数据,解决相应的识读设备与计算机之间的数据通信问题。

(3)条形码自动识别软件技术。条形码自动识别软件技术一般包括扫描器输出信号的测量、条形码码制及扫描方向的识别、逻辑值的判断以及阅读器与计算机之间的数据等几部分。

(4)条形码自动识别系统。条形码自动识别系统一般由扫描器、译码器、计算机和打印设备以及显示器、系统软件、应用软件等组成。

(5)条形码印制技术。条形码符号印制载体、印刷材料、印制设备、印制工艺和印刷系统的软件开发等都属于条形码印制技术所要研究的内容。

五、条形码系统

1. 条形码系统的定义

条形码系统是包括条形码符号设计、制作及扫描、阅读几部分功能的自动识别系统。条形码系统的一般处理流程如图3-14所示。

条形码识别系统由条形码扫描器、放大整形电路、解码接口电路和计算机系统等部分组成。

2. 条形码的生成

条形码是代码的图形化表示,其生成技术涉及从代码到图形的转化技术以及相关的印制技术。条形码生成的第一步就是标识产品、编制代码,确定代码后,根据具体情况确定条形码采用预印制方式还是现场印制方式。

条形码的生成过程是条形码技术应用中一个相当重要的环节,直接决定着条形码的质量。条形码的生成过程如图3-15所示。如果需要印刷大批量的条形码,则一般采用预印制方式;如果印刷批量不大或代码内容逐一变化时,可采用现场印制方式。当产品代码确定后,可采用条形码生成软件生成条形码。

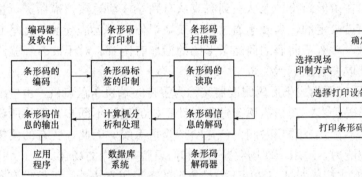

图3-14 条形码系统的一般处理流程

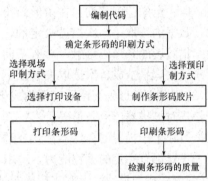

图3-15 条形码的生成过程

二维码生成算法就是将组成二维码的0、1数字矩阵进行组合,输入二维码生成器的信息不同,所得到的0、1数字矩阵组合也不相同,因此生成的二维码样式也就各种各样。

3. 条形码的识读

条形码扫描器利用光电元件将检测到的光信号转换成电信号,再将电信号通过模拟/数字转换器转化为数字信号传输到计算机中处理。

对于一维条形码扫描器,如激光型、影像型扫描器,扫描器都通过从某个角度将光束发射到标签上并接收其反射回来的光线读取条形码信息,因此,在读取条形码信息时,光线要与条形码呈一个倾斜角度,这样,整个光束就会产生漫反射,可以将模拟波形转换成数字波形。如果光线与条形码垂直照射,则会导致一部分模拟波形过高而不能正常地转换成数字波形,从而无法读取信息。

对于二维条形码扫描器,如拍照型扫描器,扫描器的读取采用全向和拍照方式,因此,读取时要求光线与条形码垂直,定位十字和定位框与所扫描条形码吻合。

条形码扫描器一般由光源、光学透镜、扫描模组、模拟/数字转换电路,以及塑料或金属外壳等构成。每种条形码扫描器都会对环境光源有一定的要求,如果环境光源超出最大容错要求,条形码扫描器将不能正常读取。条形码印刷在金属、镀银层等表面时,光束会被高亮度的表面反射,若金属反射的光线进入到条形码扫描器的光接收元件,将影响扫描器读取的稳定性,因此,需要对金属表面覆盖或涂抹黑色涂料。

条形码识读设备的参数

4. 条形码扫描器的类型

(1)手持式扫描器。手持式扫描器是内部装有控制光束的自动扫描装置。手持式扫描器具有小型、方便使用的特点，阅读时只需将读取头（光源）接近或轻触条形码即可进行自动读取，无须移动即可进行自动扫描，读取条形码信息。它还具有条形码符号缺损对扫描器识读影响小、能读取弯曲面的条形码、扫描速度快等优点。手持式扫描器根据所使用的光源可以分为激光和 LED 发光，激光手持式扫描器又称为激光枪，LED 类扫描器又称为 CCD 扫描器。

（2）笔式扫描器。笔式扫描器是笔形的扫描器，笔头装有发光元件。光笔扫描器的优点是成本低、耗电低、耐用、适合数据采集、可读较长的条形码符号；其缺点是光笔对条形码有一定的破坏性，随着条形码应用的推广，其目前已被逐渐取代。扫描器需要操作人员手持，以一定的速度移动，在条形码符号上从左到右或从右到左移动笔式扫描器进行信息读取。数据的读取是一次扫描决定的，当光笔通过斑点或缺损位置时无法读取。光笔必须与被扫描阅读的条形码接触，对有弯曲面的商品条形码的读取有困难。对于没有经验的操作者来说，容易造成首次读取失败。

（3）便携式条形码阅读器。便携式条形码阅读器又称为手持终端机、盘点机，由电池供电，扫描时扫描器读取条形码符号，其扫描识读过程与计算机的通信不同步，而将所识读的数据暂存于扫描器的存储器里，在适当时间再传输给计算机系统。因此，所有的便携式数据采集器都有一定的编程能力，适用于现场数据采集和需要脱机使用的场合。

（4）卡槽式扫描器。卡槽式扫描器是一种用于人员考勤的条形码扫描器。手持带有条形码符号的卡片在槽中通过时，即可实现读取。这种扫描器目前在厂矿、宾馆、会议考勤场合等得到广泛应用。

（5）固定式扫描器。固定式扫描器一般固定安装在一个地方，用来识读在一定范围内出现或通过的条形码符号。其优点是稳定、扫描速度快，广泛应用在超市的 POS 系统。超级市场 POS 系统的台式激光扫描器对条形码的扫描方向没有要求，属于全方位的扫描器，读取距离为几厘米至几十厘米。为方便在不同场合使用，现在台式扫描器的形状也趋于多样化。

5. 条形码的使用

（1）条形码的使用标准。条形码的使用标准包括两方面的内容：一方面是条形码码制的选择；另一方面是条形码符号的印刷位置与表示方法。条形码标准的制定一般与某一行业的具体习惯和特点有关。

1) 码制的选择：条形码码制的选择、条形码符号所代表的数据结构与所能编码的数据类型有关。所选择的条形码的数据类型应包括行业所需的全部数据信息。

2) 印刷位置：因行业的习惯不同和物品形状的不同，条形码符号的印刷位置也不同。在工业生产领域一般将之印在物品所在面的右下角，在商品流通领域则将之印在物品所在面的左下角。条形码的一般印制位置规定为：首先选择所在物品的正面，其次选择所在物品的背面，再次选择所在物品的侧面。如上述各面均不能使用，采用悬挂标签挂在物品上。凡有提手的物品，印在提手侧面的左下角，不可选择印在有弯曲、隔断、转角的位置上。

3) 表现方式：条形码符号有 3 种表现方式：将条形码符号直接印刷在商品的表面或包装容器上；将条形码符号制成标签粘贴或悬挂在商品上；将条形码符号直接印在商品的外包装或运输包装上。

（2）条形码的使用管理。条形码的使用必须遵守一定的管理程序，以确保条形码符合相应的规定。条形码的使用管理一般需要经过以下程序。

1）厂商申请厂商代号：采用条形码的厂商，特别是商品生产的厂商，向条形码编码中心及各地分支机构申请厂商代码。

2）编码中心核发厂商代号：条形码编码中心对申请者的申请表单及文件进行审核后，发给其登记证书及厂商代号，并附赠印制条形码的相关技术资料。

3）设定商品代号：申请厂商可依商品代号设定原则自由设定商品代号，并且通过计算求得校验码，该商品代号和校验码形成商品条形码的编号。

4）印制条形码：根据条形码印刷或打印的有关规定，厂商与印刷厂商协商或者自行用打印机将条形码符号印制于包装材料上。

5）分发基本资料一览表：厂商将含有条形码编号的商品基本资料一览表分发给零售商、批发商等交易环节的参与者。

第二节　卡片识别技术

卡片识别技术是以卡片形式存储商品及其相关信息，通过相应设备读取卡片内的信息。这里的卡片是指能存储数据和信息的各类电子卡片，主要包括磁卡、光卡、IC 卡等，其中 IC 卡是目前发展最迅速的综合性数据识别卡片。

一、磁卡

磁卡由高强度、耐高温的塑料或纸质涂覆塑料制成，能防潮、耐磨且有一定的柔韧性，是一种磁记录介质卡片，携带方便。磁卡的一面通常印刷有说明性或提示性信息，如插卡方向；另一面则有磁层或磁条，具有两或三个磁道以记录有关信息数据。

1. 磁卡的特点

磁卡的优点是成本低。磁卡的缺点是信息容量小，安全性和保密性差，磁条内容容易被读出和伪造，应用方式单一，需要强大可靠的计算机网络系统、中央数据库等，应用方式是集中式的，不适合脱机处理等。

2. 磁卡的技术参数

磁卡的结构主要由塑料卡片和贴在其上的磁条组成，磁条上有 3 条存储信息的磁道，ISO 对此有明确的规范，从卡的尺寸、物理特性、凸印字符等到磁条的尺寸、位置、读写性能以及各磁道的数据格式等。

磁道 1 的标准记录密度为 8.3 bit/mm（位/毫米）或者 210 bpi（位/英寸[①]），误差为 5%，每个字符的长度为 7 bit（包括校验位）。磁道 2 的记录密度比磁道 1 低，为 3 bit/mm 或 75 bpi，误差为 3%，每个字符长度为 5 bit（含校验位）。磁道 3 的记录密度为 8.3 bit/mm 或 210 bpi，误差为 8%，每个字符的长度为 5 bit（含校验位）。

---

① 1 英寸=0.025 4 m。

磁卡的一些ISO标准分别为：ISO 7810标准，制定了磁卡的物理特性等；ISO 7812标准，制定了磁卡的记录技术标准；ISO 781-4标准，制定了磁卡上只读的Track1和Track2的记录技术标准；ISO 781-5标准，制定了磁卡上可读/写的Track3的记录技术标准；ISO 15457标准，制定了磁卡物理标准/测试方式Track标准F/2 F技术标准。

磁道的应用分配一般是根据特殊的使用要求而定制的，比如银行系统、证券系统、门禁控制系统、身份识别系统、驾驶员驾驶执照管理系统等，其都会对磁卡上的3个Track提出不同的应用格式要求。

3. 磁卡的应用

磁卡技术的应用涉及以下关键技术：编码技术、加载技术、采集技术、译码技术、传送技术、处理技术等。

磁卡应用系统包括阅读器、数据存储与处理设备。磁卡阅读器是磁卡应用系统的采集设备，可以快速准确地捕捉到磁卡表示的数据信息，并将数据传送给计算机处理。计算机是磁卡应用系统中的数据存储与处理设备。计算机用于管理，可以大幅减轻各个行业的事务工作者的劳动强度，提高工作效率，在某些方面还能完成手工无法完成的工作。磁卡系统中数据处理的关键是数据处理技术。与条形码应用系统相同，磁卡应用系统越来越多地建立在网络通信和集中数据库的基础上。

二、光卡

光卡由塑料制成，光卡的大小与一般的带有磁性条纹的信用卡相同，是一种特殊的存储媒体，便于携带，具有很高的可靠性。光卡由基板、记录层和保护材料组成。

1. 光卡的特点

(1) 便于携带。光卡可以方便地放到钱包中或者卡包中，也可以邮寄。

(2) 存储容量大。一张卡可保存4～6 MB的信息，比其他便携式信息介质(磁卡、IC卡、缩微胶片)容量大。

(3) 信息记录的高可靠性与高安全性。由于使用激光打孔式的记录方法，因此，光卡不怕任何电磁干扰，具有较强的抗水、抗污染及抗剧烈温度变化的能力。

(4) 高保密性。光卡的信息保密性高，可以做到一卡一码，其内容无法用常规方法读取，也无法破译。

2. 光卡的基本原理

信息记录以激光打孔方式进行，卡片上打孔后就不能复原，因此，光卡上的内容不能修改。光卡的数据记录在厚度为0.1 mm的基板层，基板层经激光照射，有机胶质矩阵溶解，形成一定的凹凸面，在读取时，相关设备依反射光的强度变化分辨出0/1两种不同状态。

3. 光卡的应用

光卡及光卡读写器只是信息的存储设备与介质。信息的录入、收集、转换、处理与显示的过程依赖计算机及其他设备。光卡及其读写器是一种附属于计算机的外部存储设备。通过计算机应用系统，光卡信息就可以得到广泛应用。

因为光卡读写器费用较高，如果一台读写器可以服务于大量卡片，则成本会大幅降低，因此，最理想的光卡应用项目是覆盖广且数据读写点相对集中的项目。

三、IC 卡

IC 卡是集成电路卡的简称，有时也称为智能卡、智慧卡、微芯片卡等。将一个专用的集成电路芯片镶嵌于符合 ISO 7816 标准的 PVC（或 ABS 等）塑料基片中，封装成外形与磁卡类似的卡片形式，即制成一张 IC 卡。当然也可以将其封装成纽扣、钥匙、饰物等特殊形状。随着超大规模集成电路技术、计算机技术以及信息安全技术的发展，IC 卡技术更趋成熟，IC 卡属于半导体卡，采用微电子技术进行信息存储、处理。

1. IC 卡的分类

（1）按数据读写方式分类。

1）接触式 IC 卡：接触式 IC 卡由读写设备的触点和卡片上的触点相接触，进行数据读写。国际标准 ISO 7816 系列对此类 IC 卡进行了规定。

2）非接触式 IC 卡：非接触式 IC 卡与读写设备无电路接触，由非接触式的读写技术（如光或无线电技术）进行读写，其内嵌芯片除存储单元、控制逻辑单元外，还增加射频收发电路。这类卡一般用在存取频繁、对可靠性要求特别高的场合。国际标准 ISO 10536 系列对非接触式 IC 卡进行了规定。非接触式 IC 卡又称为无线射频识别（RFID）卡。

3）双界面卡：双界面卡既能提供接触式读写方式，也能提供非接触式读写接口，方便用户在不同场合使用卡片。

（2）按组成结构分类。

1）一般存储卡：一般存储卡的内嵌芯片相当于普通串行 EEPROM 存储器，有些芯片还增加了特定区域的写保护功能，这类卡信息存储方便，使用简单，价格低廉，在很多场合可替代磁卡，但由于其本身不具备信息保密功能，因此，其只能用于对保密性要求不高的场合。

2）加密存储器卡：加密存储器卡的内嵌芯片在存储区外增加了控制逻辑，在访问存储区之前需要核对密码，只有密码正确才能进行存取操作，这类卡片保密性较好，使用方法与普通存储器卡相类似。

3）智能卡：智能卡又称为 CPU 卡，卡内的集成电路包括中央处理器（CPU）、可编程只读存储器（EEPROM）、随机存储器（RAM）和固化在只读存储器（ROM）中的卡内操作系统。卡中数据分为外部读取和内部处理部分，确保卡中数据安全可靠。智能卡内嵌芯片，相当于一个特殊类型的单片机。智能卡有存储容量大、处理能力强、信息存储安全等特性。

4）超级智能卡：超级智能卡具有 MPU 和存储器，并可连接键盘、液晶显示器和电源，有的卡还具有指纹识别装置等。

（3）按数据交换格式分类。

1）串行 IC 卡：串行 IC 卡和外界进行数据交换时，数据流按照串行方式输入、输出。目前大多数 IC 卡都属于串行 IC 卡类，串行 IC 卡接口简单，使用方便，国际标准化组织为其专门开发了相关标准。

2）并行 IC 卡：与串行 IC 卡相反，并行 IC 卡的数据交换以并行方式进行，这可以带来两方面的好处：一是数据交换速度提高；二是在现有技术条件下存储容量可以显著增加。有关厂商在这方面进行了探索，并有产品投入使用，但由于没有形成相应的国际标准，其在大规模应用方面还存在一些问题。

(4)其他分类。有关厂商还设计制造了各种符合实际需要的 IC 卡,包括预付费卡、混合卡等。

1)预付费卡:预付费卡在出厂后,初始化前的特性与加密存储器卡类似,只是容量较小。一旦经用户初始化后,其信息的读取与普通存储卡类似,其内嵌芯片相当于一个计数器,只是该计数器只能作减法,不能作加法。当计数为零时,芯片便作废,因此,它是一次性的。这种卡是专门为预付费用途设计的。

2)混合卡:混合卡存在多种形式,可将 IC 芯片和磁卡同做在一张卡片上,将接触式和非接触式融为一体。

3)闪存卡:闪存即闪烁存储器技术,是一种容量大、成本低和功耗低的技术。使用闪存技术制作 IC 卡,可以进一步扩大计算和存储容量,集成更多的智能化功能。随着新技术和新工艺的不断发展,今后还会不断出现新的卡型。

IC 卡是微电子、计算机和信息安全等多学科技术的综合,其应用范围将越来越广泛。

2. IC 卡芯片的结构

所有 IC 卡芯片的逻辑结构基本相同,一个典型的芯片硬件逻辑结构如图 3-16 所示。虚框部分即芯片的内部结构,通常采用总线结构,各功能子模块的 I/O 接口、微控制器、加密运算协处理器、电擦除存储器、只读存储器、随机存储器等,通过总线连接在一起。通过总线的所有操作都在卡片安全逻辑模块的总控下进行。

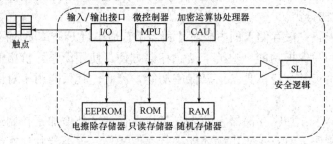

图 3-16 典型的芯片硬件逻辑结构

(1)I/O 接口。I/O 接口是芯片与外界联系的唯一通道,也是芯片中标准化程度最高的模块。根据芯片提供的交互界面的不同,I/O 模块可以分为接触式和非接触式两种。以最常见的接触式界面为例,I/O 模块对应芯片上的 8 个触点。8 个触点中只有 5 个有实际定义,另外 3 个触点在物理上和逻辑上都可以不存在,在读卡器终端也不对其进行操作。在 5 个有定义的触点中,只有 1 个触点用于实际的数据通信,因此,IC 卡的通信其实是单工的串行通信。

(2)微控制器。微控制器是 IC 卡芯片的核心,完成基本的指令执行、存储控制和逻辑控制等。早期芯片中的 MPU 没有运算功能,还需要算术协处理器的支持,目前该协处理器已经成为芯片的基本配置,包含在 MPU 模块中。

(3)加密运算协处理器。为了支持应用的安全,一些中高端的芯片还提供一些常用算法的协处理器,如奇偶校验、DES、MAC 计算,以及非对称密钥的相关算法等。其中,奇偶校验主要用于 I/O 通信协议。除此之外,DES 算法最为常见,如果采用软件实现 DES 算法,一方面,可能消耗很宝贵的卡片代码存储空间;另一方面,软件实现比硬件实现大约要慢 100 倍,会降低卡片的应用响应速度。DES 算法协处理器是目前中高端芯片的标准配置。非对称密钥的相关算法协处理器一般在支持 PKI 体系的芯片中出现,以 RSA 算法为主,非对称算法的计算速度很慢,是 DES 算法的 1/1 000(相同条件的硬件实现),其应用在 IC 卡内时必须依赖协处理器的支持。CAU 在某些低端芯片中可不存在。

(4)电擦除存储器。IC 卡芯片包含多种存储器,一般包括 EEPROM 和 ROM、RAM 等。芯片中的 EEPROM 相当于 PC 上的硬盘空间,是卡片卡内操作系统和应用的数据区,在卡片掉电以后仍然能保存数据,不同的芯片对 EEPROM 的操作可能存在一定差别。EEPROM 属于电擦除存储器,基本操作包括擦除、读和写 3 种,其中擦除和写操作需要较高电压。从时间上来看,读操作很快,擦除操作次之,写操作最慢,大约在毫秒级。芯片对 EEPROM 一般进行分页管理,对 EEPROM 的擦除和写操作必须按页进行,即一次只能完成一个页面内的数据更新,所以,一次操作的数据如果分布在不同的页面上可能需要连续进行多次写操作。如果在这一组操作之间出现异常掉电,则其常常造成数据的丢失和错误,严重的可能造成卡片的损坏,所以,对重要数据的写操作一定要进行安全保护。对于系统的重要数据,如信息标志位、文件头标识等,都要尽量将其放在一个页面中,以确保其完整性。除了存放数据外,还可以在 EEPROM 上存放部分代码,直接在 EEPROM 空间内执行。

(5)只读存储器。ROM 是卡片内的只读存储区,COS 代码和一些基本常数都存储在这里。在芯片掩模阶段,这些代码和数据一起写入,在使用阶段不进行更改。

(6)随机存储器。RAM 类似于 PC 的内存,是卡片使用阶段的临时数据空间,在卡片每次复位时自动清零,掉电以后数据也全部丢失,所以,其只能用来存储一些中间数据。

(7)安全访问逻辑。SAI 是芯片自定义的一些硬件安全逻辑,如存储区的分区、不同区域的访问控制、对 CAU 的操作权限、异常的外部光电信号检测等,这些机制通常对应用完全透明。

3. IC 卡的特点

(1)使用方便。IC 卡芯片体积小,厚度只有 1～2 mm,便于携带,通常可制作成名片大小,使用塑料基片,不容易磨损。根据不同的使用场合,可以选择各种操作方式的卡片,如接触式卡片、非接触式卡片和双界面卡。IC 卡的操作时间只有 1 s 左右,一次交易时间一般也在几秒内完成,使用方便。

(2)卡内数据的安全性高。IC 卡采用 EEPROM 和 ROM 作为信息存储介质,目前工艺已经能够保证在相当长时间内外人无法通过反剖析等手段得到芯片内存储的数据。如果芯片内有不正常的电压、频率、温度、光照等,芯片将自动复位。此外,在卡内还可固化操作系统,总控卡片的安全,严格控制卡片内的密钥数据不外露,对其他各类敏感数据分层次进行保护,从软、硬件层次保护卡片数据安全。

(3)安全认证功能突出。IC 卡提供的基于实体持有的密钥认证方式,充分发挥 IC 卡强大的计算能力和安全保护能力,使认证过程不仅简单,而且安全可靠。利用智能卡的存储能力,可免去烦琐的 ID 和密码,方便身份认证。

(4)便于扩展。IC 卡既可以包含数据也可以包含代码,而且更新方便,很容易进行扩展和升级。

(5)提供卡内的逻辑控制。智能卡芯片含有微处理器,能提供各种计算功能和逻辑控制功能,增加了应用的灵活度,同时其对代码的执行提供安全保护功能,实现安全计算和安全控制逻辑。例如，一些有较高要求的加密算法、特殊流程控制都可以内置在卡内完成。

4. IC 卡的应用

一个完整的 IC 卡应用系统一般由 IC 卡卡片、读卡器和应用程序 3 个部分组成。

(1) IC 卡卡片。虽然 IC 卡卡片种类多，但是一张 IC 卡内一般都包括芯片、软件、数据等部分。

(2) 读卡器。读卡器是识读 IC 卡卡内信息的直接设备，读卡器一般包括读卡头和设备驱动两部分，读卡器和卡片的接口需要满足一定的国际规范，标准读卡器一般是通用的。根据 IC 卡操作模式的不同，读卡器可以分为接触式读卡器、非接触式读卡器、双界面读卡器等不同形式。

(3) 应用程序。应用程序是应用逻辑控制的核心，不同应用程序的规模、运行方式、形式都有很大区别。对于独立的脱机应用，应用程序一般较小，逻辑结构比较简单，程序可以和读卡器、机具合在一起，无须额外增加计算机等辅助设备。对于一些复杂应用，应用程序一般在计算机平台上运行，有些还需要联网和后台主机进行交互。在一般的 IC 卡应用中，最终的结果数据都需要进行汇总和分析。

一个基于卡的应用在 IC 卡内的表现形式分为软件和数据两个部分，软件通常是应用逻辑控制在卡内的表现形式，数据通常是应用的核心，既包含一般的用户个人信息，也包含一些极其重要的用户资料，如账户密码、资金情况等。

第三节　无线射频识别技术

一、无线射频识别技术的概念和特点

1. 无线射频识别技术的概念

无线射频识别（Radio Frequency Identification，RFID），又称为电子标签（E-Tag），是一种利用射频信号自动识别目标对象并获取相关信息的技术，是一种非接触式的自动识别技术。

2. 无线射频识别技术的优点

(1) 快速扫描。条形码扫描器一次只能扫描一个条形码，RFID 阅读器可同时读取多个 RFID 标签，提高了业务处理的效率，见表 3-1。

表 3-1　不同输入方式的业务处理效率的比较

处理方式 \ 数据量/件	1	10	100	1 000
人工输入	10 s	100 s	1 000 s	167 min
条形码扫描	2 s	20 s	200 s	33 min
RFID 识别	0.1 s	1 s	10 s	100 s

(2)可重复使用。现在的条形码印刷之后就无法更改；RFID标签内的数据则可以被重复地新增、修改、删除，方便信息的更新。

(3)体积小型化、形状多样化。RFID在读取上并不受尺寸大小与形状的限制，无须为了读取精确度而配合纸张的固定尺寸和印刷品质。此外，RFID标签更可向小型化与多样化形态发展，以应用于不同产品。

(4)抗污染能力和耐久性强。传统条形码容易受到污染，而RFID对水、油和化学药品等物质具有很强的抵抗力。此外，由于条形码是附于塑料袋或外包装纸箱上的，所以特别容易受到折损；RFID卷标将数据存在芯片中，因此，可以免受污损。

(5)数据的记忆容量大。一维条形码的容量是50 B，二维条形码最大的容量为2~3 000个字符，RFID的最大容量则有几MB。随着记忆载体的发展，数据容量也有不断扩大的趋势。未来物品所需携带的资料量会越来越大，对卷标所能扩充容量的需求也相应增加。

(6)穿透性和无屏障阅读。在被覆盖的情况下，RFID能穿透纸张、木材和塑料等非金属或非透明的材质，并能进行穿透性通信；而条形码扫描机必须在近距离而且没有物体阻挡的情况下，才可以辨读条形码。

3. 无线射频识别技术的缺点

(1)技术仍不成熟。RFID标签的识别距离和正确识别率尚不能满足零售商品的管理需要。目前，低频段RFID标签的识别距离相当有限，高频段的RFID标签的有效距离仅为1 m左右，超高频(860~930 MHz)RFID标签的有效距离为3~6 m。对于RFID技术在应用上的瓶颈，包括标签本身无线电波频率的特性以及阅读器功率和天线设计的问题，目前还没有一个普遍性的解决方案。

(2)成本偏高。相对于目前广泛使用的条形码技术，RFID在成本上并不占优势。目前的成本除标签(Tag)部分外，周边设施和技术服务对一般的中小型企业来说仍然偏高。因此，虽然市场普遍看好RFID，但需要各个领域的大量厂商的加入，这才可以让前期的成本因规模经济而大幅降低。

(3)没有统一的国际标准。对于一项新的技术，标准的问题往往会阻碍其发展。目前，RFID技术也因地区或研发群体的不同而有所差异。各个标准体系不但编码体系不尽相同，其使用的频率也不同，即使在同一频段，其在空中接口、实现方法上也有差异，再加上各国无线电管理有差异，预留的RFID使用频段根本不可能一致。不统一的标准体系给RFID的全球化应用带来重重困难。

(4)存在安全隐患。RFID当初的设计是完全开放的，这是出现信息安全隐患的根本原因。另外，对RFID标签加密也将使标签成本增加。信息安全隐患会出现在RFID标签、网络和数据等各个环节。没有可靠的信息安全机制，对只读标签中的数据信息无法进行很好的保密；对于可读可写标签，还存在电子标签上的信息被恶意更改的隐患。如果RFID的安全性不能得到充分保证，RFID的信息就会被恶意使用，物流系统中的个人信息、商业机密和军事秘密都有可能被人窃取，这必将严重影响经济安全、军事安全和国家安全，并有可能构成对个人隐私权的侵犯。

(5)侵犯隐私权。RFID具有物品追踪的功能，尤其当消费者购买商品时，商品上的RFID信息有可能被别有用心的人刻意收集，从而顾客的个人隐私权遭到侵犯，这使RFID在一开始投入使用时就得到了大量反对的声音。

二、无线射频识别系统的组成

典型的无线射频识别系统主要由电子标签、阅读器、RFID中间件和应用系统软件4部分构成。

1. 电子标签

电子标签是RFID系统中存储被识别物体相关信息的电子装置,通常电子标签贴在被识别物体表面上或者嵌入被识别物体的内部。标签存储器中的信息可由读写器进行非接触读和写。标签可以是卡式也可以是其他形式的装置。

(1)标签的组成。电子标签由天线、微型芯片、连接微型芯片与天线的部分、天线所在的底层4部分构成。

(2)只读标签和可读写标签。电子标签微型芯片里面一般存有两种类型的数据:一种为唯一标识号,用来唯一标识电子标签,固化在电子标签中(只读);另外一种为可以擦写的数据,用来表示被识别物体的相关信息,存储在标签的EEPROM中。根据数据存储方式,电子标签可以分为只读标签和可读写标签。只读标签的特点是一次写入,多次读出。可读写标签附带有可编程存储器,可以多次读出、多次写入数据,读写器可以根据后台系统的指令实时更新标签中的数据。

(3)主动式标签和被动式标签。依据发送射频信号的方式不同,RFID标签分为主动式和被动式两种。主动式标签主动向读写器发送射频信号,通常由内置电池供电,又称为有源标签;被动式标签不带电池,又称为无源标签,其发射电波及内部处理器运行所需的能量均来自阅读器产生的电磁波。被动式标签在接收到阅读器发出的电磁波信号后,将部分电磁能量转化为供自己工作的能量。

(4)工作频率。RFID标签和阅读器工作时所使用的频率称为RFID工作频率。目前,RFID使用的频率跨越低频(LF)、高频(HF)、超高频(UHF)、微波等多个频段。RFID频率的选择影响信号传输的距离、速度等,同时还受到各国法律法规的限制。

2. 阅读器

阅读器(Reader)又称读写器,主要任务是控制射频模块向标签发射读取信号,并接收标签的应答信号,对标签的对象标识信息进行解码,将对象标识信息及标签上其他相关信息传到主机以供处理。阅读器的频率决定RFID系统工作的频段,其功率决定射频识别的有效距离。当前,阅读器成本较高,而且大多只能在单一频率点工作。

根据使用的结构和技术不同,阅读器可以是只读或读/写装置,是RFID系统信息控制和处理的中心。阅读器通常由射频接口、逻辑控制单元和天线3部分组成,其内部结构如图3-17所示。

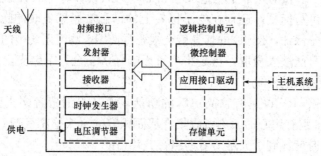

图3-17 阅读器的内部结构

一般来说，读写器的输出功率越高，天线的尺寸越大，通信距离就越长。根据应用的不同，阅读器可以是手持式或固定式。

(1)小型读写器。小型读写器具有天线尺寸比较小、通信距离短等特征，常用在无法放置大型读写器的场所，进行单个读取。

(2)手持式读写器。手持式读写器由操作员持于手中对 RFID 标签进行读取。手持式读写器须使用电池，存在电池使用容量等问题，为了延长使用时间，其往往设置较小的功率，因此通信距离比较短。

(3)平板型读写器。平板型读写器与小型读写器相比，天线更长，因此，其通信距离也比小型的长，一般用于栈板管理、工程管理等需要自动读取的场合。

(4)隧道型读写器。一般情况下，RFID 标签和读写器的角度呈 90°时信息很难被读取。在隧道型读写器的内壁各个方向都设置天线，可从不同方向发出电波，因此，无论 RFID 标签放成什么方向，信息都可以被读取到。

(5)门型读写器。其是在持有 RFID 标签的人或物品通过时自动进行读取的一种读写器。门型读写器用于防止盗窃。

3. RFID 中间件

在射频识别系统中，中间件(Middle ware)扮演着标签和应用程序之间的中介角色，可以降低多对多连接情况下系统的复杂性。数据采集中间件一般具有下列特点：

(1)数据采集接口独立，介于射频读写器与后端的应用程序之间，能与多个射频读写器以及多个后端应用程序连接，以减轻架构与维护的复杂性；

(2)射频识别的主要目的在于将实物物件转换成数字环境下的虚拟物件，因此，数据处理是射频识别系统的重要组成部分，数据采集接口具有数据的采集、过滤、整合和传送等特性，以便将正确的物体信息传送到应用程序；

(3)数据采集接口的功能不仅是传递数据，往往还包括保证数据的安全性、数据的广播、错误的恢复、网络资源的定位等功能。

4. 应用系统软件

RFID 应用系统软件是针对不同行业的特定需求而开发的应用软件，它可以有效地控制阅读器对电子标签信息进行读/写，并对收集到的目标信息进行集中的统计与处理。RFID 应用系统软件可以集成到现有的电子商务和电子政务平台中，与 ERP、CRM 以及 SCM 等系统结合起来提高各行业的生产效率。

三、无线射频识别技术的标准

1. 无线射频识别技术标准体系的内容

RFID 标准体系主要包括 RFID 技术标准、RFID 应用标准、RFID 数据内容标准和 RFID 性能标准。其中，编码标准和通信协议(通信接口)构成 RFID 标准的核心。

(1)RFID 技术标准主要定义了不同频段的空中接口及相关参数，包括基本术语、物理参数、通信协议和相关设备等。

(2)RFID 应用标准主要涉及特定应用领域或特定环境中 RFID 的构建规则，其中包括 RFID 在物流配送、仓储管理、交通运输、信息管理、动物识别、矿井安全、工业制造和休闲娱乐等领域的应用标准与规范。

(3)RFID数据内容标准主要涉及数据协议、数据编码规则及语法等，包括编码格式、语法标准、数据符号、数据对象、数据结构和数据安全等。RFID数据内容标准能支持多种编码格式，如EPC和DOD等规定的编码格式，以及EPC Global所规定的标签数据格式标准等。

(4)RFID性能标准主要涉及设备性能及一致性测试方法，尤其是数据结构和数据内容（即数据编码格式及其内存分配）。它主要包括印刷质量、设计工艺、测试规范和试验流程等。

2. 无线射频识别技术的国际标准

(1)ISO/IEC系列标准。ISO/IEC已出台的RFID标准主要关注基本的模块构建、空中接口、涉及的数据结构及其实施问题。IC卡技术作为一种信息技术，与其有关的标准可以分为技术标准、数据内容标准、性能标准和应用标准4个方面。

(2)EPC标准体系。EPC Global是由UCC和EAN联合发起并成立的非营利性机构，全球最大的零售商沃尔玛连锁集团和英国Tesco，以及100多家美国和欧洲的流通企业都是EPC Global的成员。该机构于2004年4月公布了第一代RFID技术标准，包括EPC标签数据规格、超高频Class 0和Class 1标签标准、高频Class 1标签标准，以及物理标识语言内核规格。

我国RFID标准的现状

第四节　全球定位系统技术

一、全球定位系统的概念和特点

1. 全球定位系统的概念

全球定位系统（Global Positioning System，GPS）是一个中距离圆形轨道卫星导航系统，可以为地球表面绝大部分地区（98%）提供准确的定位、测速和高精度的时间标准。根据空间几何原理，只需3颗卫星，就能迅速确定用户端在地球上所处的空间位置及海拔高度。

2. 全球定位系统的特点

(1)全球定位系统全天候作业，不受任何天气、气候的影响。

(2)全球定位系统覆盖全球。

(3)全球定位系统高精度三维定速定时。

(4)全球定位系统快速、省时、效率高。

(5)全球定位系统应用广泛、功能多。

(6)全球定位系统可移动定位。

(7)全球定位系统不同于双星定位系统，在使用过程中接收机无须发出任何信号，增加了隐蔽性，提高了军事应用效能。

二、全球定位系统的原理

GPS采用交互定位的原理。根据几何原理,已知几个点的距离,就可求出未知点的位置。对GPS而言,已知点是空间的卫星,未知点是地面某一移动目标。卫星的距离通过卫星信号传播时间来测定,为传播时间乘以光速。

在计算距离时,最基本的问题是要求卫星和用户接收机都配备精确的时钟。为降低成本,用户接收机都用石英钟,而卫星则采用原子钟。由于光速很快,要求卫星和接收机相互间的同步精度达到纳秒级,而接收机使用石英钟,因此,测量时会产生较大的误差。每颗卫星之间的时钟同步性十分精确,只有同时跟踪4颗GPS可见卫星才能计算出经度、纬度、高度及接收机钟差。这是典型的由4个方程求解4个未知数的数学运算。对于实时厘米级定位精度,则要求同时接收5颗以上的卫星。在理想情况下,GPS系统有24颗卫星环绕地球运动,通常在水平角10°以上都能观测到7颗卫星。

GPS接收机通过对码的测量就可得到卫星到接收机的距离,由于含有接收机卫星钟的误差及大气传播误差,故称为伪距。对C/A码测得的伪距称为C/A码伪距,精度为20 m左右;对P码测得的伪距称为P码伪距,精度为2 m左右。

GPS接收机对收到的卫星信号进行解码或采用其他技术,将调制在载波上的信息去掉后,就可以恢复载波。载波相位应被称为载波拍频相位,是收到的受多普勒频移影响的卫星信号载波相位与接收机本机振荡产生的信号相位之差。一般在接收机时钟确定的历元时刻测量,保持对卫星信号的跟踪,就可记录下相位的变化值,但开始观测时的接收机和卫星振荡器的相位初值是未知的,起始历元的相位整数也是未知的,即整周模糊度只能在数据处理中作为参数。相位观测值的精度高至毫米级,但前提是解出整周模糊度,因此,只有在相对定位并有一段连续观测值时才能使用相位观测值,而要达到优于米级的定位精度也只能采用相位观测值。

在定位观测时,若接收机相对于地球表面运动,则称其为动态定位,如用于车、船等概略导航定位的精度为30~100 m的伪距单点定位,或用于城市车辆导航定位的米级精度的伪距差分定位,或用于测量放样等的厘米级的相位差分定位(RTK)。实时差分定位需要用数据链将两个或多个站的观测数据实时传输到一起计算。在定位观测时,若接收机相对于地球表面静止,则称为静态定位。在进行控制网观测时,一般均采用这种方式由几台接收机同时观测,它能最大限度地实现GPS的定位精度,专用于这种目的的接收机被称为大地型接收机,是接收机中性能最好的一类。目前,GPS已经能达到地壳形变观测的精度要求。

三、全球定位系统的组成

1. 地面监控系统

GPS地面监控系统由分布在全球的5个地面站组成,其中1个主控站,3个注入站。5个监控站均为数据自动采集中心,配有双频GPS接收机、高精度原子钟、环境数据传感器和计算设备,并为主控站提供各种观测数据。主控站为系统管理和数据处理中心,其主要内容是利用本站和其他监控站的观测数据推算各卫星的星历、卫星钟差和大气延迟修正参数,提供全球定位系统的时间基准,并将这些参数传入注入站,调整偏离轨道的卫星至预定轨道,启用备用卫星代替失效卫星等。注入站将主控站推算和编制的卫星星历、卫星钟差、导航电文和其他控制指令等注入相应卫星的存储系统,并监测注入信息的正确性。除了主控站外,整个 GPS 地面监控系统无人值守,各项工作高度自动化和标准化。

2. 空间星座部分

GPS 空间星座部分由 24 颗工作卫星和 3 颗备用卫星组成。工作卫星分布在 6 个轨道面内。每个轨道面内分布有 3 颗或 4 颗卫星,卫星轨道相对于地球赤道面的倾角为 55°,轨道的平均高度为 20 200 km,卫星运行周期为 11 h 58 min。因此,在同一观测站每天出现的卫星布局大致相同,只是每天提前 4 min。每颗卫星每天约有 5 h 在地平线以上,同时位于地平线以上的卫星数目因时间和地点而异,最少 4 颗,最多 11 颗。这样布局可以保证在地球上任何时间、任何地点至少可以同时观测到 4 颗卫星。卫星信号的传播和接收不受天气的影响,因此,GPS 是一个全球性、全天候的连续实时的导航和定位系统。GPS 卫星上安装有轻便的原子钟、微处理器、电文存储和信号发射设备,由太阳能电池提供电源,卫星上备有少量燃料,用来调节卫星轨道和姿态,并可在地面监控站的指令下启动备用卫星。

3. 用户设备部分

用户设备由 GPS 接收机主机、天线、电源和数据处理软件组成。主机的核心为微型计算机、石英振荡器,还有相应的输入、输出接口和设备。在专用软件的控制下,主机进行作业卫星选择、数据采集、处理和存储,对整个设备的系统状态进行检查、报警和部分非致命故障的排除,承担整个接收系统的自动管理工作。天线通常采用全方位型,以便采集来自各个方位的任意非负高度角的卫星信号。由于卫星信号微弱,在天线基座中有一个前置放大器,将信号放大后,再用同轴电缆将其输入主机。电源部分为主机和天线供电。

四、全球定位系统的分类

1. 根据定位的模式分类

(1)绝对定位。绝对定位是一种采用一台接收机进行定位的模式,它所确定的是接收机天线的绝对坐标,又称为单点定位。绝对定位作业方式简单,可以单机作业。绝对定位一般用于导航和精度要求不高的场合。

(2)相对定位。相对定位采用两台以上的接收机,同时对一组相同的卫星进行观测,以确定接收机天线间的相互位置关系,又称为差分定位。

2. 根据定位所采用的观测值分类

(1)伪距定位。伪距定位所采用的观测值为 GPS 伪距观测值,所采用的伪距观测值既可以是 C/A 码伪距,也可以是 P 码伪距。伪距定位的优点是数据处理简单,对定位条件的要求低,不存在整周模糊度的问题,可以非常容易地实现实时定位;其缺点是观测值精度低,C/A 码伪距观测值的精度一般为 3 m,而 P 码伪距观测值的精度一般也在 30 cm 左右,从而导致定位精度低。另外,若采用精度较高的 P 码伪距观测值,还存在 AS 的问题。

(2)载波相位定位。载波相位定位所采用的观测值为 GPS 的载波相位观测值,即 L1、L2 或它们的某种线性组合。载波相位定位的优点是观测值的精度高,一般小于 2 mm;其缺点是数据处理过程复杂,存在整周模糊度的问题。

3. 根据定位时接收机的运动状态分类

(1)动态定位。动态定位就是在进行 GPS 定位时，其认为接收机的天线在整个观测过程中的位置是变化的。也就是说，在数据处理时，将接收机天线的位置作为一个随时间改变而改变的量。动态定位又分为 Kinematic 和 Dynamic 两类。

GPS 实时定位要求观测和处理数据在定位的瞬间完成，其主要目的是导航。多数用户可采用差分全球定位系统(Differential GPS，DGPS)技术提高定位精度。差分技术就是利用附近的已知参考坐标点修正 GPS 的误差，然后把这个实时(Real Time)误差值加入本身坐标运算，便可获得更精确的值。

(2)静态定位。静态定位就是在进行 GPS 定位时，认为接收机的天线在整个观测过程中的位置是保持不变的。也就是说，在数据处理时，将接收机天线的位置作为一个不随时间的改变而改变的量。在测量中，静态定位一般用于高精度的测量定位，其具体观测模式为多台接收机在不同的观测站上进行静止同步观测。

静态定位技术一般有 3 种定位模式：静态相对定位、快速静态相对定位、准动态相对定位。

1)静态相对定位：利用两套及以上的 GPS 接收机，将之分别安置在每条基线的端点上，同步观测 4 颗以上的卫星 0.5～1 h，基线的长度在 20 km 以内。各基线构成网状的封闭图形，事后经过整体平差处理，其精度可达 5 mm+1 ppm · D(1 ppm=10^{-6})。它适用于精度要求较高的国家级大地控制测量、地球形变监测等。

2)快速静态相对定位：在测区中部选一个基准站，用 GPS 接收机连续跟踪所有可见卫星，另一台接收机依次到各流动站对 5 颗以上的卫星同步观测 1～2 min，各流动站到基准站的基线的长度在 15 km 以内，构成以基准站为中心的放射图形。事后处理后其精度可达 5 mm+1 ppm · D，但是可靠性较差。它适用于小范围的控制测量、工程测量和地籍测量等。

3)准动态相对定位：在测区内选一个基准站，用 GPS 接收机连续跟踪所有可见卫星，另一台接收机首先在起始站点对 5 颗以上的卫星同步观测 1～2 min，然后在保持对所有卫星连续跟踪的情况下，流动到各观测站观测数秒钟，各流动站到基准站的基线长度在 15 km 以内。其特点是各流动站必须保持相位锁定。准动态相对定位的基线误差可达 1～2 cm，适合于工程测量、线路测量和地形测量等。

五、全球定位系统的应用

(1)精确定时，可广泛应用在天文台、通信系统基站、电视台。

(2)工程测量，在道路、桥梁、隧道的施工中可采用 GPS 设备进行工程测量。

(3)勘探测绘，可以应用于野外勘探及城区规划。

(4)导航是 GPS 的核心功能，应用领域包括武器导航，如精确制导导弹、巡航导弹；车辆导航，如车辆调度、监控系统；船舶导航，如远洋导航、港口/内河引水；飞机导航，如航线导航、进场着陆控制；星际导航，如卫星轨道定位；个人导航，如个人旅游及野外探险等。

(5)定位功能，可以广泛应用于车辆防盗系统、通信移动设备防盗、电子地图、儿童及特殊人群的防走失系统、农机自动导航和自动驾驶、农地精准平整等。

第五节　地理信息技术系统

一、地理信息系统的基本概念

1. 地理信息

地理信息是地理环境诸要素的数量、质量、分布特征及其相互联系和变化规律的数字、文字、图像和图形等的总称。地理信息有多种来源和不同特点，地理信息系统要具有对各种信息进行处理的功能。从野外调查、地图、遥感、环境监测和社会经济统计多种途径获取地理信息，由信息的采集机构或器件采集并转换成计算机系统组织的数据。根据数据库组织原理和技术，将这些数据组织成地理数据库。

2. 地理信息系统

地理信息系统既是管理和分析空间数据的应用工程技术，又是跨越地球科学、信息科学和空间科学的应用基础学科。其技术系统由计算机硬件、软件和相关的方法、过程所组成，用于支持空间数据的采集、管理、处理、分析、建模和显示，以便解决复杂的规划和管理问题。

3. 地理数据库

地理数据库中的各种地理数据通常以多边形（矢量）方式和网格（光栅）方式进行组织。多边形作为区域的基本单元可以是某一级行政、经济区划单位，或某一地理要素的类型轮廓，由地理要素的专题信息（如类型代码）和几何信息（多边形边界的 x、y 坐标值及其拓扑信息）构成。网格方式对某一区域按地理坐标或平面坐标建立规则的网格，并对每个网格单元按行、列顺序赋予不同的地理要素代码，构成矩阵数据格式。地理数据库是地理信息系统的核心部分。

二、地理信息系统的组成

地理信息系统由硬件设备、软件系统、空间数据、应用人员和应用模型 5 部分组成。

1. 硬件设备

地理信息系统的主要硬件设备有数据采集和输入设备，各种类型的专用设备（如 GPS 设备、遥感设备）及常规设备（如数字化仪、键盘、鼠标等）；中央处理设备，通常使用不同类型的电子计算机；数据存储设备，作为计算机的外存设备，主要是大容量的磁盘、磁带机、光盘机；图形输出设备，有矢量式或光栅式绘图机、静电式打印设备等。地理信息系统主要硬件设备的组成如图 3-18 所示。

2. 软件系统

地理信息系统软件分为系统软件和应用软件。系统软件包括计算机系统提供的操作系统、语言编译系统、数据库管理系统和数据库，还有数字化操作软件、基本的显示绘图软件等。应用软件范围广泛，功能多样，如处理多边形信息和网格信息的各种程序、多元统计分析程序、各种地理分析程序以及应用绘图程序等。

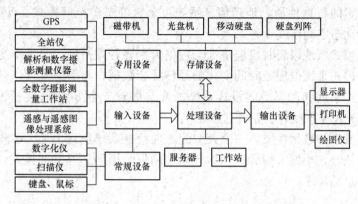

图 3-18 地理信息系统的主要硬件设备的组成

3. 空间数据

空间数据由数据库实体和数据库管理系统组成，数据库管理系统用于空间数据的存储、管理、查询、检索和更新等。空间数据包括数据之间的拓扑关系和属性，空间数据可以分为矢量结构数据和栅格结构数据两类。

4. 应用人员

地理信息系统应用人员包括系统开发、管理和使用人员，主要负责地理信息系统的组织、管理、维护和数据更新，地理信息系统应用程序的开发，地理信息的提取和整理，管理决策和咨询等。

5. 应用模型

地理信息系统的应用模型由数学模型、经验模型和混合模型组成，用于解决某项实际应用问题，获取经济效益和社会效益。在地理信息系统的应用中，可能涉及大量不同的应用模型，如土地利用适宜性模型、工程建设的选址模型、洪水预测模型、人口扩散模型、森林增长模型、水土流失模型等。

三、地理信息系统的分类

1. 从应用功能角度分类

根据地理信息系统的应用功能，地理信息系统可分为专题地理信息系统、区域地理信息系统和地理信息技术处理系统。

专题地理信息系统(Subject GIS)是根据专门地理问题的需求而建立的，为特定的专门目的服务，如土地利用信息系统、矿产资源信息系统、能源信息系统、环境管理信息系统、水资源信息系统、旅游信息系统、城市规划管理信息系统。区域地理信息系统(Regional GIS)以一定的区域作为研究对象，既有区域综合地理信息系统，也有区域专题信息系统，直接服务于区域发展的部门和综合数据管理，如国家级、地区级、市级或县级等地理信息系统。地理信息技术处理系统(GIS—Tools)是面向技术处理的一组具有图形图像数字化、存储管理、查询检索、分析运算和多种输出等地理信息系统基本功能的软件包，如遥感数据处理系统、计算机辅助制图系统、地理数据分析系统等。

2. 从地理要素的数据性质角度分类

根据地理要素的数据性质，地理信息系统可分为静态非空间模式、动态非空间模式、静态空间模式和动态空间模式4种。

静态非空间模式系统以瞬时段经济社会数据为主要管理对象，与手工统计信息系统接口。动态非空间模式系统处理随时间变化的经济社会数据，与手工统计信息系统有密切关系。静态空间模式系统和动态空间模式系统的特点是要与地图数据、空间遥感数据接口，反映各种地理要素的空间变化特征和过程。

根据各地理要素的数据性质，一个大型的地理信息系统包含上述4种模式，且以动态空间数据模式为核心。小型、初级地理信息系统则仅采用静态非空间模式，以满足地方或小城镇对地理信息的需求。

四、地理信息系统的功能

从数据管理的角度看，地理信息系统的功能包括数据采集与输入、数据编辑与更新、数据存储与管理、空间查询与分析、数据显示与输出等。

1. 数据采集与输入

数据采集与输入是将系统外部的原始数据传输给系统内部，并将这些数据从外部格式转换为系统便于处理的内部格式的过程。针对多种形式和多种来源的信息，输入的方式也有多种。地理信息系统涉及的数据输入方式主要有图形数据输入、栅格数据输入、矢量数据输入和属性数据输入等。

将系统外部的原始数据传输给系统内部，并将这些数据从外部格式转换为系统便于处理的内部格式，这通常是经过数字化、规范化和数据编码3个步骤实现的。

2. 数据编辑与更新

（1）数据编辑。数据编辑主要包括图形编辑和属性编辑。图形编辑主要包括图形修改、增加和删除，图形整饰，图形变换，图幅拼接，投影变换，误差校正和建立拓扑关系等。属性编辑通常与数据库管理结合在一起完成，主要包括属性数据的修改、删除和插入等操作。

（2）数据更新。数据更新是以新的数据项或记录来替换数据文件或数据库中相应的数据项或记录，它是通过修改、删除和插入等一系列操作来实现的。

3. 数据存储与管理

数据存储是将数据以某种记录格式存储在计算机内部或外部的存储介质上，数据存储方式与数据文件的组织密切相关。数据管理是处理数据存取和数据运行的各种管理控制，空间数据管理是地理信息系统数据管理的核心。

4. 空间查询与分析

空间查询与分析是地理信息系统的核心，是地理信息系统区别于其他信息系统的本质特征。空间查询与分析主要包括数据操作运算、数据查询检索和数据综合分析。

地理信息系统的综合分析功能可以提高系统评价、管理和决策的能力，分析功能可在系统操作运算功能的支持下通过建立专门的分析软件来实现，主要包括信息测量、属性分析、统计分析、二维模型分析、三维模型分析和多要素综合分析等。

5. 数据显示与输出

数据显示是指中间处理过程和最终结果的屏幕显示。通常用人—机对话方式选择显示对象和形式。对于图形数据，可根据要素的信息量和密集程度，选择放大或缩小显示。

输出是将 GIS 的产品通过输出设备（显示器、绘图机、打印机等）输出。地理信息系统不仅可以输出全要素地图，还可以根据用户的需要，分层输出各种专题地图、各类统计图、图表、数据和报告等。

五、地理信息系统的应用

1. 在地理空间数据管理中的应用

对于以多种方式录入的地理数据，可通过其以有效的数据组织形式进行数据库管理、更新、维护，进行快速查询检索，以多种方式输出决策所需的地理空间信息。目前，地理信息系统在空间数据管理的应用日趋活跃，如地理信息系统在公路管理、市政设施管理中的应用。许多城市以大比例尺地形图为基础图形数据，综合叠加地下及地面的八大类管线（上水、污水、电力、通信、燃气、工程管线等）以及测量控制网、规划道路等基础测绘信息，形成一个测绘数据的城市地下管线信息系统，实现对地下管线信息的管理，为城市规划设计与管理部门、市政工程设计与管理部门、城市交通部门与道路建设部门等提供地下管线的查询服务。

2. 在空间查询和空间分析中的应用

在建库时，一般对地理信息（空间信息和属性信息）进行分层处理，根据数据的性质分类，将性质相同或相近的归并在一起，形成一个数据层。地理信息系统的应用以原始图为输入，而查询和分析结果则以原始图经过空间变换操作后生成的新图件来表示，在空间定位上仍与原始图一致。空间变换包括叠置分析、缓冲区分析、拓扑空间查询、空集合分析（逻辑交运算、逻辑并运算、逻辑差运算）。

3. 在综合分析评价与模拟预测中的应用

地理信息系统不仅可以对地理空间数据进行编码、存储和提取，而且可以对现实世界的各个侧面进行评价，得到综合分析评价结果；也可分析模拟发展过程，进行趋势预测，对比不同决策方案的效果作出最优决策，避免和预防不良后果的发生。例如，地理信息系统在矿区煤矿底板突水预报中的应用、在土地信息和土壤保护中的应用、在治理土壤侵蚀中的应用等。

4. 在地图制图中的应用

地理信息系统是从地图制图开始发展起来的，其主要功能之一是地图制图，建立地图数据库。利用地理信息系统建立起地图数据库，可以达到一次投入、多次产出的效果，不仅可以为用户输出全要素地形图，而且可以根据用户的需要分层输出各种专题，如行政区划图、土地利用图、道路交通图等。地理信息系统是一种空间信息系统，能反映空间关系，可以制作多种立体图形。

5. 与遥感图像处理系统结合的应用

遥感数据是地理信息系统的重要信息源。目前，大多数地理信息系统已融合图像处理功能，并将其作为它的一个子模块。

6. 在专题信息系统和区域信息系统中的应用

专题信息系统，如水资源管理信息系统、矿产资源信息系统、草场资源信息系统、水土流失信息系统和电信信息系统等，具有有限目标和专业特点，系统数据项的选择和操作功能是为特定目的服务的。区域信息系统，如加拿大国家信息系统、美国地区模式信息系统等，以区域综合研究和全面的信息服务为目标，可以有不同的规模，其特点是数据项多，功能齐全，通常具有较强的开放性。这两种信息系统应用与上述4种地理信息系统应用存在重叠。

7. 二次开发具有特定功能的软件系统

通过地理信息系统提供的二次开发功能，可开发具有特定功能的软件系统。例如，金属资源勘察评价系统，包括地质变量信息提取模块、数据挖掘模块、物探数据处理模块、图像处理模块、综合预测模块等，其中地质变量信息提取模块使用了MAPGIS中的基本输入函数、空间功能分析函数。

8. 属性数据的综合及融合

地理信息系统的属性数据主要用于检索和查询，或进行简单的统计。在众多属性数据中，将几个属性项的属性数值加以综合，可构成一个具有某领域特定意义的新属性项、新属性值，经过综合分析，用数量表示某领域问题的综合概念和结果特征。数据融合技术已经得到广泛应用，通过融合地理信息系统的属性数据，可进行地质异常单元的圈定与评价，然后利用地理信息系统强大的空间数据显示功能显示其结果。

本章小结

本章主要介绍建设工程信息的采集技术，即条形码技术、卡片识别技术、无线射频识别技术、全球定位系统技术和地理信息技术系统。

思考与练习

一、填空题

1. 条形码是_____的图形化表示，其生成技术涉及从代码到图形的转化技术以及相关的印制技术。条形码生成的第一步就是_____、_____，确定代码后，根据具体情况确定条形码采用预印制方式还是现场印制方式。

2. _____由高强度、耐高温的塑料或纸质涂覆塑料制成，能防潮、耐磨，且有一定的柔韧性，是一种磁记录介质卡片，携带方便。

3. 电子标签由_____、_____、_____、_____4部分构成。

4. _____是一种采用一台接收机进行定位的模式，它所确定的是接收机天线的绝对坐标，又称为单点定位。

5. 数据编辑主要包括_____和_____。

二、选择题

1. (　　)可分为商品条形码和流通条形码。
   A. 一维条形码　　　　　　　　B. 二维条形码
   C. 三维条形码　　　　　　　　D. 四维条形码

2. 磁卡应用系统不包括(　　)。
   A. 阅读器　　　　　B. 智能卡存储　　　C. 数据存储设备　　D. 数据处理设备
3. RFID 数据内容标准,主要涉及数据协议、数据编码规则及语法等,下列(　　)不是 RFID 数据内容标准。
   A. 编码格式　　　　B. 语法标准　　　　C. 物流配送　　　　D. 数据符号
4. 全球定位系统的组成,不包括(　　)。
   A. 地面监控系统　　　　　　　　　　B. 空间星座部分
   C. 用户设备部分　　　　　　　　　　D. 数据存储设备部分
5. 地理信息系统软件分为(　　)。
   A. 系统软件和应用软件　　　　　　　B. 数据采集和输入设备
   C. 中央处理设备和数据存储设备　　　D. 光栅式绘图机和静电式打印设备

三、简答题

1. 条形码技术有什么特点?其主要内容包括哪些方面?
2. 磁卡、光卡、IC 卡各有什么特点?
3. 什么是无线射频识别技术?无线射频识别技术有什么优点?
4. 全球定位系统的原理是什么?全球定位系统应用于哪些方面?
5. 地理信息系统有哪些功能?地理信息系统应用于哪些方面?

第四章 建设工程信息管理计划

知识目标

1. 了解建设工程信息的编码原则,熟悉建设工程项目管理中常用信息代码的分类标准,掌握建设工程信息编码的方法。

2. 熟悉建设工程信息流的相关知识,熟悉建设工程信息流程的结构和组成,掌握建设工程信息报告系统。

能力目标

学习建设工程信息的编码原则和方法等内容,能对建设工程信息进行编码,会编制建设工程信息的流程。

第一节 建设工程信息编码系统

信息编码也称代码设计,它为事物提供一个概念清楚的唯一标识,用于代表事物的名称、属性和状态。代码有两个作用:一是便于对数据进行存储、加工和检索;二是可以提高数据处理的效率和精度。此外,对信息进行编码,还可以大大节省存储空间。

在建设工程项目管理工作中,随时都可能产生大量的信息(如报表、数字、文字、声像等),用文字来描述其特征已不能满足现代化管理的要求。因此,必须赋予信息一组能反映其主要特征的代码,用于表现信息的实体或属性,建立项目信息编码系统,以便利用计算机进行管理。

一、建设工程信息的编码原则

信息编码是信息管理的基础,进行建设工程信息编码时应遵循以下原则。

(1)唯一性。每一个代码仅代表唯一的实体属性或状态。

(2)合理性。编码的方法必须是合理的,能适合使用者和信息处理的需要,项目信息编码结构应与项目信息分类体系相适应。

(3)可扩充性和稳定性。代码设计应留出适当的扩充位置,以便当增加新的内容时,可直接利用原代码扩充，而无须更改代码系统。

（4）逻辑性与直观性。代码不但要具有一定的逻辑含义，便于数据的统计汇总，而且要简明直观，便于识别和记忆。

（5）规范性。国家有关编码标准是代码设计的重要依据，要严格遵照国家标准及行业标准进行代码设计，以便于系统的拓展。

（6）精练性。代码的长度不仅会影响其所占据的存储空间和信息处理的速度，还会影响代码输入时出错的概率及输入/输出的速度，因而，要适当压缩代码的长度。

二、建设工程信息的编码方法

建设工程信息有如下编码方法。

（1）顺序编码法。顺序编码法是一种按对象出现的顺序进行编码的方法，就是从001（或0 001，00 001等）开始依次排下去，直至最后。

（2）分组编码法。这种方法也是从头开始，依次为数据编号，但在每批同类型数据之后留有一定余量，以备添加新的数据。这种方法是在顺序编码基础上的改动，也存在逻辑意义不清的问题。

（3）多面编码法。一个事物可能具有多个属性，如果在编码的结构中能为这些属性各规定一个位置，就形成了多面码。该法的优点是逻辑性能好，便于扩充。但此码位数较长，会有较多的空码。

（4）十进制编码法。该方法是先把编码对象分成若干大类，编若干位十进制代码，然后将每一大类再分成若干小类，编若干位十进制代码，依次下去，直至不再分类为止。建筑材料编码体系所采用的就是这种方法，如图4-1所示。采用十进制编码法，编码、分类比较简单，直观性强，可以无限扩充下去，但代码位数较多，空码也较多。

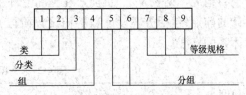

图4-1 建筑材料编码体系

（5）文字编码法。这种方法是用文字表明对象的属性，其文字一般用英文编写或用汉语拼音的字头。这种编码的直观性较好，方便记忆和使用。但当数据过多时，单靠字头很容易使含义模糊，造成理解上的错误。

上述几种编码方法各有优缺点，在实际工作中，可以针对具体情况选用适当的方法，有时甚至可以将它们组合起来使用。

三、建设工程项目管理中常用信息代码的分类标准

对项目信息分类体系的研究一直是建筑信息科学研究的重点，许多国家的专业协会组织都制定了自己的标准。中国目前尚无建设工程统一的编码标准，只有个别地方有地方规程，根据建设工程的实际情况，选用适合的信息代码编码标准，具体可参照国际标准或部分地方规程。目前，在国际、国内应用较为广泛的通用标准信息分类体系有以下几种。

（1）CSI体系。该体系是在北美地区应用最为广泛的信息分类标准。它由美国建筑规范学会（The Construction Specification Institute，CSI）和加拿大建筑规范学会（Construction

Specifications Canada，CSC)在1963年颁布，又称为Master Format体系。这种信息分类的主要对象是建筑产品信息(Product Information)，其信息分类的第一层由16个类目构成，见表4-1。它可以应用于项目设计、招标投标和施工过程中项目管理的组织结构设计、图纸设计、投资编码与材料编码。

表4-1 CSI信息分类体系

编码	项目名称	编码	项目名称
1	总要求(General Requirements)	9	装饰工程(Finishes)
2	现场工作(Site Work)	10	专业工程(Specialties)
3	混凝土(Concrete)	11	设备(Equipment)
4	砖石(Masonry)	12	非建筑设施(Furnishings)
5	金属(Metals)	13	特殊施工(Special Construction)
6	木和塑料(Wood and Plastics)	14	运输系统(Conveying System)
7	保温隔湿工程(Thermal and Moisture Protection)	15	机械(Mechanical)
8	门窗(Doors and Windows)	16	电气(Electrical)

(2) UNIFORMAT体系。该体系最早是由美国国防部制定的，用于项目实施全过程的信息分类标准。它按项目构成和部位对项目信息进行分解和编码。该体系的第一层由12个类目构成，见表4-2。目前，在国际上许多针对工程项目进行的信息分类标准，往往是在设计的前期(包括方案设计和扩初设计阶段)应用UNIFORMAT标准作为建立项目信息分类体系的标准。

表4-2 UNIFORMAT信息分类体系

编码	项目名称	编码	项目名称
1	基础(Foundations)	7	运输系统(Conveying System)
2	地下结构(Substructure)	8	机械(Mechanical)
3	上部结构(Superstructure)	9	电气(Electrical)
4	外墙(Exterior Closure)	10	通用状况(General Conditions OH & P)
5	屋面工程(Roofing)	11	建筑设备(Equipment)
6	装饰工程(Interior Construction)	12	现场工作(Site Work)

(3) ISO体系。该体系是国际标准化组织(ISO)在其技术报告"Classification of Information in the Construction Industry"(ISO/TR)14177中提出的信息分类标准，为整个建筑业中建设项目的参与方在项目的实施和运营维护阶段建立的统一信息划分标准。其目的是为项目参与各方不同的信息系统间进行信息交流提供一种共同语言，它较多地用于集成系统信息模型的构建。ISO报告中建议采用的信息编码框架见表4-3。

表4-3 ISO信息编码框架

ISO信息编码框架					
设施(Facility)	空间(Space)	分部工程(Element)	工作段(Work Section)	构配件和材料(Construction Product)	建筑辅助(Construction Aid)

除以上常见的信息分类编码体系外，国际上可应用于项目信息分类的标准还有许多，如欧洲的 SFB 体系、CI/SFB 体系等。

四、建设工程信息编码举例

现以民用建筑投资为例，进一步说明工程建设信息编码的方法。如果把一个民用建筑项目的总投资作为一个整体，要进行投资控制，首先就要对这个整体进行切块。本例先将其切成 8 块，即：A. 建筑基地费；B. 建筑基地外围（红线外）开拓费；C. 建筑物造价；D. 设备费；E. 建筑物外围（红线内）设施费；F. 附加设施费；G. 业主管理费；H. 业主专项预留费。这 8 块称为投资子系统。然后，对子系统的每一块再进行切片。以建筑物造价为例，将其切成 5 片：C1. 建筑工程造价；C2. 设备安装工程造价；C3. 预留费；C4. 建筑设施费；C5. 特殊施工费。这 5 片称为投资子系统的组成项，如图 4-2 所示。

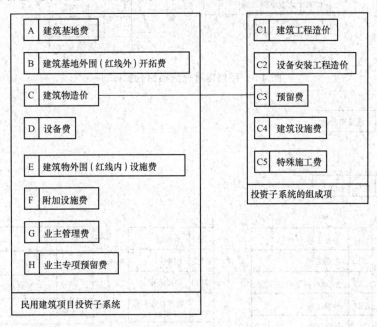

图 4-2 民用建筑项目投资分解（一）

对投资子系统的组成项还可继续往下分解。如建筑工程造价可分解为如下 8 条：C11. 土方工程；C12. 基础工程；C13. ±0.000 以下外墙工程；C14. 外墙工程；C15. 内墙与柱；C16. 楼板与楼梯工程；C17. 屋面工程；C18. 大型临时设施费。又如设备安装工程造价可分解为如下 9 条：C21. 排水工程；C22. 上水工程；C23. 供暖工程；C24. 煤气工程；C25. 供电工程；C26. 通信工程；C27. 通风工程；C28. 运输工程；C29. 其他工程。属于建筑工程造价、设备安装工程造价分类的 8 条、9 条称为投资的大类项，如图 4-3 所示。

对大类项还可再往下分解。以内墙为例，可将其分解成 8 个功能项：C151. 承重墙；C152. 框架；C153. 轻质隔墙；C154. 墙体抹灰粉刷（墙纸）；C155. 内部窗；C156. 内部门；C157. 内墙防护设施；C158. 其他内墙构造。功能项还可再往下分解，如框架可分解成柱（C15210）、柱子装饰（C15220）、柱子悬挂构造（C15230）等，如图 4-4 所示。

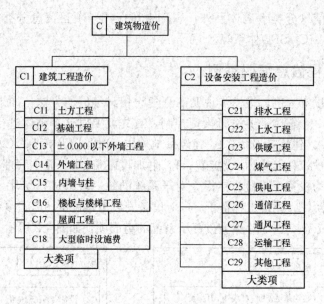

图 4-3 民用建筑投资项目分解(二)

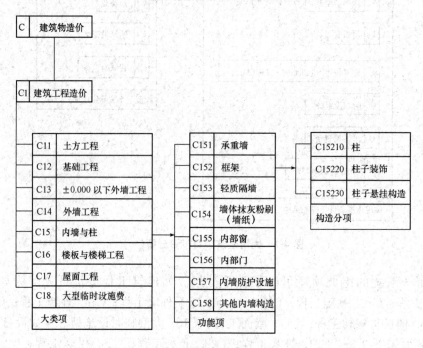

图 4-4 民用建筑项目投资分解(三)

本投资结构的编码系统，原则上是使用一个层次一位数的编码方法，但这也不是绝对的。也就是说，在这个编码系统中层次数与编码的位数不一定是一对一的关系。当某一层所包含的项数超过10时，该层所对应的编码位数就要超过一位数。

第二节　建设工程信息流程

建设工程信息流程主要反映建设工程项目与各有关单位及人员之间的关系。信息流程如果畅通，就会给工程信息管理工作带来很大的方便和好处。否则，信息管理工作就无法进行。

一、建设工程中的信息流

为保证工程项目管理工作的顺利进行，必须使信息在工程项目管理的上下级之间、有关单位之间和外部环境之间流动，这称为"信息流"。需要指出的是，信息流不是信息，而是信息流通的渠道。

在建设工程项目的实施过程中，其产生的流动过程主要有以下几种。

(1)工作流。在项目实施过程中，由项目的结构分解得到项目的所有工作，任务书(委托书或合同)确定了这些工作的实施者，再通过项目计划具体安排它们的实施方法、实施顺序、实施时间以及实施过程中的协调方式。这些工作在一定时间和空间上实施，便形成项目的工作流。工作流即构成项目的实施过程和管理过程，主体是劳动力和管理者。

(2)物流。工作的实施需要各种材料、设备和能源，它们由外界输入，经过处理转换成工程实体，最终得到项目产品，由工作流引起物流。物流表现出项目的物资生产过程。

(3)资金流。资金流是施工过程中价值的运动形态。例如，从资金变为库存的材料和设备，支付工资和工程款，再转变为已完工程，投入运营后作为固定资产，通过项目的运营取得收益。

(4)信息流。工程项目的实施过程需要大量的信息，同时在这些过程中又不断产生大量的信息。这些信息伴随着上述几种流动过程，按一定的规律产生、转换、变化和被使用，并被传送到相关部门(单位)，形成项目实施过程中的信息流。项目管理者设置目标，作决策，作各种计划，组织资源供应，领导、激励、协调各项目参加者的工作，控制项目的实施过程时都靠信息来实施并靠信息了解项目的实施情况，发布各种指令，计划并协调各方面的工作。

以上 4 种流动过程相互联系、相互依赖又相互影响，共同构成了项目实施和管理的总过程。在这 4 种流动过程中，信息流对项目管理有特别重要的意义。信息流将项目的工作流、物流、资金流，将各个管理职能、项目组织，将项目与环境结合在一起，它反映、控制和指挥着工作流、物流和资金流。可以说，信息流是项目的神经系统。

二、建设工程信息流程的结构

信息流程的结构反映了工程项目建设各参与单位之间的关系(图 4-5)。

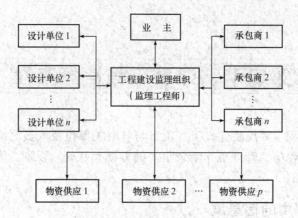

图 4-5　建设工程项目信息流程的结构

三、建设工程信息流程的组成

信息流程应反映项目内部信息流和有关的外部信息流及各有关单位、部门和人员之间的关系,并有利于保持信息畅通。

1. 项目内部的信息流

建设工程项目管理组织内部存在着三种信息流:一是自上而下的信息流;二是自下而上的信息流;三是各管理职能部门间横向的信息流。这三种信息流都应畅通无阻,保证项目管理工作的顺利实施。

监理单位及
项目监理部
信息流程的组成

(1) 自上而下的信息流。自上而下的信息流是指自主管单位、主管部门、业主以及项目经理开始,流向项目工程师、检查员乃至工人班组的信息,或在分级管理中,每一个中间层次的机构向其下级逐级流动的信息,即信息源在上,接收信息者是其下属。这些信息主要是指监理目标、工作条例、命令、办法及规定、业务指导意见等。

(2) 自下而上的信息流。自下而上的信息流通常是指各种实际工程的情况信息,由下逐渐向上传递,这个传递不是一般的叠合(装订),而是经过归纳整理形成的逐渐浓缩的报告。项目管理者做的就是浓缩工作,要保证信息浓缩而不失真。通常,信息太详细会造成处理量大、没有重点,且容易遗漏重要说明;而太浓缩,又会出现对信息的曲解或解释出错的问题。

(3) 横向的信息流。横向流动的信息指项目监理工作中,同一层次的工作部门或工作人员之间相互提供和接收的信息。这种信息一般是因分工不同而各自产生的,但为了共同的目标又需要相互协作、互通有无或相互补充,以及在特殊、紧急的情况下,为了节省信息流动时间而需要横向提供的信息。

2. 项目与外界的信息交流

项目作为一个开放系统,它与外界有大量的信息交换。这里包括以下两种信息流:

(1) 由外界输入的信息,如环境信息、物价变动的信息、市场状况信息,以及外部系统(如企业、政府机关)给项目的指令、对项目的干预等;

(2) 项目向外界输出的信息,如项目状况的报告、请示、要求等。

四、建设工程信息报告系统

信息报告是工程项目信息交流的一种重要方式。在工程建设中，报告的形式和内容丰富多彩，它是人们进行信息沟通与交流的主要工具。

(一)报告的重要性

在项目信息管理过程中，不同的参与者需要不同的信息内容、频率、描述、浓缩程度，必须确定报告的形式、结构、内容、采撷处理方式，为项目的后期工作服务。报告的重要性主要表现为以下几个方面：

(1)作为决策的依据，报告可以使人们对项目计划、实施状况和目标完成程度十分清楚，这样可以预见未来，使决策简单而且准确。报告首先是为决策服务的，特别是上层的决策，但报告的内容仅反映过去的情况，相对滞后；

(2)用来评价项目，评价过去的工作以及阶段成果；

(3)总结经验，分析项目中的问题，特别在每个项目结束时都应有一个内容详细的分析报告；

(4)通过报告去激励各参加者，让大家了解项目成就；

(5)提出问题，解决问题，安排后期的计划；

(6)预测将来的情况，提供预警信息；

(7)作为证据和工程资料，报告便于保存，因而能提供工程的永久记录。

(二)报告的基本要求

为了达到工程项目组织间信息顺利沟通与交流的目的，报告必须符合以下基本要求。

(1)与目标一致。报告的内容和描述必须与项目目标一致，主要说明目标的完成程度和围绕目标存在的问题。

(2)规范化、系统化。在管理信息系统中应完整地定义报告系统的结构和内容，对报告的格式、数据结构进行标准化。在项目中，要求各参加者采用统一形式的报告。

(3)处理简单化，内容清楚，便于理解，避免造成理解和传输过程中的错误。

(4)符合特定的要求，包括各个层次的管理人员对项目信息需要了解的程度，以及各职能人员对专业技术工作和管理工作的需要。

(5)有明显的侧重点。报告通常包括概况说明和重大的差异说明、主要活动和事件的说明，而不是面面俱到。它主要考虑实际效用，如可信度、是否方便理解，较少考虑信息的完整性。

(三)项目报告系统

项目信息管理系统必须包括项目信息的报告系统，这要解决两个方面的问题：一方面是罗列项目过程中应有的各种报告并将其系统化；另一方面是确定各种报告的形式、结构、内容、数据、采撷处理方式并将其标准化。

1. 建立项目报告系统的步骤

建立项目报告系统时，应按照以下步骤进行。

(1)报告之前，应给各层次的人们列表提问：需要什么信息？应从何处来？怎样传递？怎样标识它的内容？

(2)在编制工程计划时，就应当考虑需要的各种报告及其性质、范围和频次，这可以在合同或项目手册中确定。

(3)原始资料应一次性收集，以保证其有相同的信息、相同的来源。资料在纳入报告前应对其进行可信度检查，并将计划值引入以便对比。

(4)报告从最低层开始，它的资料的最基础来源是工程活动，包括工程活动的完成程度、工期、质量、人力、材料消耗、费用等情况的记录，以及试验验收检查记录。上层的报告应由上述职能部门按照项目结构和组织结构层层归纳总结，作出分析和比较，最后形成金字塔形的报告系统，如图4-6所示。

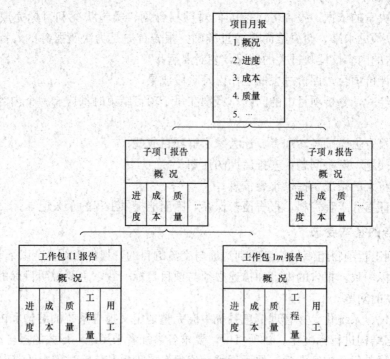

图 4-6　报告系统的建立过程

2. 项目月报

项目月报是项目信息管理中最重要的项目总体情况报告，它的内容比较固定，通常包括以下部分。

(1)概况。

1)简要说明在本报告期中项目及主要活动的状况，如设计工作、批准过程、招标、施工、验收的状况。

2)计划总工期与实际总工期的对比，一般可以用不同颜色和图例对比或采用前锋线方法。

3)总的趋向分析。

4)成本状况和成本曲线，包括如下层次：

①整个项目的总结报告；

②各专业范围或各合同；

③各主要部门。

分别说明:原预算成本、工程量调整的结算成本、预计最终总成本、偏差原因及责任、工程量完成状况、支出。可以采用对比分析表、柱形图、直方图、累计曲线等形式进行描述。

5)项目形象进度,用图描述建筑和安装的进度。

6)对质量问题、工程量偏差、成本偏差、工期偏差的主要原因作说明。

7)说明下一报告期的关键活动。

8)下一报告期必须完成的工作包。

9)工程状况照片。

(2)项目进度详细说明。

1)对分部工程列出成本状况和进度曲线,进行实际和计划的对比。

2)按每个单项工程列出以下内容:

①以横道图表示的控制性工期的实际和计划对比(最近一次修改以来的);

②其中关键性活动的实际和计划工期对比(最近一次修改以来的);

③实际和计划成本状况对比;

④工程状态;

⑤各种界面的状态;

⑥目前的关键问题及解决的建议;

⑦特别事件说明;

⑧其他。

(3)预计工期计划。

1)下阶段控制性工期计划。

2)下阶段关键活动范围内详细的工期计划。

3)以后几个月内的关键工程活动表。

(4)按分部工程列出各个施工单位。

(5)项目组织状况说明。

五、建设工程信息流程示例

1. 国外某水电站引水工程 CI 合同月报制度

国外某水电站引水工程 CI 合同月报制度反映了该建设项目的信息流通过程(图4-7)。

2. 国内某高速公路监理报表传递程序

国内某高速公路监理报表传递程序如图 4-8 所示。

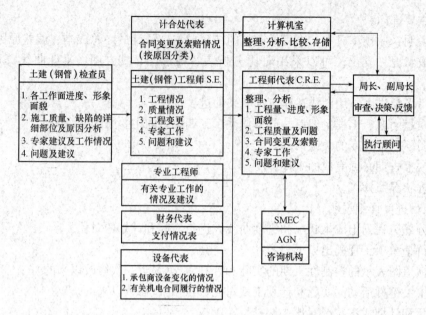

图 4-7 CI 合同信息流程图

说明:
(1)各工作面检查员在每月 5 日前报出本工作面上的工作情况月报。
(2)工地工程师和各处代表及专业工程师于每月 10 日前报出"工程情况综合月报""支付情况月报""承包商设备情况月报""合同执行情况月报"及专业工程师的工作报告。
(3)以上月报一式两份:一份送工程师代表进行审阅、分析及处理;一份送计算机室进行处理。
(4)工程师代表于每月 15 日前将审核分析、整理的综合月报送局办计算机室,计算机室将已存储的信息进行修改和补充(如有),将其打印成固定格式的报表送局长(副局长)、总工程师及执行顾问。如有必要,可分送各处室。

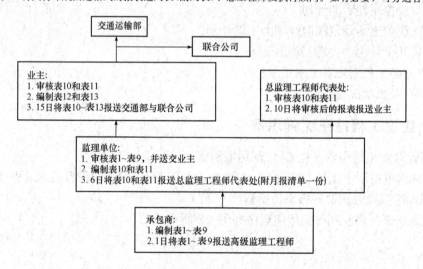

图 4-8 某高速公路监理报表传递程序

说明:表 1—中间计量单;表 2—工程量清单月报;表 3—索赔审批书;
表 4—工程变更一览表;表 5—计工时一览表;表 6—价格调整表;
表 7—材料到达现场计量表;表 8—财务支付申请表;
表 9—工程进度表;表 10—财务支付月报表;表 11—工程进度表;
表 12—土木工程以外的费用支付月报表;表 13—支付月报汇总。

本章小结

本章主要介绍建设工程信息编码系统和建设工程信息流程。信息编码为事物提供一个概念清楚的唯一标识，用以代表事物的名称、属性和状态。建设工程信息流程主要反映建设工程项目与各有关单位及人员之间的关系。

思考与练习

一、填空题

1. _____ 是一种按对象出现的顺序进行编码的方法，就是从001（或0001，00001等）开始依次排下去，直至最后。

2. 项目信息管理系统必须包括_____，这要解决两个方面的问题：一方面是罗列项目过程中应有的各种报告将之系统化；另一方面确定各种报告的形式、结构、内容、数据、采撷处理方式并将之标准化。

3. _____ 是项目信息管理中最重要的项目总体情况报告，它的内容比较固定。

二、选择题

1. 下列（ ）不是建设工程信息的编码方法。
    A. 分类编码法   B. 多面编码法   C. 十进制编码法   D. 文字编码法

2. （ ）是指自主管单位、主管部门、业主以及项目经理开始，流向项目工程师、检查员乃至工人班组的信息，或在分级管理中，每一个中间层次的机构向其下级逐级流动的信息。
    A. 自下而上的信息流   B. 自上而下的信息流
    C. 自左而右的信息流   D. 横向间的信息流

3. 建设工程信息报告的基本要求，不包括（ ）。
    A. 自下而上的信息流   B. 自上而下的信息流
    C. 自左而右的信息流   D. 横向间的信息流

4. 为了达到工程项目组织间信息顺利沟通与交流的目的，报告必须符合的基本要求包括（ ）。
    A. 与目标一致   B. 标准化
    C. 符合能力的要求   D. 不需要有明显的侧重点

三、简答题

1. 建设工程信息编码应遵循哪些原则？
2. 建设工程信息编码的方法有哪些？
3. 试述建设工程项目报告系统的建立步骤。
4. 建设工程项目月报主要包括哪些内容？

第五章　建设工程信息过程管理

知识目标

1. 熟悉建设工程信息优先选择的标准,掌握建设工程信息优先选择的方法。
2. 熟悉建设工程各阶段信息收集的内容。
3. 熟悉建设工程信息加工、整理和存储流程,熟悉建设工程信息分发和检索,掌握建设工程信息的加工、整理、存储等。
4. 熟悉建设工程信息的输出与反馈。

能力目标

能根据建设工程信息优先选择的方法和标准进行建设工程信息的收集、加工、整理、存储、输出和反馈等。

第一节　建设工程信息的优先选择

由于受客观条件的限制或者受人的主观因素的影响,人们收集到的部分信息经常会出现信息失真、信息老化甚至信息混乱等问题。要想精简信息数量,提高信息质量,并控制信息的流速、流向,就必须对从各类信息源采集来的信息进行优先选择。

一、建设工程信息优先选择的方法

1. 分析法

分析法就是通过对信息内容的分析来判断其正确与否、质量高低、价值大小等。例如,对某事件的产生背景、发展因果、逻辑关系或构成因素、基础水平和效益功能等进行深入分析,说明其先进性和适用性,从而辨清优劣,达到选择的目的。

2. 比较法

比较就是对照事物,揭示它们的共同点和差异点。通过比较,判定信息的真伪,鉴别信息的优劣,从而排除虚假信息,去掉无用信息。比较法有时间比较、空间比较、来源比较、形式比较等。

(1)时间比较。对同类信息按时间顺序比较其产生的时间，应选择时差小的、较新颖的信息，对于明显陈旧过时的信息应及时剔除。

(2)空间比较。从信息产生的场所和空间范围看，在较大的区域，比如在全国乃至全世界都引起了普遍注意或产生了广泛影响的事件具有更大的可靠性。

(3)来源比较。从信息来源看，学术组织与权威机构发布的信息的可信度较高。

(4)形式比较。从信息产生与传播的方式看，不同类型的信息（如口头信息、实物信息和文献信息）的可靠性有很大不同。即使同为文献信息，如图书、期刊论文、会议文献等，因其具有不同出版发行方式，质量也各不相同。

3. 核查法

核查法即通过对有关信息所涉及的问题进行核查来优化信息的质量。可以从以下3个方面入手：

(1)核对有关原始材料或主要论据，检查有无断章取义或曲解原意等情况；

(2)按该信息所述方法、程序进行可重复性检验；

(3)深入实际对有关问题进行调查核实。

4. 专家评估法

对于某些内容专深且又不易找到佐证材料的信息，可以请有关专家学者运用指标评分法、德尔菲法、技术经济评估法等方法进行评价，以估测其水平价值，判断其可靠性、先进性和适用性。

5. 引用摘录法

引用表明了各信息单元之间的相互关系。一般来说，被引用次数较多或被本学科专业权威出版物引用过的信息的质量较高。

二、建设工程信息优先选择的标准

1. 相关性

相关性主要是指信息内容与用户提问的关联程度。相关性选择就是在社会信息流中挑选出与用户提问有关的信息，同时排除无关信息的过程。

2. 真实性

真实性即信息内容能否正确地反映客观现实。真实性判断也就是要鉴别信息所描述的事物是否存在、情况是否属实、数据是否准确、逻辑是否严密、反映是否客观等。

3. 适用性

适用性主要是指信息适合用户需要、便于当前使用的程度，是信息使用者作出的价值判定。由于用户及其信息需要的多样性，信息的适用性在很大程度上是随机变化的，它受用户所处的自然与社会环境、科技与经济发展水平、人文因素、资源条件以及组织机构的管理水平等很多因素的制约。若不注意这些方面的差异，就很难使信息达到适用性的要求。

4. 先进性

先进性表现在时间上，主要是指信息内容的新颖性，即创造出新理论、新方法、新技术、新应用，更符合科学的一般规律，能更深刻地解释自然或社会现象，从而能正确地指导人类的社会实践活动；先进性表现在空间上，主要是指信息成果的领先水平，即按地域范围划分的级别，如世界水平、国家水平、地区水平等。先进性是人们不断追求的目标，但先进性的衡量标准因人、因时、因地而异，没有统一的、固定的尺度。

第二节　建设工程信息的收集

信息收集就是收集原始信息，这是很重要的基础工作。信息管理工作质量的好坏，很大程度上取决于原始资料的全面性和可靠性。

建设工程参建各方对数据和信息的收集有不同的来源、不同的角度、不同的处理方法，但要求各方相同的数据和信息应该规范。另外，建设工程参建各方在不同时期的侧重点不同，对数据和信息的收集要求不同，但也要规范。

在工程项目建设的每一个阶段，都要进行大量的信息收集工作，这些工作将会产生大量的信息，这些信息包含着丰富的内容，它们将是实施项目管理的重要依据，因此，应充分了解和掌握这些内容。

一、建设工程决策阶段的信息收集

在建设工程决策阶段，由于其对建设工程项目的效益影响很大，所以应该首先进行项目决策阶段相关信息的收集。该阶段的信息收集工作主要是收集工程项目外部的宏观信息，要收集过去的、现在的和未来的与项目相关的信息，具有较多的不确定性。

在建设工程前期决策阶段，应向有关单位收集以下资料：

（1）项目相关市场方面的信息，如预计产品进入市场后的市场占有率、社会需求量、预计产品价格变化趋势、影响市场渗透的因素、产品的生命周期等；

（2）项目资源相关方面的信息，如资金筹措渠道、方式，原辅料、矿藏来源，劳动力，水、电、气供应等；

（3）自然环境相关方面的信息，如城市交通、运输、气象、地质、水文、地形地貌、废料处理可能性等；

（4）新技术、新设备、新工艺、新材料，专业配套能力方面的信息；

（5）政治环境、社会治安状况、当地法律、政策、教育的信息。

收集这些信息是为了帮助建设单位避免决策失误、进一步开展调查和投资机会研究、编写可行性研究报告、进行投资估算和工程建设经济评价。

二、建设工程设计阶段的信息收集

设计阶段是工程建设的重要阶段，在设计阶段决定了工程规模，建筑形式，工程的概预算技术的先进性、适用性，标准化程度等一系列具体的要素。在这个阶段将产生一系列的设计文件，它们是业主选择承包商以及在施工阶段实施项目管理的重要依据。

在建设工程设计阶段，应注意收集以下资料：

(1)可行性研究报告、前期相关文件资料、存在的疑点和建设单位的意图、建设单位前期准备和项目审批完成的情况;

(2)同类工程的相关信息,如建筑规模,结构形式,造价构成,工艺、设备的选型,地质处理方式及实际效果,建设工期,采用新材料、新工艺、新设备、新技术的实际效果及存在的问题,技术经济指标;

(3)拟建工程所在地的相关信息,如地质、水文情况,地形地貌、地下埋设和人防设施情况,城市拆迁政策和拆迁户数,青苗补偿,周围环境(水电气、道路等的接入点,周围建筑、学校、医院、交通、商业、绿化、消防、排污);

(4)工程所在地政府的相关信息,如国家和地方政策、法律、法规、规范规程、环保政策、政府服务情况和限制等;

(5)设计中的设计进度计划,设计质量保证体系,设计合同执行情况,偏差产生的原因,纠偏措施,专业间的设计交接情况,执行规范、规程、技术标准,特别是强制性规范执行的情况,设计概算和施工图预算结果,超限额的原因,各设计工序对投资的控制等;

(6)勘察、测量、设计单位的相关信息,如同类工程的完成情况和实际效果,完成该工程项目的人员构成,设备投入状况,质量管理体系的完善情况,创新能力,收费情况,施工期间技术服务主动性和处理问题的能力,设计深度和技术文件质量,专业配套能力,设计概算和施工图预算编制能力,合同履约情况,采用设计新技术、新设备的能力等。

设计阶段信息的收集范围广泛,来源较多,不确定因素较多,外部信息较多,难度较大,要求信息收集者要有较高的技术水平和较广的知识面,又要有一定的相关设计经验、投资管理能力和信息综合处理能力,才能完成该阶段的信息收集工作。

三、建设工程施工招标投标阶段的信息收集

施工招标投标阶段的信息收集有助于建设单位编写好招标书,有助于建设单位选择好施工单位和项目经理、项目班子,有利于签订好施工合同,为保证施工阶段目标的实现打下良好基础。

在建设工程施工招标投标阶段,应注意收集以下方面的资料:

(1)所在地招标投标代理机构的能力与特点,所在地招标投标管理机构及管理程序;

(2)工程地质、水文地质勘察报告,施工图设计及施工图预算、设计概算,设计、地质勘察、测绘的审批报告等方面的信息,特别是该建设工程有别于其他同类工程的技术要求,材料、设备、工艺、质量要求的有关信息;

(3)工程造价的市场变化规律及所在地区的材料、构件、设备、劳动力差异;

(4)本工程适用的规范、规程、标准,特别是强制性规范;

(5)建设单位建设前期的报审文件:立项文件,建设用地、征地、拆迁文件;

(6)该建设工程采用的新技术、新设备、新材料、新工艺,投标单位对"四新"的处理能力和了解程度、经验、措施;

(7)当地施工单位的管理水平,质量保证体系,施工质量,设备、机具能力;

(8)所在地关于招标投标的有关法规、规定,国际招标、国际贷款指定适用的范本,本工程适用的建筑施工合同范本及特殊条款。

在施工招标投标阶段,要求信息收集人员充分了解施工设计和施工图预算,熟悉法律

法规，熟悉招标投标程序，熟悉合同示范范本，特别要求在了解工程特点和工程量分解上有一定能力，才能为工程建设决策提供必要的信息。

四、建设工程施工阶段的信息收集

工程建设的施工阶段是大量的信息产生、传递和处理的阶段，工程建设者的信息管理工作主要集中在这一阶段。

施工阶段的信息收集，可从施工准备期、施工实施期、竣工保修期3个子阶段分别进行。

1. 施工准备期

施工准备期是指从建设工程合同签订到项目开工这个阶段，在施工招标投标阶段监理未介入时，本阶段是施工阶段监理信息收集的关键阶段，监理工程师应该从如下几点入手收集信息。

(1)监理大纲；施工图设计及施工图预算，特别要掌握结构特点、掌握工程难点、要点、特点，掌握工业工程的工艺流程特点、设备特点，了解工程预算体系（按单位工程、分部工程、分项工程分解），了解施工合同。

(2)施工单位项目经理部的组成，进场人员的资质；进场设备的规格型号、保修记录；施工场地的准备情况；施工单位质量保证体系及施工单位的施工组织设计，特殊工程的技术方案，施工进度网络计划图表；进场材料、构件管理制度；安全保安措施；数据和信息管理制度；检测和检验、试验程序和设备；承包单位和分包单位的资质等施工单位信息。

(3)建设工程场地的地质、水文、测量、气象数据；地上、地下管线，地下洞室，地上原有建筑物及周围建筑物、树木、道路；建筑红线，标高、坐标；水、电、气管道的引入标志；地质勘察报告、地形测量图及标桩等环境信息。

(4)施工图的会审和交底记录；开工前的监理交底记录；对施工单位提交的施工组织设计按照项目监理部的要求进行修改的情况；施工单位提交的开工报告及实际准备情况。

(5)本工程需遵循的相关建筑法律、法规和规范、规程，有关质量检验、控制的技术法规和质量验收标准。

在施工准备期，信息的来源较多、较杂，由于参建各方相互了解还不够，信息渠道没有建立，收集有一定困难。因此，更应该组建工程信息的合理流程，确定合理的信息源，规范各方的信息行为，建立必要的信息秩序。

2. 施工实施期

在施工实施期，信息来源相对比较稳定，主要是指施工过程中随时产生的数据，由施工单位层层收集上来，比较单一，容易实现规范化。目前，建设主管部门对施工阶段的信息收集和整理有明确的规定，施工单位也有一定的管理经验和处理程序，随着建设管理部门加强行业管理，相对容易实现信息管理的规范化，关键是施工单位和监理单位、建设单位在信息形式上和汇总上不统一。因此，统一建设各方的信息格式，实现标准化、代码化、规范化是我国目前建设工程必须解决的问题。目前，各地虽都有地方规程，但大多数没有实现施工、建设、监理的统一格式，给工程建设档案和各方数据交换带来一定的麻烦，仅少数地方规程对施工、建设、监理各方信息加以统一，较好地解决了信息的规范化、标准化。

在施工实施期收集的信息应该分类并由专门的部门或专人分级管理，项目监理部可从下列方面收集信息：

(1) 施工单位人员、设备、水、电、气等能源的动态信息；

(2) 施工期气象的中长期趋势及同期历史数据，每天不同时段的动态信息，特别在气候对施工质量影响较大的情况下，更要加强收集气象数据；

(3) 建筑原材料、半成品、成品、构配件等工程物资的进场、加工、保管、使用等信息；

(4) 项目经理部的管理程序，质量、进度、投资的事前、事中、事后控制措施，数据采集来源及采集、处理、存储、传递方式，工序间的交接制度，事故处理制度，施工组织设计及技术方案执行的情况，工地文明施工及安全措施等；

(5) 施工中需要执行的国家和地方规范、规程、标准；施工合同执行情况；

(6) 施工中发生的工程数据，如地基验槽及处理记录，工序间的交接记录，隐蔽工程检查记录等；

(7) 建筑材料测试项目的有关信息，如水泥、砖、砂石、钢筋、外加剂、混凝土、防水材料、回填土、饰面板、玻璃幕墙等；

(8) 设备安装的试运行和测试项目的有关信息，如电气接地电阻、绝缘电阻测试，管道通水、通气、通风试验，电梯施工试验，消防报警、自动喷淋系统联动试验等；

(9) 施工索赔相关信息，如索赔程序、索赔依据、索赔证据、索赔处理意见等。

3. 竣工保修期

竣工保修期的信息是建立在施工期日常信息积累的基础上的，传统工程管理和现代工程管理最大的区别在于传统工程管理不重视信息的收集和规范化，对数据不能及时收集整理，往往采取事后补填或做"假数据"的手段应付了事。现代工程管理则要求实时记录数据，真实反映施工过程，真正做到积累在平时，竣工保修期只是建设各方最后的汇总和总结。在该阶段要收集的信息有：

(1) 工程准备阶段文件，如立项文件，建设用地、征地、拆迁文件，开工审批文件等；

(2) 监理文件，如监理规划、监理实施细则、有关质量问题和质量事故的相关记录、监理工作总结以及监理过程中的各种控制和审批文件等；

(3) 施工资料，分为建筑安装工程和市政基础设施工程两大类；

(4) 竣工图，分建筑安装工程和市政基础设施工程两大类；

(5) 竣工验收资料，如工程竣工总结、竣工验收备案表、电子档案等。

第三节　建设工程信息的加工整理与存储

建设工程信息的加工整理与存储是数据收集后的必要过程。收集的数据经过加工、整理后产生信息。该信息是指导施工和工程管理的基础，要把管理由定性分析转到定量管理上来，信息是不可或缺的要素。

一、建设工程信息加工、整理和存储流程

信息的加工整理和存储流程是信息系统流程的主要组成部分。信息系统的流程图有业务流程图、数据流程图，一般先找到业务流程图，通过绘制好的业务流程图再进一步绘制数据流程图。通过绘制业务流程图，可以了解具体处理事务的过程，发现业务流程的问题和不完善处，进而优化业务处理过程。数据流程图则把数据在内部流动的情况抽象化，独立考虑数据的传递、处理、存储是否合理，发现和解决数据流程中的问题。数据流程图的绘制从上而下层层细化，经过整理、汇总后得到总的数据流程图，根据总的数据流程图可以得到系统的信息处理流程图。信息处理流程图根据具体工程情况决定，大型工程复杂些，小型工程简单些。这里以项目监理部对施工阶段的工程量信息处理业务流程图为例加以说明，其业务流程如图 5-1 所示。

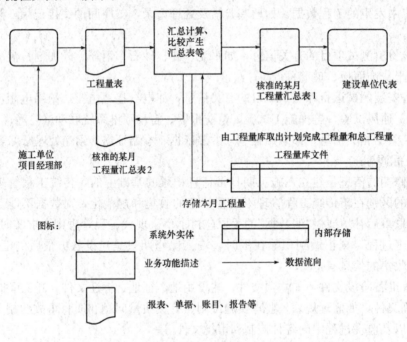

图 5-1　建设工程施工阶段工程量信息处理的业务流程

由上述业务流程图进而产生的数据流程图见图 5-2。

数据加工主要由相应的软件来完成，对于使用者主要是找到数据间的关系和数据流程图，决定处理的时间要求和选择必要的、适合的软件和数学模型来实现加工、整理和存储过程。

二、建设工程信息分发和检索

信息的存储

在对收集的数据进行分类加工处理而产生信息后，要及时将信息提供给需要使用数据和信息的部门，对信息和数据要根据需要分发，对信息和数据的检索则要建立必要的分级管理制度，一般由使用软件来保证实现数据和信息的分发、检索，关键是要决定分发和检索的原则。

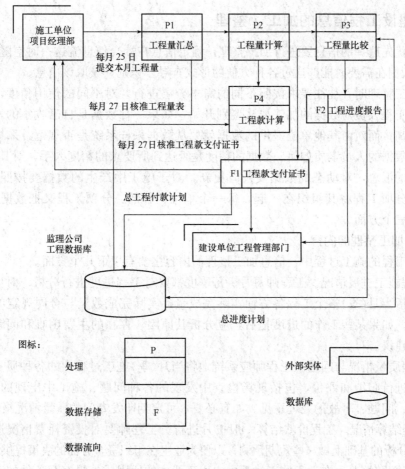

图 5-2 建设工程施工阶段工程量信息处理的数据流程

1. 分发和检索的原则

分发和检索的原则是需要的部门和使用人，有权在需要的第一时间，方便地得到所需要的、以规定形式提供的一切信息和数据，而保证不向不该知道的部门（人）提供任何信息和数据。

2. 分发的设计内容

(1) 使用部门（人）的使用目的、使用周期、使用频率、得到时间、数据的安全要求。

(2) 分发的项目、内容、分发量、范围、数据来源。

(3) 分发信息和数据的结构、类型、精度和组合成规定格式的方式。

(4) 决定提供的信息和数据介质（纸张、显示器显示、磁盘或其他形式）。

3. 检索设计时要考虑的问题

(1) 允许检索的范围，检索的密级划分和密码的管理。

(2) 检索的信息和数据能否及时、快速地提供，采用什么手段实现（网络、通信、计算机系统）。

(3) 提供检索需要的数据和信息输出形式、能否根据关键字实现智能检索。

三、建设工程信息的加工、整理

对经过优先选择的信息要进行加工整理,确定信息在社会信息流这一时空隧道中的"坐标",以便人们在需要时能够通过各种方便的形式查寻、识别并获取该信息。

信息加工整理时,往往要求按照不同的需求分层进行。对不同的使用角度,加工方法是不同的。工程人员对数据的加工要从鉴别开始,如果一种数据是自己收集的,那么它的可靠度就较高,而对由其他单位提供的数据就要从数据采样系统是否规范、采样手段是否可靠、提供数据的人员素质如何、数据的精度是否达到所要求的精度入手,对其加以选择、核对及必要的汇总,对动态的数据要及时更新,对于施工中产生的数据要按照单位工程、分部工程、分项工程将其组织在一起,每一个单位、分部、分项工程又把数据分为进度、质量和造价三个方面。

1. 信息加工整理的内容

在建设工程的施工过程中,信息加工整理的内容主要有以下几个方面。

(1)工程施工进展情况。工程师每月、每季度都要对工程进度进行分析、对比并作出综合评价,包括当月(季)整个工程各方面实际完成量,实际完成数量与合同规定的计划数量之间的比较。如果某些工作的进度拖后,应分析其原因、存在的主要困难和问题,并提出解决问题的建议。

(2)工程质量情况与问题。工程师应系统地将当月(季)施工过程中的各种质量情况在月报(季报)中进行归纳和评价,包括现场检查中发现的各种问题、施工中出现的重大事故,对各种情况、问题、事故的处理意见。如有必要,可定期印发专门的质量情况报告。

(3)工程结算情况。工程价款结算一般按月进行。工程师要对投资耗费情况进行统计分析,在统计分析的基础上做一些短期预测,以便为业主在组织资金方面的决策提供可靠依据。

(4)施工索赔情况。在工程施工过程中,由于业主的原因或外界客观条件的影响使承包商遭受损失,承包商提出索赔;或由于承包商违约使工程蒙受损失,业主提出索赔,工程师可提出索赔处理意见。

2. 信息加工整理的操作步骤

收集原始数据后,需要对其进行加工整理以使它成为有用的信息。一般的加工整理操作步骤如下:

(1)根据一定的标准将数据进行排序或分组;
(2)将两个或多个简单、有序的数据集按一定顺序连接、合并;
(3)按照不同的目的求和或求平均值等;
(4)为快速查找建立索引或目录文件等。

3. 信息加工整理的分级

根据不同管理层次对信息的不同要求,工程信息的加工整理从浅到深分为3个级别:

(1)初级加工,如滤波处理、整理等,如图5-3所示;
(2)综合分析,即将基础数据综合成决策信息,供有关人员或高层决策人员使用,如图5-4所示;
(3)数学模型统计、推断,即采用特定的数学模型进行统计计算和模拟推断,为工程提供辅助决策服务,如图5-5所示。

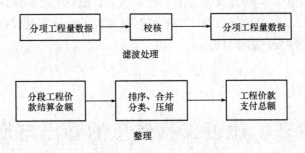

图 5-3 工程信息的初级加工

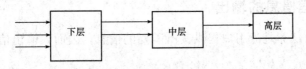

图 5-4 工程信息的综合分析

图 5-5 工程信息的数学模型统计、推断

四、建设工程信息的存储

信息的存储是将信息保留起来,以备将来应用。对有价值的原始资料、数据及经过加工整理的信息,要长期积累以备查阅。信息的存储一般需要建立统一的数据库,各类数据以文件的形式组织在一起,组织的方法一般由单位自定,但要考虑规范化。

1. 数据库的设计

基于数据规范化的要求,数据库在设计时需满足结构化、共享性、独立性、完整性、一致性、安全性等几个特点。同时,还要注意以下事项:

(1)应按照规范化数据库设计原理进行设计,设置备选项目、建筑类型、成本费用、可行方案(财务指标)、盈亏平衡分析、敏感性分析和最优方案等数据库;

(2)数据库相互调用结合系统的流程,分析数据库相互调用及数据库中的数据传递情况,可绘出数据库相互调用及数据传递关系。

2. 文件的组织方式

根据建设工程实际,可以按照下列方式对文件进行组织:

(1)按照工程进行组织,同一工程按照投资、进度、质量、合同的角度组织,对各类进一步按照具体情况细化;

(2)规范化文件名,以定长的字符串作为文件名,例如按照"类别(3)工程代号(拼音或数字)(2)开工年月(4)"组成文件名,如合同以"HT"开头,该合同为监理合同J,工程为2002年6月开工,工程代号为"08",则该监理合同文件名可以用"HTJ080206"表示;

（3）各建设方协调统一存储方式，在国家技术标准有统一的代码时尽量采用统一代码；

（4）有条件时，可以通过网络数据库的形式存储数据，以达到建设各方数据共享，减少数据冗余，保证数据的唯一性的目的。

第四节　建设工程信息的输出与反馈

一、建设工程信息的输出

信息处理的主要任务是为用户提供其所需要的信息，因而，输出信息的内容和格式是用户最关心的问题。

1. 信息输出内容的分类

根据数据的性质和来源，信息输出内容可分为以下三类。

（1）原始基础数据类。如市场环境信息等。这类数据主要用于辅助企业决策，其输出方式主要采用屏幕输出，即根据用户查询、浏览和比较的结果来输出，必要时也可打印。

（2）过程数据类。主要指由原始基础数据推断、计算、统计、分析而得，如市场需求量的变化趋势、方案的收支预测数、方案的财务指标、方案的敏感性分析等，这类数据采用以屏幕输出为主、打印输出为辅的输出方式。

（3）文档报告类。主要包括市场调查报告、经济评价报告、投资方案决策报告等，这类数据主要是存档、备案、送上级主管部门审查之用，因而，其采取打印输出的方式，而且打印的格式必须规范。

2. 信息输出格式设计

输出信息的表格设计应以满足用户需要及习惯为目标。格式形式主要由表头、表底和存放正文的表体三部分组成。

打印输出主要是由OLE技术实现完成的。首先，在Word软件中设计好打印模板；然后，把数据传输到Word模板中，利用Word软件的打印功能从后台输出。这样，既方便了日后用户对打印格式的修改和维护，也方便了程序的设计。

二、建设工程信息的反馈

信息反馈在建设工程项目管理过程中起着十分重要的作用。信息反馈就是将输出信息的作用结果再返送回来的过程，也就是施控系统将信息输出，输出的信息对受控系统作用的结果又返回施控系统，并对施控系统的信息再输出发生影响的一个过程。

1. 信息反馈的特征

（1）及时性。在某项决策实施以后，要及时反馈真实情况。如果不及时，会使反馈的情况失去价值，不能对决策过程中出现的不妥当之处进行进一步完善，对决策本身造成不良影响，甚至导致决策的失败。

（2）针对性。信息反馈具有很强的针对性，它是针对特定决策所采取的主动采集和反映，而不同于一般的反映情况。

(3)连续性。对某项决策的实施情况必须进行连续、有层次的反馈，否则不利于认识的深化，会影响到决策的进一步完善和发展。

(4)滞后性。虽然信息反馈始终贯穿于信息的收集、加工、存储、检索、传递等众多环节，但主要还是表现在这些环节之后的信息的"再传递"和"再返送"上。

2. 信息反馈的基本原则

(1)真实、准确的原则。科学、正确的决策只能建立在真实、准确的信息反馈基础之上。反馈客观实际情况要尽量做到真实、准确，不能任意夸大事实，脱离实际。

(2)全面、完整的原则。只有全面、完整和系统地反馈各种信息，才能有利于建立科学、正确的决策。因此，反馈的信息一定要有深度和广度，尽可能的系统、完整。

(3)及时的原则。反馈各种相关信息要以最快的速度进行，纠正决策过程中出现的偏差。

(4)集中和分流相结合的原则。决策者在运用反馈方法时需要掌握好信息资源的流向，一方面要将某类事物的各个方面集中反馈给决策系统，使管理者能够掌握全局的情况；另一方面要使反馈信息根据内容的不同分别流向不同的方向。

(5)适量的原则。在决策实施过程中，要合理控制信息正负两方面的反馈量，过量的负反馈会助长消极情绪，使相关人员怀疑决策的正确性，影响决策的顺利实施；过量的正反馈则会助长盲目乐观情绪，使相关人员忽视存在的问题和困难，阻碍决策的完善和发展。

(6)反复的原则。在反馈过程中，经过一次反馈后，制定出纠偏措施；纠偏措施实施之后的效果需要再次反馈给决策系统，使实施效果与决策预期目标基本吻合。

3. 信息反馈的方式

(1)前反馈。前反馈主要是指在某项决策的实施过程中，将预测中得出的将会出现偏差的信息返送给决策机构，使决策机构在出现偏差之前采取措施，从而防止偏差的产生和发展。

(2)正反馈。正反馈主要是指将某项决策实施后的正面经验、做法和效果反馈给决策机构，决策机构分析研究以后，总结推广成功经验，使决策得到更全面、更深入的贯彻。

(3)负反馈。负反馈主要是指将某项决策实施过程中出现的问题或者造成的不良后果反馈给决策机构，决策机构分析研究以后，修正或者改变决策的内容，使决策的贯彻更加稳妥和完善。

4. 信息反馈的方法

(1)跟踪反馈法。跟踪反馈法主要是指在决策实施过程中，对特定主题的内容进行全面跟踪，有计划、分步骤地组织连续反馈，形成反馈系列。跟踪反馈法具有较强的针对性和计划性，能围绕决策实施主线，比较系统地反映决策实施的全过程，便于决策机构随时掌握相关情况，控制工作进度，及时发现问题，实行分类领导。

(2)典型反馈法。典型反馈法主要是指通过某些典型组织机构的情况、某些典型事例、某些具有代表性的人物的言行，将其实施决策的情况以及对决策的反映反馈给决策者。

(3)组合反馈法。组合反馈法主要是指在某一时期将不同阶层、不同行业和单位对决策的反映，通过一组信息分别进行反馈。由于每一反馈信息着重突出一个方面、一类问题，故将所有反馈信息组合在一起，便可以构成一个完整的面貌。

(4) 综合反馈法。综合反馈法主要是指将不同地区、阶层和单位对某项决策的反映汇集在一起，通过分析归纳，找出其内在联系，形成一套比较完整、系统的材料，并加以集中反馈。

本章小结

建设工程信息管理贯穿建设工程全过程，衔接建设工程各个阶段、各个参建单位和各个方面，其基本环节有：信息收集、传递、加工、整理、存储、输出、反馈。本章主要介绍建设工程信息过程管理。

思考与练习

一、填空题

1. _____ 就是通过对信息内容的分析来判断其正确与否、质量高低、价值大小等。

2. _____ 就是收集原始信息，这是很重要的基础工作。信息管理工作质量的好坏，在很大程度上取决于原始资料的全面性和可靠性。

3. 在建设工程决策阶段，由于其对建设工程项目的效益影响很大，所以应该首先进行项目决策阶段_____。

4. 施工阶段的信息收集，可从_____、_____和_____三个子阶段分别进行。

5. 建设工程信息的_____与_____是数据收集后的必要过程。

6. _____有助于建设单位编写好招标书，有助于建设单位选择好施工单位和项目经理、项目班子，有利于签订好施工合同，为保证施工阶段目标的实现打下良好基础。

7. 信息处理的主要任务是为用户提供其所需要的信息，因而，_____的内容和格式是用户最关心的问题。

二、选择题

1. 建设工程信息优化选择的方法，不包括（　　）。
   A. 分析法　　　　　　　　　　B. 反馈法
   C. 核查法　　　　　　　　　　D. 专家评估法

2. 在建设工程设计阶段，应注意收集（　　）的资料。
   A. 施工准备期　　　　　　　　B. 施工期
   C. 拟建工程所在地相关信息　　D. 竣工保修期

3. 竣工保修期的信息收集，不包括（　　）。
   A. 工程准备阶段文件　　　　　B. 监理文件
   C. 施工资料　　　　　　　　　D. 收集承包商提供的信息

4. 在建设工程的施工过程中，(　　)不是信息加工整理的内容。
   A. 工程施工进展情况　　　　　　B. 原始数据收集情况
   C. 工程结算情况　　　　　　　　D. 施工索赔情况

三、简答题
1. 建设工程信息优化选择的标准是什么？
2. 建设工程决策阶段的信息收集的内容有哪些？
3. 试述建设工程信息加工整理和存储的流程。
4. 建设工程信息的输出内容可分为哪几种类型？
5. 建设工程信息反馈主要有哪几种方式？
6. 建设工程信息反馈方法有哪些？

第六章 建设工程文件档案资料管理

知识目标

1. 了解建设工程文件档案资料管理的基本概念、特征及要求,熟悉建设工程文件档案资料管理的职责及内容,掌握建设工程文档系统的建立方法。
2. 掌握建设工程文件档案资料的编制与组卷方法。
3. 掌握建设工程文件档案资料验收、移交的相关规定及分类方法。
4. 了解建设工程监理文件档案资料管理的基本概念及作用,熟悉建设工程监理文件档案资料管理细则,掌握建设工程监理文件档案资料的编制与归档管理方法。
5. 熟悉建设工程监理表格体系。

能力目标

学习建设工程文件档案资料管理的基础知识,能编制建设工程文件档案资料;能对建设工程文件档案资料进行组卷、验收、移交等;能进行建设工程监理文件档案的管理。

第一节 建设工程文件档案资料管理概述

一、建设工程文件档案资料管理的基本概念

1. 建设工程文件概念

建设工程文件(construction project document)是指在工程建设过程中形成的各种形式的信息记录,包括工程准备阶段文件、监理文件、施工文件、竣工图和竣工验收文件,简称为工程文件。

(1)工程准备阶段文件(seedtime document of a construction project),工程开工以前,在立项、审批、征地、勘察、设计、招标投标等工程准备阶段形成的文件。

(2)监理文件(project management document),监理单位在工程设计、施工等阶段监理过程中形成的文件。

(3)施工文件(constructing document),施工单位在工程施工过程中形成的文件。

(4)竣工图(as-build drawing)，工程竣工验收后，真实反映建设工程项目施工结果的图样。

(5)竣工验收文件(handing over document)，建设工程项目竣工验收活动中形成的文件。

2. 建设工程档案概念

建设工程档案(project archives)是指在工程建设活动中直接形成的具有归档保存价值的文字、图表、声像等各种形式的历史记录，简称为工程档案。

3. 建设工程文件档案资料

建设工程文件和档案组成建设工程文件档案资料。

4. 建设工程文件档案资料载体

(1)纸质载体。以纸张为基础的载体形式。

(2)缩微品载体。以胶片为基础，利用缩微技术对工程资料进行保存的载体形式。

(3)光盘载体。以光盘为基础，利用计算机技术对工程资料进行存储的形式。

(4)磁性载体。以磁性记录材料(磁带、磁盘等)为基础，对工程资料的电子文件、声音、图像进行存储的方式。

二、建设工程文件档案资料特征

建设工程文件档案资料与其他一般性的资料相比，有以下几个方面的特征。

(1)全面性和真实性。建设工程文件档案资料只有全面反映项目的各类信息，才有实用价值，而且其必须形成一个完整的系统，有时，只言片语地引用往往会起到误导作用。另外，建设工程文件档案资料必须真实反映工程情况，包括发生的事故和存在的隐患。真实性是对所有文件档案资料的共同要求，但在建设领域对这方面的要求更为迫切。

(2)继承性和时效性。随着建筑技术、施工工艺、新材料以及建筑企业管理水平的不断提高和发展，文件档案资料可以被继承和积累。新的工程在施工过程中可以吸取以前的经验，避免重复以往的错误。同时，建设工程文件档案资料有很强的时效性，文件档案资料的价值会随着时间的推移而衰减。有时，文件档案资料一经生成，就必须传达到有关部门，否则，会造成严重后果。

(3)分散性和复杂性。建设工程周期长，生产工艺复杂，建筑材料种类多，建筑技术发展迅速，影响建设工程的因素多种多样，工程建设阶段性强并且相互穿插。这导致了建设工程文件档案资料的分散性和复杂性。

(4)多专业性和综合性。建设工程文件档案资料依附于不同的专业对象而存在，又依赖不同的载体而流动，涉及建筑、市政、公用、消防、保安等多种专业，也涉及电子、力学、声学、美学等多种学科，并同时综合了质量、进度、造价、合同、组织协调等多方面内容。

(5)随机性。建设工程文件档案资料产生于工程建设的整个过程中，工程开工、施工、竣工等各个阶段、各个环节都会产生各种文件档案资料。部分建设工程文件档案资料的产生有规律性(如各类报批文件)，但还有相当一部分文件档案资料的产生是由具体工程事件引发的，因此，建设工程文件档案资料是有随机性的。

三、工程文件归档范围

1. 归档范围

凡是与工程建设有关的重要活动，能够记载工程建设主要过程和现状，具有保存价值的各种载体的文件和资料，都应收集齐全并整理组卷后，向相应部门归档。对于一个建设工程而言，归档有以下三个方面的含义：

(1) 建设、勘察、设计、施工、监理等单位将本单位在工程建设过程中形成的文件向本单位档案管理机构移交；

(2) 勘察、设计、施工、监理等单位将本单位在工程建设过程中形成的文件向建设单位档案管理机构移交；

(3) 建设单位按照现行《建设工程文件归档规范》(GB/T 50328—2014)要求，将汇总的该建设工程文件档案向地方城建档案管理部门移交。

2. 向城建档案馆报送工程档案的工程范围

(1) 民用建筑工程。

1) 住宅建筑。

2) 办公用房：机关、企业、其他。

3) 文化：图书馆、档案馆、博物馆、影剧院、文化馆、俱乐部舞厅等。

4) 教育：高等院校、中专、技校、中学、小学、幼儿园等。

5) 医疗保健：医院、疗养院、防疫站、敬老院、殡仪馆等。

6) 体育：体育场、体育馆、游泳馆等。

7) 商业：商场、商店等。

8) 金融：银行、保险公司等。

9) 服务：宾馆、饭店、旅社、招待所等。

10) 科技信息：情报中心、信息中心等。

11) 政治、纪念性建筑：会堂、纪念碑、纪念塔、纪念堂、故居等。

(2) 工业建筑工程。

1) 冶金工业：钢铁厂、轧钢厂、冶炼厂、加工厂等。

2) 机械工业：机械厂、机床厂、制造厂、修理厂等。

3) 石化工业：炼油厂、化工厂、橡胶厂、塑料厂等。

4) 轻纺工业：纺织厂、造纸厂、针织厂、印染厂等。

5) 电子仪表：计算机厂、电子仪表厂、机电设备厂等。

6) 建材工业：水泥厂、砖厂、保温防火材料厂、建材厂等。

7) 医药工业：制药厂、制剂厂、卫生保健用品厂等。

8) 食品工业：粮食加工厂、食用油加工厂、饮料加工厂等。

9) 其他：矿山、采石场等。

(3) 改建、扩建或抗震加固的工程。凡是民用建筑、工业建筑工程，需要进行较大规模的改建、扩建或采取抗震加固措施等的，均应报送工程档案。

四、建设工程文件档案资料管理职责

建设工程文件档案资料管理的职责涉及建设单位、监理单位、施工单位等以及地方城

建档案管理部门。

1. 各参建单位的通用职责

工程各参建单位文档管理的通用职责主要有以下几个方面：

(1)工程各参建单位填写的建设工程档案应以施工及验收规范、工程合同、设计文件、工程施工质量验收统一标准等为依据；

(2)工程档案资料应随工程进度及时收集、整理，并应按专业归类，认真书写，字迹清晰，项目齐全、准确、真实，无未了事项。表格应采用统一格式，特殊要求需增加的表格应统一归类；

(3)对工程档案资料进行分级管理，建设工程项目各单位技术负责人负责本单位工程档案资料全过程的组织工作并负责审核，各相关单位的档案管理员负责工程档案资料的收集、整理工作；

(4)对于对工程档案资料进行涂改、伪造、随意抽撤或损毁、丢失等，应按有关规定予以处罚，情节严重的，应依法追究法律责任。

2. 建设单位的职责

工程建设单位文档管理的职责主要有以下几个方面：

(1)在工程招标及与勘察、设计、监理、施工等单位签订协议、合同时，应对工程文件的套数、费用、质量、移交时间等提出明确要求；

(2)负责组织、监督和检查勘察、设计、施工、监理等单位的工程文件的形成、积累和立卷归档工作，也可委托监理单位监督、检查工程文件的形成、积累和立卷归档工作；

(3)在组织工程竣工验收前，应提请当地城建档案管理部门对工程档案进行预验收，未取得工程档案验收认可文件时，不得组织工程竣工验收；

(4)收集和汇总勘察、设计、施工、监理等单位立卷归档的工程档案；

(5)收集和整理工程准备阶段、竣工验收阶段形成的文件，并应对其进行立卷归档；

(6)必须向参与工程建设的勘察设计、施工、监理等单位提供与建设工程有关的原始资料，原始资料必须真实、准确、齐全；

(7)可委托承包单位、监理单位组织工程档案的编制工作，负责组织竣工图的绘制工作，也可委托承包单位、监理单位、设计单位完成，收费标准按照所在地相关文件执行；

(8)对列入当地城建档案管理部门接收范围的工程，工程竣工验收三个月内向当地城建档案管理部门移交一套符合规定的工程文件。

3. 监理单位的职责

工程监理单位文档监理的职责主要有以下几个方面：

(1)应设专人负责监理资料的收集、整理和归档工作。在项目监理部，监理资料的管理应由总监理工程师负责，并指定专人具体实施，对于监理资料应在各阶段监理工作结束后及时整理归档；

(2)必须及时整理监理资料，使其真实完整、分类有序。在设计阶段，对勘察、测绘、设计单位的工程文件的形成、积累和立卷归档进行监督、检查，在施工阶段，对施工单位工程文件的形成、积累、立卷归档进行监督、检查；

(3)按照委托监理合同的约定，接受建设单位的委托，监督、检查工程文件的形成、积累和立卷归档工作；

(4)编制的监理文件的套数、提交内容、提交时间,应按照现行《建设工程文件归档规范》(GB/T 50328—2014)和各地城建档案管理部门的要求,编制移交清单,双方签字、盖章后,及时移交建设单位,由建设单位收集和汇总。对于监理公司档案部门需要的监理档案,按照《建设工程监理规范》(GB/T 50319—2013)的要求,及时由项目监理部提供。

4. 施工单位的职责

工程施工单位文档管理的职责主要有以下几个方面。

(1)实行技术负责人负责制,逐级建立健全施工文件管理岗位责任制,配备专职档案管理员,负责施工资料的管理工作。对于工程项目的施工文件应设专门的部门(专人)负责收集和整理。

(2)建设工程实行总承包的,总承包单位负责收集、汇总各分包单位形成的工程档案,各分包单位应将本单位形成的工程文件整理、立卷后及时移交总承包单位。建设工程项目由几个单位承包的,各承包单位负责收集、整理、立卷其承包项目的工程文件,并应及时向建设单位移交。各承包单位应保证归档文件的完整、准确、系统,能全面反映工程建设活动的全过程。

(3)按要求在竣工前将施工文件整理汇总完毕,再移交建设单位进行工程竣工验收。

(4)可以按照施工合同的约定,接受建设单位的委托进行工程档案的组织、编制工作。

(5)负责编制的施工文件套数不得少于地方城建档案管理部门的要求,但应有完整的施工文件移交建设单位及自行保存,保存期可根据工程性质以及地方城建档案管理部门的有关要求确定。

5. 地方城建档案管理部门的职责

地方城建档案管理部门的职责主要有以下几个方面:

(1)负责接收和保管所辖范围应当永久和长期保存的工程档案和有关资料;

(2)负责对城建档案工作进行业务指导,监督和检查有关城建档案法规的实施;

(3)列入向本部门报送工程档案范围的工程项目,其竣工验收应由本部门参加并负责对移交的工程档案进行验收。

五、建设工程档案编制质量要求与组卷方法

(一)建设工程文件档案资料的编制质量要求

建设工程文件档案资料应按完整化、准确化、规范化、标准化、系统化的要求整理编制,包括各种技术文件资料和竣工图纸,以及政府规定办理的各种报批文件。具体编制质量要求如下:

(1)归档的工程文件一般应为原件。

(2)工程文件的内容及其深度必须符合国家有关工程勘察、设计、施工、监理等方面的技术规范、标准和规程。

(3)工程文件的内容必须真实、准确,与工程实际相符合。

(4)工程文件应采用耐久性强的书写材料,如碳素墨水、蓝黑墨水,不得使用易褪色的书写材料,如红色墨水、纯蓝墨水、圆珠笔、复写纸、铅笔等。

(5)工程文件应字迹清楚,图样清晰,图表整洁,签字盖章手续完备。

(6)工程文件中文字材料幅面尺寸规格宜为 A4 幅面(297 mm×210 mm)。图纸宜采用

国家标准图幅。

(7)工程文件的纸张应采用能够长期保存、韧力大、耐久性强的纸张。图纸一般采用蓝晒图，竣工图应是新蓝图。计算机出图必须清晰，不得使用计算机所出图纸的复印件。

(8)所有竣工图均应加盖竣工图章。

(9)利用施工图改绘竣工图，必须标明变更修改依据；凡施工图结构、工艺、平面布置等有重大改变或变更部分超过图面1/3的，应当重新绘制竣工图。

(10)不同幅面的工程图纸应按《技术制图复制图的折叠方法》(GB/T 10609.3—2009)统一折叠成A4幅面，图标栏露在外面。

(11)工程档案资料的缩微制品，必须按国家缩微标准进行制作，主要技术指标(解像力、密度、海波残留量等)要符合国家标准，保证质量，以适应长期安全保管的要求。

(12)工程档案资料的照片(含底片)及声像档案，要求图像清晰、声音清楚，文字说明或内容准确。

(13)工程文件应采用打印的形式并使用档案规定用笔，手工签字，在不能够使用原件时，应在复印件或抄件上加盖公章并注明原件保存处。

(二)建设工程文件档案资料的载体形式

工程资料可采用纸质载体和光盘载体，工程档案可采用纸质载体、光盘载体和缩微品载体。

(1)纸质载体和光盘载体的工程资料应在过程中形成、收集和整理，包括工程音像资料。

(2)微缩品载体的工程档案。

1)在纸质载体的工程档案经城建档案馆和有关部门验收合格后，应持城建档案馆发给的准可微缩证明书进行微缩，证明书包括案卷目录、验收签章、城建档案馆的档号、胶片代数、质量要求等，并将证书缩拍在胶片"片头"上。

2)报送微缩制品载体工程竣工档案的种类和数量，一般要求报送三代片，即：

①第一代(母片)卷片一套，作长期保存使用；

②第二代(复制片)卷片一套，作复制工作用；

③第三代(复制片)卷片或者开窗卡片、封套片、平片，提供日常利用(阅读或复原)使用。向城建档案馆移交的微缩卷片、开窗卡片、封套片、平片，必须按城建档案馆的要求进行标注。

(3)光盘载体的电子工程档案。

1)纸质载体的工程档案经城建档案馆和有关部门验收合格后，进行电子工程档案的核查，核查无误后，进行电子工程档案的光盘录制。

2)电子工程档案的封套、格式必须按城建档案馆的要求进行标注。

(三)建设工程文件档案资料的组卷

1. 组卷的质量要求

组卷前应保证基建文件、监理资料和施工资料的齐全、完整，并符合相关规程的要求。编绘的竣工图应反差明显、图面整洁、线条清晰、字迹清楚，能满足微缩和计算机扫描的要求。文字材料和图纸不满足质量要求的一律返工。

2. 组卷的基本原则

建筑工程文件档案资料组卷的基本原则为：

(1)建设项目应按单位工程组卷；

(2)工程资料应按照不同的收集、整理单位及资料类别，按基建文件、监理资料、施工资料和竣工图分别进行组卷；

(3)卷内资料排列顺序应依据卷内资料构成而定，一般顺序为封面、目录、资料部分、备考表和封底。组成的案卷应美观、整齐；

(4)卷内若存在多类工程资料时，同类资料按自然形成的顺序和时间排序，不同资料之间的排列顺序按相关规定执行；

(5)案卷不宜过厚，一般不超过 40 mm。案卷内不应有重复资料。

3. 组卷的具体要求

建筑工程文件档案资料组卷的具体要求如下：

(1)基建文件组卷。基建文件可根据类别和数量的多少组成一卷或多卷，如工程决策立项文件卷，征地拆迁文件卷，勘察、测绘与设计文件卷，工程开工文件卷，商务文件卷，工程竣工验收与备案文件卷。同一类基建文件还可根据数量多少，组成一卷或多卷。

(2)监理资料组卷。监理资料可根据资料类别和数量多少，组成一卷或多卷。

(3)施工资料组卷。施工资料组卷应按照专业、系统划分，每一专业、系统再按照资料类别依顺序排列，并根据资料数量的多少组成一卷或多卷。

对于专业化程度高、施工工艺复杂、通常由专业分包施工的子分部(分项)工程应分别单独组卷，如有支护土方、地基(复合)、桩基、预应力、钢结构、木结构、网架(索膜)、幕墙、供热锅炉、变配电室和智能建筑工程的各系统，应单独组卷子分部(分项)工程并按照顺序排列，并根据资料数量的多少组成一卷或多卷。

(4)竣工图组卷。竣工图应按专业进行组卷。其可分为工艺平面布置竣工图卷、建筑竣工图卷、结构竣工图卷、给水排水及采暖竣工图卷、建筑电气竣工图卷、智能建筑竣工图卷、通风空调竣工图卷、电梯竣工图卷和室外工程竣工图卷等，每一专业可根据图纸数量的多少组成一卷或多卷。

(5)向城建档案馆报送的工程档案应按《建设工程文件归档规范》(GB/T 50328—2014)的要求进行组卷。

(6)文字材料和图纸材料原则上不能混装在一个装具内，如资料材料较少，需放在一个装具内时，文字材料和图纸材料必须混合装订，其中文字材料排前，图纸材料排后。

(7)单位工程档案总案卷数超过 20 卷的，应编制总目录卷。

4. 组卷的常用方法

项目归档文件的组卷通常采用如下方法：

(1)工程文件可按建设程序划分为工程准备阶段的文件、监理文件、施工文件、竣工图和竣工验收文件五部分；

(2)工程准备阶段文件可按单位工程、分部工程、专业、形成单位等组卷；

(3)监理文件可按单位工程、分部工程、专业、阶段等组卷；

(4)施工文件可按单位工程、分部工程、专业、阶段等组卷；

(5)竣工图可按单位工程、专业等组卷；

(6)竣工验收文件可按单位工程、专业等组卷。

5. 案卷页号的编写

案卷页号应按以下要求编写。

(1)编写页号应以独立卷为单位。卷内资料材料排列顺序确定后，均以有书写内容的页面编写页号。

(2)每卷从阿拉伯数字1开始，用打号机或钢笔一次逐张连续标注页号，钢笔采用黑色、蓝色油墨或墨水。案卷封面、卷内目录和卷内备案表不编写页号。

(3)页号编写位置。单面书写的文字材料页号编写在右下角，双面书写的文字材料页号正面编写在右下角，背面编写在左下角。

(4)图纸折叠后无论何种形式，页号一律编写在右下角。

6. 案卷封面与目录

(1)工程资料封面与目录。

1)工程资料案卷封面：其案卷封面包括名称、案卷题名、编制单位、技术主管、编制日期(以上由移交单位填写)、保管期限、密级、共　册　第册等(由档案接收部门填写)。

①名称：填写工程建设项目竣工后使用名称(或曾用名)。若本工程分为几个(子)单位工程，应在第二行填写(子)单位工程名称。

②案卷题名：填写本卷卷名。第一行按单位、专业及类别填写案卷名称；第二行填写案卷内主要资料内容提示。

③编制单位：本卷档案的编制单位，并加盖公章。

④技术主管：编制单位技术负责人签名或盖章。

⑤编制日期：填写卷内资料材料形成的起(最早)、止(最晚)日期。

⑥保管期限：由档案保管单位按照本单位的保管规定或有关规定填写。

⑦密级：由档案保管单位按照本单位的保密规定或有关规定填写。

2)工程资料卷内目录：工程资料的卷内目录，内容包括序号、工程资料题名、原编字号、编制单位、编制日期、页次和备注。卷内目录内容应与案卷内容相符，排列在封面之后，原资料目录及设计图纸目录不能代替它。

①序号：案卷内资料排列先后用阿拉伯数字从1开始依次标注。

②工程资料题名：填写文字材料和图纸名称，无标题的资料应根据内容拟写标题。

③原编字号：资料制发机关的发字号或图纸原编图号。

④编制单位：资料的形成单位或主要负责单位名称。

⑤编制日期：资料的形成时间(文字材料为原资料形成日期，竣工图为编制日期)。

⑥页次：填写每份资料在本案卷的页次或起止的页次。

⑦备注：填写需要说明的问题。

3)分项目录。

①分项目录(一)：适用于施工物资材料的编目，目录内容应包括资料名称、厂名、型号规格、数量、使用部位等；有进场见证试验的，应在备注栏中注明。

②分项目录(二)：适用于施工测量记录和施工记录的编目，目录内容包括资料名称、施工部位和日期等。

a. 资料名称：填写表格名称或资料名称。

b. 施工部位：应填写测量、检查或记录的层、轴线和标高位置。

c. 日期：填写资料正式形成的年、月、日。

4)混凝土(砂浆)抗压强度报告目录：混凝土(砂浆)抗压强度报告目录应分单位工程，按不同龄期汇总、编目。有见证试验应在备注栏中注明。

5)钢筋连接试验报告目录：钢筋连接试验报告目录适用于各种焊(连)接形式。有见证试验应在备注栏中注明。

6)工程资料卷内备考表：内容包括卷内文字材料张数、图样材料张数、照片张数等，立卷单位的立卷人、审核人及接收单位的审核人、接收人应签字。

(2)工程档案封面和目录。

1)工程档案案卷封面：使用城市建设档案封面，注明工程名称、案卷题名、编制单位、技术主管、保存期限、档案密级等。

2)工程档案卷内目录：使用城建档案卷内目录，内容包括顺序号、文件材料题名、原编字号、编制单位、编制日期、页次、备注等。

3)工程档案卷内备案：使用城建档案案卷审核备考表，内容包括卷内文字材料张数、图样材料张数、照片张数及立卷单位的立卷人、审核人及接收单位的审核人、接收人的签字。城建档案案卷审核备考表的下栏部分，由城建档案馆根据案卷的完整性及质量情况标明审核意见。

(3)案卷脊背编制。案卷脊背项目有档号、案卷题名，由档案保管单位填写。城建档案的案卷脊背由城建档案馆填写。

(4)移交书。

1)工程资料移交书：工程资料移交书是工程资料进行移交的凭证，应有移交日期和移交单位、接收单位的盖章。

2)工程档案移交书：使用城市建设档案移交书，为竣工档案进行移交，应有移交日期和移交单位、接收单位的盖章。

3)工程档案微缩品移交书：使用城市建设档案馆微缩品移交书，为竣工档案进行移交，应有移交日期和移交单位、接收单位的盖章。

4)工程资料移交目录：工程资料移交，办理的工程资料移交书应附工程资料移交目录。

5)工程档案移交目录：工程档案移交，办理的工程档案移交书应附城市建设档案移交目录。

7. 案卷规格与装订

(1)案卷规格。卷内资料、封面、目录、备考表统一采用 A4 幅(297 mm×210 mm)尺寸，图纸分别采用 A0(841 mm×1 189 mm)、A1(594 mm×841 mm)、A2(420 mm×594 mm)、A3(297 mm×420 mm)、A4(297 mm×210 mm)幅面。小于 A4 幅面的资料要用 A4 白纸衬托。

(2)案卷装具。案卷采用统一规格尺寸的装具。属于工程档案的文字、图纸材料一律采用城建档案馆监制的硬壳卷夹或卷盒，外表尺寸 310 mm(高)×220 mm(宽)，卷盒厚度尺寸分别为 50 mm、30 mm 两种，卷夹厚度尺寸为 25 mm；少量特殊的档案也可采用外表尺寸为 310 mm(高)×430 mm(宽)，厚度尺寸为 50 mm 的硬壳卷夹或卷盒。案卷软(内)卷皮尺寸为 297 mm(高)×210 mm(宽)。

(3)案卷装订。

1)文字材料必须装订成册,图纸材料可装订成册,也可散装存放。

2)装订时要剔除金属物,装订线一侧根据案卷厚薄加垫草板纸。

3)案卷用棉线在左侧三孔装订,棉线装订结打在背面。装订线距左侧 20 mm,上、下两孔分别距中孔 80 mm。

4)装订时,需将封面、目录、备考表、封底与案卷一起装订。图纸散装在卷盒内时,需将案卷封面、目录、备考表三件用棉线在左上角装订在一起。

六、建设工程文件档案资料的验收与移交

(一)建设工程文件档案资料的验收

建设工程文件档案资料的验收应符合下列规定。

(1)列入城建档案管理部门档案接收范围的工程,建设单位在组织工程竣工验收前,应提请城建档案管理部门对工程档案进行预验收。建设单位未取得城建档案管理部门出具的认可文件,不得组织工程竣工验收。

(2)城建档案管理部门在进行工程档案预验收时,应重点验收以下内容:

1)工程档案分类齐全、系统完整;

2)工程档案的内容真实、准确地反映工程建设活动和工程实际状况;

3)工程档案已整理立卷,立卷符合现行《建设工程文件归档规范》(GB/T 50328—2014)的规定;

4)竣工图绘制方法、图式及规格等符合专业技术要求,图面整洁,盖有竣工图章;

5)文件的形成、来源符合实际,要求单位或个人签章的文件,其签章手续必须完备;

6)文件材质、幅面、书写、绘图、用墨、托裱等符合要求。

工程档案由建设单位进行验收,属于向地方城建档案管理部门报送工程档案的工程项目还应同地方城建档案管理部门共同验收。

(3)国家、省市重点工程项目或一些特大型、大型工程项目的预验收和验收,必须有地方城建档案管理部门参加。

(4)为确保工程档案的质量,各编制单位、地方城建档案管理部门、建设行政管理部门等要对工程档案进行严格检查、验收。编制单位、制图人、审核人、技术负责人必须进行签字或盖章。对不符合技术要求的,一律退回编制单位进行改正、补齐;问题严重者可令其重做。不符合要求者,不能交工验收。

(5)凡报送的工程档案,如验收不合格应将其退回建设单位,由建设单位责令责任者重新进行编制,待达到要求后重新报送。检查验收人员应对接收的档案负责。

(6)地方城建档案管理部门负责工程档案的最后验收,并对编制报送工程档案进行业务指导、督促和检查。

(二)建设工程文件档案资料的移交

建设工程文件档案资料的移交工作应符合下列规定。

(1)列入城建档案管理部门接收范围的工程,建设单位在工程竣工验收后三个月内向城建档案管理部门移交一套符合规定的工程档案。

(2)停建、缓建工程的工程档案，暂由建设单位保管。

(3)对改建、扩建和维修工程，建设单位应当组织设计单位、监理单位、施工单位据实修改、补充和完善工程档案。对改变的部位应重新编写工程档案，并在工程竣工验收后三个月内，向城建档案管理部门移交。

(4)建设单位向城建档案管理部门移交工程档案时应办理移交手续，填写移交目录，双方签字、盖章后交接。

(5)施工单位、监理单位等有关单位应在工程竣工验收前将工程档案按合同或协议规定的时间、套数移交给建设单位，办理移交手续。

七、建设工程档案的分类

建设工程资料的分类是按照文件资料的来源、类别、形成的先后顺序及收集和整理单位的不同来进行分类的，以便于资料的收集、整理和组卷。

(一)工程准备阶段文件

1. 立项文件

立项文件由建设单位在工程建设前期形成并收集汇编，包括：项目建议书，项目建议书审批意见及前期工作通知书，可行性研究报告及附件，可行性研究报告审批意见，关于立项有关的会议纪要、领导讲话，专家建议文件，调查资料及项目评估研究等资料。

2. 建设用地、征地、拆迁文件

建设用地、征地、拆迁文件由建设单位在工程建设前期形成并收集汇编，包括：选址申请及选址规划意见通知书，用地申请报告及县级以上人民政府城乡建设用地批准书，拆迁安置意见、协议、方案，建设用地规划许可证及其附件，划拨建设用地文件，国有土地使用证等资料。

3. 勘察、测绘、设计文件

勘察、测绘、设计文件由建设单位委托勘察、测绘、设计有关单位完成，建设单位统一收集汇编，包括：工程地质勘察报告、水文地质勘察报告、自然条件、地震调查、建设用地钉桩通知单(书)、地形测量和拨地测量成果报告、申报的规划设计条件和规划设计条件通知书、初步设计图纸和说明、技术设计图纸和说明、审定设计方案通知书及审查意见、有关行政主管部门批准文件或取得的有关协议、施工图及其说明、设计计算书、政府有关部门对施工图设计文件的审批意见。

4. 招标投标及合同文件

招标投标及合同文件由建设单位和勘察设计单位、承包单位、监理单位签订的有关合同、文件，包括：勘察设计招标投标文件、勘察设计承包合同、施工招标投标文件、施工承包合同、工程监理招标投标文件、委托监理合同。

5. 开工审批文件

开工审批文件由建设单位在工程建设前期形成并收集汇编，包括：建设项目列入年度计划的申报文件，建设项目列入年度计划的批复文件或年度计划项目表，规划审批申报表及报送的文件和图纸，建设工程规划许可证及其附件，建设工程开工审查表，建设工程施工许可证，投资许可证、审计证明、缴纳绿化建设费等证明，工程质量监督手续。

6. 财务文件

财务文件由建设单位自己或委托设计、监理、咨询服务有关单位完成，在工程建设前期形成并收集汇编，包括：工程投资估算材料、工程设计概算材料、施工图预算材料、施工预算。

7. 建设、施工、监理机构及负责人

建设、施工、监理机构及负责人由建设单位在工程建设前期形成并收集汇编，包括：建设单位工程项目管理部、工程项目监理部、工程施工项目经理部及各自负责人名单。

(二)监理文件

(1)监理规划，由监理单位的项目监理部在建设工程施工前期形成并收集汇编，包括：监理规划，监理实施细则，监理部总控制计划等。

(2)监理月报中的有关质量问题，在监理全过程中形成，监理月报中的相关内容。

(3)监理会议纪要中的有关质量问题，在监理全过程中形成，有关的例会和专题会议记录中的内容。

(4)进度控制，在建设全过程监理中形成，包括：工程开工/复工报审表，工程延期报审与批复，工程暂停令。

(5)质量控制，在建设全过程监理中形成，包括：施工组织设计(方案)报审表，工程质量报验申请表，工程材料/构配件/设备报审表，工程竣工报验单，不合格项目处置记录，质量事故报告及处理结果。

(6)造价控制，在建设全过程监理中形成，包括：工程款支付申请表，工程款支付证书，工程变更费用报审与签认。

(7)分包资质，在工程施工期中形成，包括：分包单位资质报审表，供货单位资质材料，试验等单位资质材料。

(8)监理通知及回复，在建设全过程监理中形成，包括：有关进度控制的，有关质量控制的，有关造价控制的监理通知及回复等。

(9)合同及其他事项管理，在建设全过程中形成，包括：费用索赔报告及审批，工程及合同变更，合同争议、违约报告及处理意见。

(10)监理工作总结，在建设全过程监理中形成，包括：专题总结，月报总结，工程竣工总结，质量评估报告。

(三)施工文件

施工文件包括建筑安装工程和市政基础设施工程两类。建筑安装工程中又有土建工程(建筑与结构)、机电工程(电气、给水排水、消防、采暖、通风、空调、燃气、建筑智能化、电梯)和室外工程(室外安装、室外建筑环境)。市政基础设施工程中又有施工技术准备，施工现场准备，工程变更、洽商记录，原材料、成品、半成品、构配件设备出厂质量合格证及试验报告，施工试验记录，施工记录，预检记录，隐蔽工程检查(验收)记录，工程质量检查验收记录，功能性试验记录，质量事故及处理记录，竣工测量资料等12类文件。

1. 建筑安装工程

(1)土建(建筑与结构)工程。

1)施工技术准备文件:施工组织设计,技术交底,图纸会审记录,施工预算的编制和审查,施工日志。

2)施工现场准备:控制网设置资料,工程定位测量资料,基槽开挖线测量资料,施工安全措施,施工环保措施。

3)地基处理记录:地基钎探记录和钎探平面布点图,验槽记录和地基处理记录,桩基施工记录,试桩记录。

4)工程图纸变更记录:设计会议会审记录,设计变更记录,工程洽商记录。

5)施工材料预制构件质量证明文件及复试试验报告:砂、石、砖、水泥、钢筋、防水材料、隔热保温、防腐材料、轻集料试验汇总表,砂、石、砖、水泥、钢筋、防水材料、隔热保温、防腐材料、轻集料出厂证明文件,砂、石、砖、水泥、钢筋、防水材料、轻集料、焊条、沥青复试试验报告,预制构件(钢、混凝土)出厂合格证、试验记录,工程物资选样送审表,进场物资批次汇总表,工程物资进场报验表。

6)施工试验记录:土壤(素土、灰土)干密度、击实试验报告,砂浆配合比通知单,砂浆(试块)抗压强度试验报告,混凝土抗渗试验报告,商品混凝土出厂合格证、复试报告,钢筋接头(焊接)试验报告,防水工程试水检查记录,楼地面、屋面坡度检查记录,土壤、砂浆、混凝土、钢筋连接、混凝土抗渗试验报告汇总表。

7)隐蔽工程检查记录:基础和主体结构钢筋工程,钢结构工程,防水工程,高程控制。

8)施工记录:工程定位测量检查记录,预检工程检查记录,冬施混凝土搅拌测温记录,冬施混凝土养护测温记录,烟道、垃圾道检查记录,沉降观测记录,结构吊装记录,现场施工预应力记录,工程竣工测量,新型建筑材料,施工新技术。

9)工程质量事故处理记录。

10)工程质量检验记录:检验批质量验收记录,分项工程质量验收记录,基础、主体工程验收记录,幕墙工程验收记录,分部(子分部)工程质量验收记录。

(2)电气、给水排水、消防、采暖、通风、空调、燃气、建筑智能化、电梯工程。

1)一般施工记录:施工组织设计,技术交底,施工日志。

2)图纸变更记录:图纸会审,设计变更,工程洽商。

3)设备、产品质量检查、安装记录:设备、产品质量合格证、质量保证书,设备装箱单、商检证明和说明书,开箱报告,设备安装记录,设备试运行记录,设备明细表。

4)预检记录。

5)隐蔽工程检查记录。

6)施工试验记录:电气接地电阻、绝缘电阻、综合布线、有线电视末端等测试记录,楼宇自控、监视、安装、视听、电话等系统调试记录,变配电设备安装、检查、通电、满负荷测试记录,给水排水、消防、采暖、通风、空调、燃气等管道强度、严密性、灌水、通水、吹洗、漏风、试压、通球、阀门等试验记录,电气照明、动力、给水排水、消防、采暖、通风、空调、燃气等系统调试、试运行记录;电梯接地电阻、绝缘电阻测试记录,空载、半载、满载、超载试运行记录,平衡、运速、噪声调整试验报告。

7)质量事故处理记录。

8)工程质量检验记录:检验批质量验收记录,分项工程质量验收记录,分部(子分部)工程质量验收记录。

(3)室外工程。

1)室外安装(给水、雨水、污水、热力、燃气、电信、电力、照明、电视、消防等)施工文件；

2)室外建筑环境(建筑小品、水景、道路、园林绿化等)施工文件。

2. 市政基础设施工程

(1)施工技术准备。施工组织设计，技术交底，图纸会审记录，施工预算的编制和审查。

(2)施工现场准备。工程定位测量资料，工程定位测量复核记录，导线点、水准点测量复核记录，工程轴线、定位桩、高程测量复核记录，施工安全措施，施工环保措施。

(3)设计变更、洽商记录。设计变更通知单，洽商记录。

(4)原材料、成品、半成品、构配件设备出厂质量合格证及试验报告。砂、石、砌块、水泥、钢筋(材)、石灰、沥青、涂料、混凝土外加剂、防水材料、粘接材料、防腐保温材料、焊接材料等试验汇总表，质量合格证书和出厂检(试)验报告及现场复试报告，水泥、石灰、粉煤灰混合料、沥青混合料、商品混凝土等试验报告、出厂合格证、现场复试报告和试验汇总表，混凝土预制构件、管材、管件、钢结构构件等出厂合格证、相应的施工技术资料、试验汇总表，厂站工程的成套设备、预应力张拉设备、各类地下管线井室设施、产品等出厂合格证书和安装使用说明、汇总表，设备开箱记录。

(5)施工试验记录。

1)砂浆、混凝土试块强度、钢筋(材)焊接、填土、路基强度试验等汇总表。

2)道路压实度、强度试验记录：回填土、路床压实度试验及土质的最大干密度和最佳含水量试验报告，石灰类、水泥类、二灰类无机混合料基层的标准击实试验报告，道路基层混合料强度试验记录，道路面层压实度试验记录。

3)混凝土试块强度试验记录：混凝土配合比通知单，混凝土试块强度试验报告，混凝土试块抗渗、抗冻试验报告，混凝土试块强度统计、评定记录。

4)砂浆试块强度试验记录：砂浆配合比通知单，砂浆试块强度试验报告，砂浆试块强度统计、评定记录。

5)钢筋(材)连接试验报告。

6)钢管、钢结构安装及焊缝处理外观质量检查记录。

7)桩基础试(检)验报告。

8)工程物资选样送审记录、进场报验记录。

9)进场物资批次汇总记录。

(6)施工记录。

1)地基与基槽验收记录：地基钎探记录及钎探位置图，地基与基槽验收记录，地基处理记录及示意图。

2)桩基施工记录：桩基位置平面示意图，打桩记录，钻孔桩钻进记录及成孔质量检查记录，钻孔(挖孔)桩混凝土浇灌记录。

3)构件设备安装和调试记录：钢筋混凝土预制构件、钢结构等吊装记录，厂(场)、站工程大型设备安装调试记录。

4)预应力张拉记录：预应力张拉记录表，预应力张拉孔道压浆记录，孔位示意图。

5)沉井工程下沉观测记录。
6)混凝土浇灌记录。
7)管道、箱涵等工程项目推进记录。
8)构筑物沉降观测记录。
9)施工测温记录。
10)预制安装水池壁板缠绕钢丝应力测定记录。
11)预检记录：模板预检记录，大型构件和设备安装前预检记录，设备安装位置检查记录，管道安装检查记录，补偿器冷拉及安装情况记录，支(吊)架位置、各部位连接方式等检查记录，供水、供热、供气管道吹(冲)洗记录，保温、防腐、油漆等施工检查记录。
12)隐蔽工程检查(验收)记录。
13)工程质量检查评定记录：工序工程质量评定记录，部位工程质量评定记录，分部工程质量评定记录。
14)功能性试验记录：道路工程的弯沉试验记录，桥梁工程的动载、静载试验记录，无压力管道的严密性试验，压力管道的强度试验、严密试验、通球试验等记录，水池满水试验、消化池气密性试验记录，电气绝缘电阻、接地电阻测试记录，电气照明、动力试运行记录，供热管网、燃气管网等试运行记录，燃气储罐总体试验记录，电信、宽带网等试运行记录。
15)质量事故及处理记录：工程质量事故报告，工程质量事故处理记录。
16)竣工测量资料：建筑物、构筑物竣工测量记录及测量示意图，地下管线工程竣工测量记录。

(7)竣工图。竣工图包括建筑安装工程竣工图和市政基础设施工程竣工图两类。建筑安装工程竣工图包括综合竣工图和专业竣工图两大类。市政基础设施工程竣工图包括道路、桥梁、广场、隧道、铁路、公路、航空、水运、地下铁道等轨道交通、地下人防、水利防灾、排水、供水、供热、供气、电力、电信等地下管线，高压架空输电线、污水处理、垃圾处理处置，场、厂、站工程等13大类文件。

(8)竣工验收文件。竣工验收文件包括工程竣工总结；竣工验收记录，财务文件，声像、缩微、电子档案。

1)工程竣工总结：工程概况表，工程竣工总结。
2)竣工验收记录：由建设单位委托长期进行的工程沉降观测记录。
①建筑安装工程包括单位(子单位)工程质量竣工验收记录，竣工验收证明书，竣工验收报告，竣工验收备案表(包括各专项验收认可文件)，工程质量保修书。
②市政基础设施工程包括单位工程质量评定表及报验单，竣工验收证明书，竣工验收报告，竣工验收备案表(包括各专项验收认可文件)，工程质量保修书。
3)财务文件：决算文件，交付使用财产总表和财产明细表。
4)声像、微缩、电子档案：工程照片，录音、录像材料，微缩品，光盘，磁盘。

第二节　建设工程监理文件档案资料管理

建设工程监理文件档案资料管理，是建设工程信息管理的一项重要工作。它是监理人员实施工程建设监理，进行目标控制的基础性工作。在监理组织机构中，必须配备专门的人员负责监理文件档案资料的管理工作。

一、建设工程监理文件档案资料管理的基本概念

建设工程项目的监理工作，会涉及并产生大量的信息与档案资料。在这些信息或档案资料中，有些是监理工作的依据，如招标投标文件、合同文件、业主针对该项目制定的有关工作制度或规定、监理规划；有些是监理工作中形成的文件，表明了工程项目的建设情况，也是在今后的工作中所要查阅的，如监理工程师通知、专项监理工作报告、会议纪要、施工方案审查意见等；有些则是反映工程质量的文件，是今后监理验收或工程项目验收的依据。因此，监理人员在监理工作中应对这些文件资料进行管理。

所谓建设工程监理文件档案资料的管理，是指监理工程师受建设单位委托，在进行建设工程监理的工作期间，对建设工程实施过程中形成的与监理相关的文件和档案进行收集积累、加工整理、立卷归档和检索利用等一系列工作。建设工程监理文件档案资料管理的对象是监理文件档案资料，它是工程建设监理信息的主要载体之一。

二、建设工程监理文件档案资料管理的作用

建设工程监理文件档案资料管理的作用主要体现在以下几个方面。

(1)对监理文件档案资料进行科学管理，可以为建设工程监理工作的顺利开展创造良好的前提条件。在建设工程实施过程中产生的各种信息，经过收集、加工和传递，以监理文件档案资料的形式进行管理和保存，会成为有价值的监理信息资源，它是监理工程师进行建设工程目标控制的客观依据。

(2)对监理文件档案资料进行科学管理，可以极大地提高监理工作效率。监理文件档案资料经过系统、科学的整理归类，形成监理文件档案资料库。当监理工程师需要时，就能及时有针对性地提供完整的资料，从而迅速地解决监理工作中的问题；反之，则会导致混乱，甚至散失，最终影响监理工程师的正确决策。

(3)对监理文件档案资料进行科学管理，可以为建设工程档案的归档提供可靠保证。监理文件档案资料的管理，是把监理过程中各项工作中形成的全部文字、声像、图纸及报表等文件资料进行统一管理和保存，从而确保文件和档案资料的完整性。在项目建成竣工以后，监理工程师可将完整的监理资料移交建设单位，作为建设项目的工程监理档案。

三、建设工程监理文件档案资料管理细则

(1)监理资料是监理单位在工程设计、施工等监理过程中形成的资料。它是监理工作中

各项控制与管理的依据与凭证。

(2)总监理工程师为项目监理部监理资料的总负责人,并指定专职或兼职资料员具体管理监理文件资料。

(3)项目监理部监理资料管理的基本要求如下。

1)监理资料应满足"整理及时、真实齐全、分类有序"的要求。

2)各专业工程监理工程师应随着工程项目的进展负责收集、整理本专业的监理资料,并进行认真检查,不得接受经涂改的报审资料,并于每月编制月报后、次月5日前将资料交与资料管理员存放保管。

3)资料管理员应及时对各专业的监理资料的形成、积累、组卷和归档进行监督,检查验收各专业的监理资料,并分类、分专业建立案卷盒,按规定编目、整理,做到存放有序、整齐;如将不同类资料放在同一盒内,应在脊背处标明。

4)对于已归资料员保管的监理资料,如本项目监理部人员需要借用,必须办理借用手续,用后及时归还;其他人员借用须经总监理工程师同意,办理借用手续,资料员负责收回。

5)在工程竣工验收后三个月内,由总监理工程师组织项目监理人员对监理资料进行整理和归档,监理资料在移交给公司档案资料部前必须由总监理工程师审核并签字。

6)监理资料整理合格后,报送公司档案部门办理移交、归档手续。利用计算机进行资料管理的项目监理部需将存有"监理规划""监理总结"的软盘或光盘一并交与档案资料部。

7)填写监理资料各种表格时应使用黑色墨水或黑色签字笔,复写时须用单面黑色复写纸。

(4)应用计算机建立监理管理台账。

1)工程物资进场报验台账。

2)施工试验(混凝土、钢筋、水、电、暖通等)报审台账。

3)检验批、分项、分部(子分部)工程验收台账。

4)工程量、工程进度款报审台账。

5)其他。

(5)总工程师为公司的监理档案总负责人,总工办档案资料部负责具体工作。

(6)档案资料部对各项目监理部的资料负有指导、检查的责任。

四、建设工程监理文件档案资料的编制

1. 工程监理资料的基本规定

(1)监理资料管理的基本要求是:整理及时、真实齐全、分类有序。

(2)总监理工程师应指定专人进行监理资料管理,总监理工程师为总负责人。

(3)应要求承包单位将由监理人员签字的施工技术和管理文件,上报项目监理部存档备查。

(4)应利用计算机建立图、表等系统文件辅助监理工作,进行控制和管理,可在计算机内建立监理管理台账。

1)工程材料、构配件、设备报验台账。

2)施工试验(混凝土、钢筋、水、电、暖、通等)报审台账。

3)分项、分部验收台账。

4)工程量、月工程进度款报审台账。

5)其他。

(5)监理工程师应根据基本要求认真审核资料,不得接受经涂改的报验资料,并在审核整理后交予资料管理人员存放。

(6)在监理工作过程中,监理资料应按单位工程建立案卷盒(夹),分专业存放保管并编目,以便于跟踪检查。

(7)监理资料的收发、借阅必须通过资料管理人员履行手续。

2. 工程监理资料的组成

建设工程监理资料主要包括以下内容。

(1)监理文件资料。

1)勘察设计文件、建设工程监理合同及其他合同文件。

2)监理规划、监理实施细则。

3)设计交底和图纸会审会议纪要。

4)施工组织设计、(专项)施工方案、施工进度计划报审文件资料。

5)分包单位资格报审文件资料。

6)施工控制测量成果报验文件资料。

7)总监理工程师任命书,工程开工令、暂停令、复工令,工程开工或复工报审文件资料。

8)工程材料、构配件、设备报验文件资料。

9)见证取样和平行检验文件资料。

10)工程质量检查报验资料及工程有关验收资料。

11)工程变更、费用索赔及工程延期文件资料。

12)工程计量、工程款支付文件资料。

13)监理通知单、工作联系单与监理报告。

14)第一次工地会议、监理例会、专题会议等会议纪要。

15)监理月报、监理日志、旁站记录。

16)工程质量或生产安全事故处理文件资料。

17)工程质量评估报告及竣工验收监理文件资料。

18)监理工作总结。

(2)监理日志。

1)天气和施工环境情况。

2)当日施工进展情况。

3)当日监理工作情况,包括旁站、巡视、见证取样、平行检验等的情况。

4)当日存在的问题及处理情况。

5)其他有关事项。

(3)监理月报。

1)本月工程实施情况。

2)本月监理工作情况。
3)本月施工中存在的问题及处理情况。
4)下月监理工作重点。
(4)监理工作总结。
1)工程概况。
2)项目监理机构。
3)建设工程监理合同履行情况。
4)监理工作成效。
5)监理工作中发现的问题及其处理情况。
6)说明和建议。
(5)监理文件资料归档。
1)项目监理机构应及时整理、分类汇总监理文件资料,并应按规定组卷,形成监理档案。
2)工程监理单位应根据工程特点和有关规定,保存监理档案,并应向有关单位、部门移交需要存档的监理文件资料。

3. 工程监理资料的形成流程

建设工程监理资料的形成流程如图6-1所示。

4. 工程监理资料编制示例

某监理单位监理文件档案资料的基本内容及编号如下。

(1)合同文件(A类)。

1)建设工程监理合同(包括监理招标投标文件)。	(A—1)
2)建设工程施工合同(包括施工招标投标文件)。	(A—2)
3)工程分包合同,各类建设单位与第三方签订的涉及监理业务的合同。	(A—3)
4)有关合同变更的协议文件。	(A—4)
5)工程暂停及复工文件。	(A—5)
6)费用索赔处理的文件。	(A—6)
7)工程延期及延误处理文件。	(A—7)
8)合同争议调解的文件。	(A—8)
9)违约处理文件。	(A—9)

(2)勘察、设计文件(B类)。

1)可行性研究报告。	(B—1)
2)设计任务书、扩大初步设计。	(B—2)
3)工程测绘资料、地形图。	(B—3)
4)工程地质、水文地质勘察报告。	(B—4)
5)测量基础资料。	(B—5)
6)施工图及说明文件。	(B—6)
7)图纸会审有关记录。	(B—7)
8)设计交底有关记录及会议纪要。	(B—8)
9)工程变更文件。	(B—9)

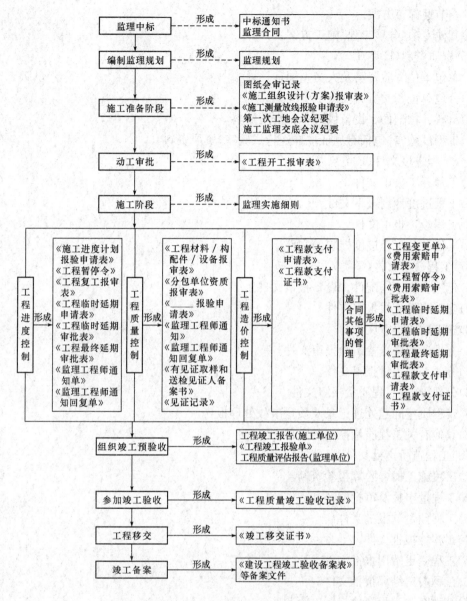

图 6-1 监理资料的形成流程

(3)监理工作指导文件(C类)。
1)工程项目监理大纲。　　　　　　　　　　　　　　　　　　　　　　　　(C—1)
2)工程项目监理规划。　　　　　　　　　　　　　　　　　　　　　　　　(C—2)
3)监理实施细则。　　　　　　　　　　　　　　　　　　　　　　　　　　(C—3)
4)工程监理机构编制的工程进度控制计划、质量控制计划、造价控制计划等其他有关资料。　　　　　　　　　　　　　　　　　　　　　　　　　　　　　　　(C—4)
(4)施工工作指导文件(D类)。
1)施工组织设计(总体或分阶段)。　　　　　　　　　　　　　　　　　　(D—1)
2)分部工程施工方案。　　　　　　　　　　　　　　　　　　　　　　　　(D—2)

3)季节性施工方案。 (D—3)
4)其他专项(分项工程)施工方案。 (D—4)
(5)资质资料(E类)。
1)总包单位资质资料及人员上岗证。 (E—1)
2)分包单位资质资料及人员上岗证。 (E—2)
3)材料、构配件、设备供应单位资质资料。 (E—3)
4)工程试验室(包括有见证取样送检试验室)资质资料。 (E—4)
(6)工程进度文件(F类)。
1)工程开工报审文件。 (F—1)
2)工程进度计划报审文件。 (F—2)
3)工程竣工报审文件。 (F—3)
4)其他有关工程进度控制的文件。 (F—4)
(7)工程质量文件(G类)。
1)建筑材料、构配件、设备报审文件。 (G—1)
2)施工测量放线报审文件。 (G—2)
3)施工试验报审文件。 (G—3)
4)有见证取样送检试验报审文件。 (G—4)
5)分项工程质量报审文件。 (G—5)
6)分部/单位工程质量报审文件。 (G—6)
7)工程质量问题处理记录及质量事故处理报告。 (G—7)
8)其他有关工程质量控制的文件。 (G—8)
(8)工程造价审批文件(H类)。
1)工程施工概(预)算报验资料。 (H—1)
2)工程量申报及审批资料。 (H—2)
3)工程预付款报批文件。 (H—3)
4)工程款报批文件。 (H—4)
5)工程变更费用报批文件。 (H—5)
6)工程竣工结算报批文件。 (H—6)
7)其他有关工程造价控制的资料。 (H—7)
(9)会议纪要(I类)。
1)第一次工地会议纪要及监理交底会议纪要。 (I—1)
2)监理例会会议纪要。 (I—2)
3)专题工地会议纪要。 (I—3)
4)其他会议纪要文件。 (I—4)
(10)监理报告(J类)。
1)监理周报。 (J—1)
2)监理月报。 (J—2)
3)专题报告。 (J—3)
(11)监理工作函件(K类)。

1)监理工程师通知单、监理工程师通知回复单。　　　　　　　　　　(K—1)
2)监理工作联系单。　　　　　　　　　　　　　　　　　　　　　　(K—2)
(12)工程验收文件(L类)。
1)工程基础、主体结构等中间验收文件。　　　　　　　　　　　　　(L—1)
2)设备安装专项验收记录。　　　　　　　　　　　　　　　　　　　(L—2)
3)工程竣工预验收报验表。　　　　　　　　　　　　　　　　　　　(L—3)
4)人防工程验收记录。　　　　　　　　　　　　　　　　　　　　　(L—4)
5)消防工程验收记录。　　　　　　　　　　　　　　　　　　　　　(L—5)
6)其他有关工程的验收记录。　　　　　　　　　　　　　　　　　　(L—6)
7)单位工程验收记录。　　　　　　　　　　　　　　　　　　　　　(L—7)
8)工程质量评估报告。　　　　　　　　　　　　　　　　　　　　　(L—8)
9)工程竣工验收备案表及竣工移交证书。　　　　　　　　　　　　　(L—9)
(13)监理日记(M类)。
1)项目监理日志。　　　　　　　　　　　　　　　　　　　　　　　(M—1)
2)监理人员监理日记。　　　　　　　　　　　　　　　　　　　　　(M—2)
(14)监理工作总结(N类)。
1)阶段工作小节。　　　　　　　　　　　　　　　　　　　　　　　(N—1)
2)监理工作总结。　　　　　　　　　　　　　　　　　　　　　　　(N—2)
(15)监理工作记录文件(O类)。
1)监理巡视记录。　　　　　　　　　　　　　　　　　　　　　　　(O—1)
2)旁站检查记录。　　　　　　　　　　　　　　　　　　　　　　　(O—2)
3)监理抽检记录。　　　　　　　　　　　　　　　　　　　　　　　(O—3)
4)监理测量资料。　　　　　　　　　　　　　　　　　　　　　　　(O—4)
5)工程照片及声像资料。　　　　　　　　　　　　　　　　　　　　(O—5)
(16)工程管理往来函件(P类)。
1)建设单位函件。　　　　　　　　　　　　　　　　　　　　　　　(P—1)
2)施工单位函件。　　　　　　　　　　　　　　　　　　　　　　　(P—2)
3)设计单位函件。　　　　　　　　　　　　　　　　　　　　　　　(P—3)
4)政府部门函件。　　　　　　　　　　　　　　　　　　　　　　　(P—4)
5)其他部门函件。　　　　　　　　　　　　　　　　　　　　　　　(P—5)
(17)监理内部文件(Q类)。
1)技术性文件。　　　　　　　　　　　　　　　　　　　　　　　　(Q—1)
2)法规性文件。　　　　　　　　　　　　　　　　　　　　　　　　(Q—2)
3)管理性文件。　　　　　　　　　　　　　　　　　　　　　　　　(Q—3)

编制说明：

(1)文件档案资料按类保存，A—Q为"类号"，—1、—2、—3……为"分类号"。如委托监理合同(A—1)中"A"为类号，"—1"为分类号。每类文件保存在一个文件夹(柜)中，文件夹(柜)中设分页纸(分隔器)，以保存各分类文件。

(2)监理信息的分类可按照本部分内容定出框架，同时应考虑所监理工程项目的施工顺序、施工承包体系、单位工程的划分以及质量验收工作程序，并结合自身监理业务工作的开展情况进行分类的编排，原则上可考虑按承包单位、按专业施工部位、按单位工程等进行划分，以保证监理信息检索和归档工作的顺利进行。

(3)信息管理部门应注意建立适宜的文件档案资料存放地点，防止文件档案资料受潮霉变或虫害侵蚀。

(4)资料夹装满或工程项目某一分部、单位工程结束时，资料应转存至档案袋，袋面应以相同编号标识。

(5)如资料缺项时，类号、分类号不变，资料可空缺。

五、建设工程监理文件档案资料的传递流程

项目监理部的信息管理部门是专门负责建设工程项目信息管理工作的部门，其中包括监理文件档案资料的管理。因此在工程全过程中形成的所有资料，都应统一归口传递到信息管理部门，进行集中加工、收发和管理，如图6-2所示。

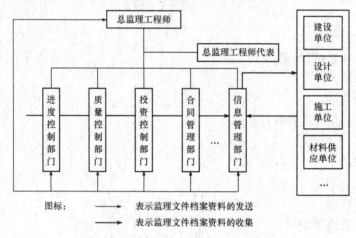

图6-2 监理文件档案资料的传递流程

(1)在监理组织内部，所有文件档案资料都必须先送交信息管理部门，进行统一整理分类，归档保存。然后由信息管理部门根据总监理工程师或其授权监理工程师的指令和监理工作的需要，分别将文件档案资料传递给有关的监理工程师。任何监理人员都可以随时自行查阅经整理分类后的文件和档案。

(2)在监理组织外部，发送或接收建设单位、设计单位、施工单位、材料供应单位及其他单位的文件档案资料，也应由信息管理部门负责进行。这样所有的文件档案资料只有一个进出口通道，从而在组织上保证监理文件档案资料的有效管理。

六、建设工程监理文件档案资料归档管理

监理文件档案资料的归档内容、组卷方法以及监理档案的验收、移交和管理工作，应根据现行《建设工程监理规范》(GB/T 50319—2013)及《建设工程文件归档规范》(GB/T 50328—2014)，并参考工程项目所在地区建设工程行政主管部门、建设监理行业主管部门、地方城市建设档案管理部门的规定执行。

(1)监理资料归档的内容如下。

1)监理合同；

2)项目监理规划及监理实施细则；

3)监理月报；

4)会议纪要；

5)分项、分部工程施工报验表；

6)质量问题和质量事故的处理资料；

7)造价控制资料；

8)工程验收资料；

9)监理通知；

10)其他事项管理资料；

11)监理工作总结。

(2)监理档案的组卷应执行城市建设档案馆的统一规定。

(3)监理档案的验收、移交和管理。

1)总监理工程师组织监理资料的归档整理工作，负责审核，并签字验收。

2)工程竣工验收后三个月内总监理工程师负责将监理档案送公司总工程师审阅，并与监理单位档案管理人员办理移交手续。

3)需要借阅存档的监理档案时应办理借阅和归还手续。

4)一般工程建设监理档案的保存期至少为工程保修期结束后一年，超过保存期的监理档案，应经总工程师批准后销毁，但应有相应的记录。

第三节 建设工程监理表格体系

建设工程监理在施工阶段的基本表式按照《建设工程监理规范》(GB/T 50319—2013)附录执行，该类表式可以一表多用，由于各行各部门各地区已经形成一套表式，使得建设工程参建各方的信息行为不规范、不协调，因此，建立一套通用的，适合建设、监理、施工、供货各方，适合各个行业、各个专业的统一表式已显示充分的必要性，可以使我国建设信息更加标准化和规范化。

从总体上将全部的资料划分为五大类，即工程准备阶段文件资料、监理单位的文件资料、施工单位的文件资料、竣工图资料和工程竣工验收文件资料。其中，建设单位的工程准备阶段文件资料又划分为立项文件，建设用地、拆迁文件，勘察设计文件，招标投标文件，开工审批文件，工程造价文件，工程建设基本信息七小类；监理单位的文件资料划分为监理管理资料、进度控制文件、质量控制文件、造价控制文件、工期管理文件、监理验收文件资料六小类；施工单位的文件资料划分为施工管理文件、施工技术文件、进度造价文件、施工物资出厂质量证明及进场检测文件、施工记录文件、施工试验记录及检测文件、施工质量验收文件、施工验收文件资料八小类；竣工图资料不分类，包含12小项；工程竣工验收文件资料分为竣工验收与备案文件、竣工决算文件、工程声像资料、其他工程文件四小类。在每一小类中,再细分为若干种文件、资料或表格。

一、工程准备阶段文件资料(A类)

1. 决策立项文件

决策立项文件属于A1类,主要包括7项内容,其工程资料名称、来源及保存见表6-1。

表6-1 决策立项文件

	决策立项文件(A1类) 工程资料名称	工程资料来源	工程资料保存			
			施工单位	监理单位	建设单位	城建档案馆
1	项目建议书	建设单位			●	●
2	项目建议书的批复文件	建设行政管理部门			●	●
3	可行性研究报告及附件	建设单位			●	●
4	可行性研究报告的批复文件	建设行政管理部门			●	●
5	关于立项的会议纪要、领导批示	建设单位			●	●
6	工程立项的专家建议资料	建设单位			●	●
7	项目评估研究资料	建设单位			●	●

注:"●"表示"归档保存"

决策立项文件与其他基建文件一样均须按有关行政主管部门的规定和要求进行申报、审批,并保证开、竣工手续和文件的完整、完全。建设单位应按基本建设程序开展工作,并配备专职或兼职档案资料管理人员进行管理,及时收集基本建设程序各个环节所形成的文件资料,按类别、形成时间进行登记、立卷、保管,工程竣工后按规定进行移交。决策立项文件中各项内容的编制、形成及审批等要求如下。

(1)项目建议书。应由建设单位编制并申报。

(2)项目建议书的批复文件。由建设单位的上级部门或国家有关主管部门批复。

(3)可行性研究报告及附件。可由建设单位委托有资质的工程咨询单位编制。

(4)可行性研究报告的批复文件。大中型项目由国家发展和改革委员会或由国家发展和改革委员会委托的有关单位审批;小型项目分别由行业或国家有关主管部门审批;建设资金自筹的企业大中型项目由市级发展和改革委员会审批,报国家及有关部门备案;地方投资的文教、卫生事业的大中型项目由市级发展和改革委员会审批。

(5)关于立项的会议纪要、领导批示。由建设单位或其上级主管单位形成。

(6)工程立项的专家建议资料。应由建设单位组织形成。

(7)项目评估研究资料。应由建设单位组织形成。

2. 建设用地文件

建设用地文件属于A2类,主要包括6项内容,其工程资料名称、来源及保存见表6-2。

表 6-2 建设用地文件

建设用地文件(A2类)工程资料名称		工程资料来源	工程资料保存			
			施工单位	监理单位	建设单位	城建档案馆
1	选址申请及选址规划意见通知书	建设单位规划部门			●	●
2	建设用地批准文件	土地行政管理部门			●	●
3	拆迁安置意见、协议、方案等	建设单位			●	●
4	建设用地规划许可证及其附件	规划行政管理部门			●	●
5	国有土地使用证	土地行政管理部门			●	●
6	划拨建设用地文件	土地行政管理部门			●	

注："●"表示"归档保存"

征占用地的批准文件，对使用国有土地的批准意见分别由当地政府和国土资源、房屋土地管理部门批准形成。

(1)选址申请及选址规划意见通知书。

1)选址申请。为保证城市规划区内建设工程的选址和布局符合城市规划要求，按照国家规定需要有关部门批准或者核准的建设项目，以划拨方式提供固有土地使用权的，建设单位在报送有关部门批准或者核准前，应当向城乡规划主管部门提出选址申请。

2)建设项目选址意见书申请表。建设项目选址意见书申请表应由建设单位如实填写，由于填写不实而发生的一切矛盾、纠纷，均由建设单位负责。

3)选址规划意见通知书。建设单位的工程项目选址申请经城市规划管理部门审查，符合有关法规标准的，及时收取申请人申请材料，填写"选址规划意见通知书"。

(2)拆迁安置意见、协议、方案。房屋拆迁补偿安置协议是房屋拆迁双方的法律行为。协议关系主要由房屋拆迁双方当事人参加，仅有一方当事人，协议关系便不能成立。

房屋拆迁当事人之间的法律地位平等，体现在以下两个方面：一是无论当事人双方的经济实力、政治地位如何，不允许任何一方将自己的意志强加给另一方；二是体现房屋拆迁权利、义务的对等性，即一方从对方获得某项权利时，也承担相应的义务。凡显失公正的协议是可撤销的。

协议必须是房屋拆迁双方的合法行为。所谓合法行为，是指按照房屋拆迁法规规定的要求而实施的行为。如当事人的资格，社会组织作为房屋拆迁协议当事人要有法人资格；承办人签订协议要有法人或法人代表的授权证明；委托代理订立协议的要有合法手续；被拆迁人签订协议时，应当出具产权证书、使用权证明等法律文件，凡违反法规规定，采取欺诈手段等所订立的协议都是无效协议。房屋拆迁补偿安置协议是具有法律效力的文件。表现在其权利依法产生后受到法律的保护；其义务依法产生后，则受到法律的强制。依法订立的协议必须认真恪守，当事人任何一方均无权擅自变更或解除。在履行协议中发生纠纷，协议条款是解决纠纷的主要依据。

房屋拆迁补偿安置协议是一种双务有偿协议，协议的当事人依据协议享有一定的权利，同时又要承担相应的义务。房屋拆迁安置协议必须采用书面的形式。

(3)建设用地规划许可证及其附件。规划管理部门根据城市总体规划的要求和建设项目的性质、内容以及选址定点时初步确定的用地范围界线，提出规划设计条件，核发建设用地规划许可证。建设用地规划许可证是确定建设用地位置、面积、界线的法定凭证。

（4）国有土地使用证。《国有土地使用证》是证明土地使用者（单位或个人）使用国有土地的法律凭证，受法律保护。《国有土地使用证》是住宅不动产的物权的组成部分，由国有土地管理部门办理。土地登记申请人（使用者）应持有关土地权属来源证明相关材料，向国土资源局提出申请，申请程序如下。

1）土地登记申请。

①有关宗地来源的政府批复及批准文件，建设用地许可证，提交国有土地使用权通过招标、拍卖、协议等形式进行操作程序中有效性的相关土地权属材料。

②因买卖、继承、赠予等形式取得土地使用权的，提交买卖、继承、赠予土地使用权转让协议书和公证书，原土地使用的国有土地使用证书。

③提交土地登记申请人的身份证、户口簿，企事业单位的土地使用者应提交土地登记法人证明书和组织机构代码证、法人身份证。

2）地籍调查。对土地登记申请人的土地采取实地调查、核实、测量、绘制宗地草图及红线图，查清土地的位置、权属性质、界线、面积、用途及土地使用者的有关情况，并要求宗地四至邻居界线清楚，无争议，确认后签字盖章。

3）土地权属审核。土地登记机关对土地使用者提交的土地登记申请书、权属来源材料和地籍调查结果进行审核，决定对申请土地登记的使用者土地权属是否准予登记的法律程序。

4）颁发《国有土地使用权证书》。

（5）划拨建设用地文件。划拨建设用地文件主要是《国有建设用地划拨决定书》，是依法以划拨方式设立国有建设用地使用权、使用国有建设用地和申请土地登记的凭证。

3. 勘察设计文件

勘察设计文件属于A3类，主要包括9项内容，其工程资料名称、来源及保存见表6-3。

表6-3 勘察设计文件

	勘察设计文件（A3类）工程资料名称	工程资料来源	工程资料保存			
			施工单位	监理单位	建设单位	城建档案馆
1	岩土工程勘察报告	勘察单位	●	●	●	●
2	建设用地钉桩通知单（书）	规划行政管理部门	●		●	●
3	地形测量和拨地测量成果报告	测绘单位			●	●
4	审定设计方案通知书及审查意见	规划行政管理部门			●	●
5	审定设计方案通知书要求征求有关部门的审查意见和要求取得的有关协议	有关部门			●	●
6	初步设计图及设计说明	设计单位			●	

续表

	勘察设计文件(A3类)工程资料名称	工程资料来源	工程资料保存			
			施工单位	监理单位	建设单位	城建档案馆
7	消防设计审核意见	公安机关消防机构	○	○	●	●
8	施工图设计文件审查通知书及审查报告	施工图审查机构	○	○	●	●
9	施工图及设计说明	设计单位	○	○	●	

注:"●"表示"归档保存";"○"表示"过程保存",是否归档保存可自行确定

(1)建设用地钉桩通知单(书)。规划行政主管部门在核发规划许可证时,应当向建设单位一并发放《建设用地钉桩通知单(书)》。建设单位在施工前应当向规划行政主管部门提交填写完整的《建设用地钉桩通知单(书)》,规划行政主管部门应当在收到上报的验线申请后3个工作日内组织验线。经验线合格后方可施工。

(2)地形测量和拨地测量成果报告。工程准备阶段的工程测量工作按工作程序和作业性质分类,主要有地形测量和拨地测量。测量成果报告是征用土地的依据性文件,也是工程设计的基础资料。

1)地形测量:地形测量是指建设用地范围内的地形测量,包括地貌、水文、植被、建筑物和居民点。

2)拨地测量:征用的建设用地要进行位置测量、形状测量和确定四至,一般称为拨地测量。拨地测量一般采用解析实钉法。

测量报告的内容包括拨地条件、成果表、工作说明、略图、条件坐标、内外作业计算记录等资料,并将拨地资料和定线成果展绘在1:1 000或1:500的地形图上,建立图档。

(3)审定设计方案通知书及审查意见。审定设计方案通知书及审查意见由规划行政管理部门形成,设计方案通知书规定了规划设计的条件,主要包括以下内容:

1)用地情况;

2)用地的主要性质;

3)用地的使用度;

4)建设设计要求;

5)市政设计要求;

6)市政要求;

7)其他应遵守的事项。

(4)施工图及设计说明。建筑施工图就是建筑工程上所用的一种能够十分准确地表达出建筑物的外形轮廓、大小尺寸、结构构造和材料做法的图样,它是房屋建筑施工的依据。施工图及设计说明由设计单位形成。

施工图主要包括以下几个方面的内容:

1)总平面图;

2)建筑物、构筑物和公用设施详图;

3)工艺流程和设备安装图等工程建设、安装、施工所需的全部图纸;

4)施工图设计说明；

5)结构计算书、预算书和设备材料明细表等文字材料。

4. 招标投标及合同文件

招标投标及合同文件属于 A4 类，主要包括 8 项内容，其工程资料名称、来源及保存见表 6-4。

表 6-4 招标投标及合同文件

招标投标及合同文件(A4类)工程资料名称		工程资料来源		工程资料保存			
				施工单位	监理单位	建设单位	城建档案馆
1	勘察招标投标文件	建设单位	勘察单位			●	
2	勘察合同*	建设单位	勘察单位			●	●
3	设计招标投标文件	建设单位	设计单位			●	
4	设计合同*	建设单位	设计单位			●	●
5	监理招标投标文件	建设单位	监理单位		●	●	
6	委托监理合同*	建设单位	监理单位		●	●	●
7	施工招标投标文件	建设单位	施工单位	●	○	●	
8	施工合同*	建设单位	施工单位	●	○	●	●

注："*"表示宜由施工单位和监理或建设单位共同形成；"●"表示"归档保存"；"○"表示"过程保存"，是否归档保存可自行确定

(1)勘察招标投标文件。建设项目的招标投标是建设市场中建设单位遵循公开、公平、公正和诚实信用的原则，也是选择承包商的主要方式。招标和投标既是双方互相选择的过程，又是承包商互相竞争的过程。

对拟建工程项目，建设单位邀请具备法定资格的承包商投标，称为"招标"；经资格审查后取得招标文件的承包商填写标书，提出报价和其他有关文件，在限定的时间内送达招标单位，称为"投标"。招标投标文件包括勘察设计招标投标文件、监理招标投标文件和施工招标投标文件。这些招标投标文件由建设单位与勘查、设计、施工、监理单位形成。

(2)建设工程勘察合同示范文本。《建设工程勘察合同(示范文本)》(GF—2016—0203)适用于为设计提供勘察工作的委托任务，包括岩土工程勘察，水文地质勘察(含凿井)，工程测量，工程物探，岩工工程设计、治理、监测等勘察。合同条款主要包括以下内容：

1)工程概况；

2)勘察范围和阶段、技术要求及工程量；

3)合同工期；

4)质量标准；

5)合同价款；

6)合同文件构成；

7)承诺；

8)词语定义；

9)签订时间

10）签订地点；

11）合同生效；

12）合同份数。

(3) 建设工程设计合同示范文本。建设工程设计合同示范文本分为两个版本。

1)《建设工程设计合同示范文本（房屋建筑工程）》(GF—2015—0209)，适用于建设用地规划许可证范围内的建筑物构筑物设计、室外工程设计、民用建筑修建的地下工程设计及住宅小区、工厂厂前区、工厂生活区、小区规划设计及单体设计等，以及所包含的相关专业的设计内容（总平面布置、竖向设计、各类管网管线设计、景观设计、室内外环境设计及建筑装饰、道路、消防、智能、安保、通信、防雷、人防、供配电、照明、废水治理、空调设施、抗震加固等）等工程设计活动。

《建设工程设计合同示范文本（房屋建筑工程）》(GF—2015—0209)由合同协议书、通用合同条款和专用合同条款三部分组成。

①合同协议书。《建设工程设计合同示范文本（房屋建筑工程）》(GF—2015—0209)合同协议书集中约定了合同当事人基本的合同权利义务。

②通用合同条款。通用合同条款是合同当事人根据《中华人民共和国建筑法》《中华人民共和国合同法》等法律法规的规定，就工程设计的实施及相关事项，对合同当事人的权利义务作出的原则性约定。

通用合同条款既考虑了现行法律法规对工程建设的有关要求，也考虑了工程设计管理的特殊需要。

③专用合同条款。专用合同条款是对通用合同条款原则性约定的细化、完善、补充、修改或另行约定的条款。合同当事人可以根据不同建设工程的特点及具体情况，通过双方的谈判、协商对相应的专用合同条款进行修改补充。

2)《建设工程设计合同示范文本（专业建设工程）》(GF—2015—0210)，适用于房屋建筑工程以外各行业建设工程项目的主体工程和配套工程（含厂/矿区内的自备电站、道路、专用铁路、通信、各种管网管线和配套的建筑物等全部配套工程）以及与主体工程、配套工程相关的工艺、土木、建筑、环境保护、水土保持、消防、安全、卫生、节能、防雷、抗震、照明工程等工程设计活动。房屋建筑工程以外的各行业建设工程统称为专业建设工程，具体包括煤炭、化工、石化、医药、石油天然气（海洋石油）、电力、冶金、军工、机械、商物粮、核工业、电子通信、广电、轻纺、建材、铁道、公路、水运、民航、市政、农林、水利、海洋等工程。

《建设工程设计合同示范文本（专业建设工程）》(GF—2015—0210)也由合同协议书、通用合同条款和专用合同条款三部分组成，约定内容同《建设工程设计合同示范文本（房屋建筑工程）》(GF—2015—0209)。

(4) 委托监理合同。为了明确监理合同当事人双方的权利和义务关系，应当以书面形式签订监理合同，而不能采用口头形式。由于发包人委托监理任务有繁有简，具体工程监理工作的特点各异，因此监理合同的内容和形式也不尽相同。经常采用的合同形式有以下几种。

1) 双方协商签订的合同：这种监理合同依据法律和法规的要求作为基础，双方根据委托监理工作的内容和特点，通过友好协商订立有关条款，达成一致后签字盖章生效。合同的格式和内容不受任何限制,双方就权利和义务所关注的问题以条款形式具体约定即可。

2)信件式合同:信件式合同通常由监理单位编制有关内容,由发包人签署批准意见,并留一份备案后退给监理单位执行。依据实际工作进展情况,监理单位认为需要增加某些监理工作任务时,以信件的形式请示发包人,经发包人批准后作为正规合同的补充合同文件。

3)委托通知单:正规合同履行过程中,发包人以通知单的形式把监理单位在订立委托合同时建议增加而当时未接受的工作内容进一步委托给监理方。这种委托只是在原定工作范围之外增加少量工作任务,一般情况下原订合同中的权利、义务不变。如果监理单位不表示异议,委托通知单就成为监理单位所接受的协议。

4)标准化合同:为了使委托监理行为规范化,减少合同履行过程中的争议或纠纷,政府部门或行业组织制订出标准化的合同示范文本,供委托监理任务时作为合同文件采用。标准化合同通用性强,采用规范的合同格式,条款内容覆盖面广,双方只要就达成一致的内容写入相应的具体条款中即可。标准化合同由于对履行过程中所涉及的法律、技术、经济等各方面问题都做出了相应的规定,合理地分担双方当事人的风险并约定了各种情况下的执行程序,不仅有利于双方在签约时讨论、交流和统一认识,而且有助于监理工作的规范化实施。

5. 开工文件

开工文件属于 A5 类,主要包括 8 项内容,其工程资料名称、来源及保存见表 6-5。

表 6-5 开工文件

	开工文件(A5 类) 工程资料名称	工程资料来源	工程资料保存			
			施工单位	监理单位	建设单位	城建档案馆
1	建设项目列入年度计划的申报文件	建设单位			●	●
2	建设项目列入年度计划的批复文件或年度计划项目表	建设行政管理部门			●	●
3	规划审批申报表及报送的文件和图纸	建设单位、设计单位			●	●
4	建设工程规划许可证及其附件	规划部门			●	●
5	建设工程施工许可证及其附件	建设行政管理部门	●		●	●
6	工程质量安全监督注册登记	质量监督机构	○		○	
7	工程开工前的原貌影像资料	建设单位	●	●	●	●
8	施工现场移交单	建设单位	○		○	

注:"●"表示"归档保存";"○"表示"过程保存",是否归档保存可自行确定。

(1)建设项目列入年度计划的申报与批复文件。

1)建设项目列入年度计划的申报与批复文件由建设单位形成。

2)建设项目列入年度计划的批复文件或年度计划项目表由建设行政管理部门形成。

(2)规划审批申报表及报送的文件和图纸。规划审批申报表及报送的文件和图纸由规划部门形成。

(3)建设工程规划许可证及其附件。建设工程规划许可证是由市、县规划委员会对施工方案与施工图纸审查后,确定该工程符合整体规划而出的证书。建设工程规划许可证应包括附件和附图,它们是建设工程许可证的配套证件,具有同等法律效力;按不同工程的不同要求,由发证单位根据法律、法规和实际情况制定。

(4)建设工程施工许可证。建设工程施工许可证是建筑施工单位符合各种施工条件、允许开工的批准文件,是建设单位进行工程施工的法律凭证,也是房屋权属登记的主要依据之一。

6. 商务文件

商务文件属于A6类,主要包括3项内容,其工程资料名称、来源及保存见表6-6。

表6-6 商务文件

	商务文件(A6类)工程资料名称	工程资料来源	工程资料保存			
			施工单位	监理单位	建设单位	城建档案馆
1	工程投资估算资料	建设单位			●	
2	工程设计概算资料	建设单位			●	
3	工程施工图预算资料	建设单位			●	

注:"●"表示"归档保存"。

(1)工程投资估算资料。投资估算是投资决策阶段的项目建议书,它包括从工程筹建到竣工验收、交付使用所需的全部费用,具体包括建筑安装工程费、设备及工器具购置费、工程建设其他费用、预备费、固定资产投资方向调节税、建设期贷款利息等。

投资估算由建设单位编制或委托设计单位(或工程造价咨询单位)编制,主要依据相应建设项目投资估算招标,参照以往类似工程的造价资料编制。

1)建筑安装工程费:建筑安装工程费是指建设单位为从事该项目建筑安装工程所支付的全部生产费用,包括直接用于各单位工程的人工、材料、机械使用费,其他直接费以及分摊到各单位工程中的管理费及利税。

2)设备及工器具购置费:设备及工器具购置费是指建设单位按照建设项目设计文件要求而购置或自备的设备及工器具所需的全部费用,包括需要安装与不需要安装设备及未构成固定资产的各种工具、器具、仪器、生产家具的购置费用。

3)工程建设其他费用:工程建设其他费用是指除上述工程设备与工器具费用以外的,根据有关规定在固定资产投资中支付,并列入建设项目总概算或单项工程综合概算的费用。

4)预备费:预备费是指初步设计和概算中难以预料的工程费用,包括实行按施工图概算加系数包干的概算包干费用。

(2)工程设计概算资料。设计概算是初步设计概算的简称,是指在初步设计或扩大初步设计阶段,由设计单位根据初步设计图纸、定额、指标、其他工程费用定额等,对工程投资进行的概略计算,这是初步设计文件的重要组成部分,是确定工程设计阶段的投资依据,经过批准的设计概算是控制工程建设投资的最高限额。工程设计概算文件由建设单位委托工程造价咨询单位形成。

(3)工程施工图预算资料。施工图预算是建筑企业和建设单位签订承包合同和办理工程结算的依据,也是建筑企业编制计划、实行经济核算和考核经营成果的依据。在实行招标承包制的情况下，施工图预算是建设单位确定标底和建筑企业投标报价的依据。

二、监理单位的文件资料(B 类)

1. 监理管理资料

监理管理资料属于 B1 类，主要包括 11 项内容，其工程资料名称、来源及保存见表 6-7。

表 6-7 监理管理资料

监理管理资料(B1 类) 工程资料名称		工程资料来源	工程资料保存			
			施工单位	监理单位	建设单位	城建档案馆
1	监理规划	监理单位		●	●	●
2	监理实施细则	监理单位	○	●	●	●
3	监理月报	监理单位		●	●	
4	监理会议纪要	监理单位	○	●	●	
5	监理工作日志	监理单位		●		
6	监理工作总结	监理单位		●	●	●
7	工作联系单(表 B.1.1)	监理单位 施工单位	○	○		
8	监理工程师通知(表 B.1.2)	监理单位	○	○		
9	监理工程师通知回复单*(表 C.1.7)	施工单位	○	○		
10	工程暂停令(表 B.1.3)	监理单位	○	○	○	●
11	工程复工报审表*(表 C.3.2)	施工单位	●	●	●	●

注："＊"表示宜由施工单位和监理或建设单位共同形成；"●"表示"归档保存"；"○"表示"过程保存"，是否归档保存可自行确定

(1)监理规划。监理规划是在监理委托合同签订后，由总监理工程师主持制定的、指导开展监理工作的纲领性文件，起着指导监理单位内部自身业务工作的作用。它是项目监理组织对项目管理过程的组织、控制、协调等工作设想的文字表述，是监理人员有效地进行监理工作的依据和指导性文件。

(2)监理实施细则。监理实施细则是指针对某一专业或某一方面建设工程监理工作的操作性文件。对专业性较强、危险性较大的分部分项工程，项目监理机构应编制监理实施细则。对工程规模较小、技术较简单且有成熟管理经验和措施的，可不必编制监理实施细则。

监理实施细则应在相应工程施工开始前由专业监理工程师编制，并经总监理工程师审批后实施。

(3)监理月报。监理月报是项目监理机构每月向建设单位提交的建设工程监理工作及建设工程实施情况分析总结报告。监理月报应由总监理工程师组织编写，编写完成由总监理工程师签认后报建设单位和本监理单位。

(4)工作联系单。工人在施工过程中，监理工作联系单用于工程有关各方之间传递意见、决定、通知、要求与信息，即与监理有关的某一方需向另一方或几方告知某一事项或

督促某项工作或提出某项建议等,对方执行情况不需要书面回复时均用此表。当不需回复时应有签收记录,并应注明收件人的姓名、单位和收件日期,并由有关单位各保存一份。

(5)监理工程师通知。项目监理机构在实施监理过程中,发现工程存在安全事故隐患的,应签发监理通知,要求施工单位整改。按委托监理合同授予的权限,对承包单位所发出的指令、提出的要求,除另有规定外,均应采用监理工程师通知单表。监理工程师现场发出的口头指令及要求,也应采用此表予以确认。监理工程师通知应符合现行国家标准《建设工程监理规范》(GB/T 50319—2013)的有关规定,监理单位填写的监理工程师通知应一式两份,并应由监理单位、施工单位各保存一份。

(6)监理工程师通知回复单。监理工程师通知回复单是指监理单位发出监理通知,施工承包单位对监理工程师通知或工程质量整改通知执行完成后,报项目监理机构请求复查的回复用表。收到施工单位报送的《监理通知回复单》后,一般可由原发出通知单的专业监理工程师对现场整改情况和附件资料进行核查。认可整改结果后,由专业监理工程师签认。

(7)工程暂停令。监理人员在施工监理过程中,发现施工现场存在重大安全隐患,总监理工程师应及时签发《工程暂停令》,暂停部分或全部在施工程的施工,责令限期整改,并抄报建设单位。施工单位整改后应书面回复,经监理人员复查合格。总监理工程师批准后,方可复工。项目监理机构发现下列情况之一时,总监理工程师应及时签发工程暂停令。

1)建设单位要求暂停施工且工程需要暂停施工的。
2)施工单位未经批准擅自施工或拒绝项目监理机构管理的。
3)施工单位未按审查通过的工程设计文件施工的。
4)施工单位违反工程建设强制性标准的。
5)施工存在重大质量、安全事故隐患或发生质量、安全事故的。

(8)工程复工报审表。暂停施工事件发生时,项目监理机构应如实记录所发生的情况。当暂停施工原因消失、具备复工条件,施工单位提出复工申请时,项目监理机构应审查施工单位报送的复工报审表及有关材料,符合要求后,总监理工程师应及时签发复工令。施工单位未提出复工申请的,总监理工程师应根据工程实际情况指令施工单位恢复施工。

导致监理规划调整的主要原因

工程复工报审表用于工程项目停工的恢复施工报审用表,施工单位报项目监理机构复核和批复复工时间。《工程复工报审表》应一式三份,项目监理机构、建设单位和施工单位各持一份。

2. 进度控制资料

进度控制资料属于 B2 类,主要包括 2 项内容,其工程资料名称、来源及保存见表 6-8。

表 6-8 进度控制资料

	进度控制资料(B2类)工程资料名称	工程资料来源	工程资料保存			
			施工单位	监理单位	建设单位	城建档案馆
1	工程开工报审表*(表C.3.1)	施工单位	●	●	●	●
2	施工进度计划报审表*(表C.3.3)	施工单位	○	○		
注:"*"表示宜由施工单位和监理或建设单位共同形成;"●"表示"归档保存";"○"表示"过程保存",是否归档保存可自行确定						

(1)工程开工报审表。当现场具备开工条件且已做好各项施工准备后，施工单位应及时填写工程开工报审表经项目监理部审批、总监理工程师审批后报建设单位。

(2)施工进度计划报审表。承包单位应根据建设工程施工合同的约定，按时编制施工总进度计划、年进度计划、季进度计划、月进度计划，并按时填写《施工进度计划报审表》，报项目监理机构审批。施工单位报审的总体进度计划必须经其企业技术负责人审批，且编制、审核、批准人员签字及单位公章齐全。

3. 质量控制资料

质量控制资料属于B3类，主要包括5项内容，其工程资料名称、来源及保存见表6-9。

表6-9 质量控制资料

	质量控制资料(B3类) 工程资料名称	工程资料来源	工程资料保存			
			施工单位	监理单位	建设单位	城建档案馆
1	质量事故报告及处理资料	施工单位	●	●	●	●
2	旁站监理记录*(表B.3.1)	监理单位	○	●	●	
3	见证取样和送检见证人员备案表(表B.3.2)	监理单位或建设单位	●	●	●	
4	见证记录*(表B.3.3)	监理单位	●	●	●	
5	工程技术文件报审表*	施工单位	○	○		

注："●"表示"归档保存"；"○"表示"过程保存"，是否归档保存可自行确定

(1)旁站监理记录。《旁站监理记录》是指监理人员在房屋建筑工程施工阶段监理中，对关键部位、关键工序的施工质量，实施全过程现场跟班的监理活动所见证的有关情况的记录。

《旁站监理记录》为项目监理机构记录旁站工作情况的通用格式，一式一份，由项目监理机构留存，项目监理机构可根据需要增加附表。

(2)见证取样和送检见证人员备案表。见证取样和送检见证人员备案表应由监理单位填写，一式五份，并由质量监督站、检测单位、建设单位、监理单位和施工单位各保存一份。

每个单位工程须设定1~2名取样和送检见证人，见证人由施工现场监理人员担任，或由建设单位委派具备一定试验知识的、责任心强、工作认真的专业人员担任，施工和材料、设备供应单位人员不得担任。

见证人员应经市建委统一培训考试合格并取得"见证人员岗位资格证书"后，方可上岗任职(取得国家和北京市监理工程师资格证书者免考)。单位工程见证人设定后，建设单位应向承监该工程的质量监督机构递交《见证取样和送检见证人员备案表》进行备案。见证人更换须办理变更备案手续。所取试样必须送到相应资质的检测单位。

4. 造价控制资料

造价控制资料属于B4类，主要包括5项内容，其工程资料名称、来源及保存见表6-10。

表 6-10 造价控制资料

	造价控制资料(B4 类)工程资料名称	工程资料来源	工程资料保存			
			施工单位	监理单位	建设单位	城建档案馆
1	工程款支付申请表(表 C.3.6)	施工单位	○	○	●	
2	工程款支付证书(表 B.4.1)	监理单位	○	○	●	
3	工程变更费用报审表*	施工单位	○	○	●	
4	费用索赔申请表	施工单位	○	○	●	
5	费用索赔审批表(表 B.4.2)	监理单位	○	○	●	

注:"●"表示"归档保存";"○"表示"过程保存",是否归档保存可自行确定

(1)工程款支付申请表。工程款支付申请时承包单位根据施工合同中有关工程款支付约定的条款,向项目监理机构申请支付工程预付款、工程进度款、工程结算款。申请支付的工程款金额应包括合同内工程款、工程变更增减费用、批准的索赔费用,扣除应扣预付款、保留金及施工中约定的其他费用。

施工单位提交的工程款支付申请由专业监理工程师审查;专业监理工程师进行工程计量,对工程支付申请提出审查意见;总监理工程师签发工程款支付证书。

《工程款支付申请表》应一式三份,并应由项目监理机构、建设单位、施工单位各保存一份。

(2)工程款支付证书。工程款支付证书是项目监理机构在收到承包单位的工程款支付申请表、项目监理机构收到经建设单位签署审批意见的《工程复工报审表》后,根据建设单位的审批意见签发。

(3)费用索赔报审表。费用索赔报审是承包单位向建设单位提出费用索赔,报项目管理机构审查、确认和批复。总监理工程师应在施工合同约定的期限内签发《费用索赔报审表》,或发出要求承包单位提交有关费用索赔的进一步详细资料的通知。《费用索赔报审表》应符合现行国家标准《建设工程监理规范》(GB/T 50319—2013)的有关规定。费用索赔报审表应一式三份,并应由建设单位、监理单位、施工单位各保存一份。

5. 合同管理资料

合同管理资料属于 B5 类,主要包括 4 项内容,其工程资料名称、来源及保存见表 6-11。

表 6-11 合同管理资料

	合同管理资料(B5 类)工程资料名称	工程资料来源	工程资料保存			
			施工单位	监理单位	建设单位	城建档案馆
1	委托监理合同*	监理单位		●	●	●
2	工程延期申请表(表 C.3.5)	施工单位	●	●	●	●
3	工程延期审批表(表 B.5.1)	监理单位	●	●	●	●
4	分包单位资质报审表*(表 C.1.3)	施工单位	●	●	●	

注:"●"表示"归档保存"

（1）工程延期审批是发生了施工合同约定由建设单位承担的延长工期事件后，承包单位提出的工期索赔，报项目监理机构审核确认。总监理工程师在签认工程延期前应与建设单位、承包单位协商，宜与费用索赔一并考虑处理。总监理工程师应在施工合同约定的期限内签发工程延期报审表，或发出要求承包单位提交有关延期的进一步详细资料的通知。

《工程临时/最终延期报审表》应符合现行国家标准《建设工程监理规范》(GB/T 50319—2013)的有关规定。监理单位填写的工程延期审批表应一式四份，并由建设单位、监理单位、施工单位和城建档案馆各保存一份。

（2）分包单位资质报审资料。分包单位资格报审是指总承包单位在分包工程开工前，应对分包单位的资格报审项目监理机构审查确认。未经总监理工程师确认，分包单位不得进场施工，总监理工程师对分包单位资格的确认不解除总承包单位应负的责任。施工合同中已明确或经过招标确认的分包单位(即建设单位书面确认的分包单位)，承包单位可不再对分包单位资格进行报审。《分包单位资质报审表》由施工单位填报，建设单位、监理单位、施工单位各保存一份。

三、施工单位的文件资料(C类)

1. 施工管理资料

施工管理资料是施工阶段各方责任主体对施工过程采取组织、技术、质量措施进行管理、实施过程控制，记录施工过程中组织、管理、监督实体形成情况资料文件的统称。施工管理资料属于C1类，主要包括11项内容，其工程资料名称、来源及保存见表6-12。

表6-12 施工管理资料

	施工管理资料(C1类)工程资料名称	工程资料来源	工程资料保存			
			施工单位	监理单位	建设单位	城建档案馆
1	工程概况表(表C.1.1)	施工单位	●	●	●	●
2	施工现场质量管理检查记录*(表C.1.2)	施工单位	○	○		
3	企业资质证书及相关专业人员岗位证书	施工单位	○	○		
4	分包单位资质报审表*(表C.1.3)	施工单位	●	●		
5	建设工程质量事故调查、勘察记录(表C.1.4)	调查单位	●	●	●	●
6	建设工程质量事故报告书	调查单位	●	●	●	●
7	施工检测计划	施工单位	○	○		
8	见证记录*	监理单位	●	●		
9	见证试验检测汇总表(表C.1.5)	施工单位	●	●		
10	施工日志(表C.1.6)	施工单位	●			
11	监理工程师通知回复表*(表C.1.7)	施工单位	○	○		

注："●"表示"归档保存"；"○"表示"过程保存"，是否归档保存可自行确定

(1)工程概况表。工程概况表是对工程基本情况的简述，应包括单位工程的一般情况、构造特征、机电系统等。工程概况表由施工单位填写，并应由建设单位、监理单位、施工单位、城建档案馆各保存一份。填写时，工程名称应填写全称，并与建设工程规划许可证、施工许可证及施工图纸中的名称一致。

(2)施工现场质量管理检查记录。施工现场质量管理检查记录应符合现行《建筑工程施工质量验收统一标准》(GB 50300—2013)的有关规定；施工单位填写的施工现场质量管理检查记录应一式两份，并应由监理单位、施工单位各保存一份。

(3)企业资质证书及相关专业人员岗位证书。

1)企业资质证书：企业资质证书实际上就是指企业有能力完成一项工程的证明书。从事建筑活动的建筑施工企业、勘察单位、设计单位和工程监理单位，应按照其拥有的注册资本、净资产、专业技术人员、技术装备和已完成的建筑工程业绩等资质条件申请资质，经审查合格，取得相应等级的资质证书后，方可在其资质等级许可的范围内从事建筑活动。

2)相关专业人员岗位证书：从事建筑活动的相关专业技术人员，应当依法取得相应的执业资格证书，并在执业资格证书许可的范围内从事建筑活动。

(4)分包单位资质报审表。分包单位资质报审是总承包单位实施分包时，提请项目监理机构对其分包单位资质审查确认的批复。施工合同中已明确的分包单位，承包单位可不再对分包单位资质进行报审。

分包单位资质报审表应符合现行国家标准《建设工程监理规范》(GB/T 50319—2013)的有关规定，施工总承包单位填报的分包单位资质报审表应一式三份，并应由建设单位、监理单位、施工总承包单位各保存一份。

(5)建设工程质量事故报告书。建设工程质量事故发生后，事故发生单位必须在 24 h 内，以口头、电话或者书面形式及时报告监督总站和有关部门，并在 48 h 内根据规定向总站填报《建设工程质量事故报告书》。

工程事故报告中的工程名称、事故部位、事故性质要写具体、清楚，应预计损失费用，写清数量和金额。简述事故过程，分析原因，提出处理意见，并由技术负责人签字。

(6)见证记录。依据建筑工程施工技术有关管理规程的规定，施工单位的现场试验人员应在建设单位或工程监理人员的见证下，对工程中涉及结构安全的试块、试件和材料进行现场取样，送至有见证检测资质的建筑工程质量监测单位进行检测。

见证取样项目和送检次数应符合国家和各市有关标准、法规的要求，重要工程或工程的重要部位可增加见证取样和送检次数。送检试样在施工试验中随机抽取，不得另外进行。单位工程施工前，项目技术负责人应与建设、监理单位共同制订有见证取样的送检计划，并确定承担有见证试验的检测机构。

见证取样和送检时，取样人员应在试样或其包装上做出标识、封志。标识和封志应标明样品名称和数量、工程名称、取样部位、取样日期，并有取样人和见证人签字。见证人员应做见证记录，见证记录列入工程施工档案。承担有见证试验的检测单位，在检查确认委托试验文件和试样上的见证标识、封志无误后方可进行试验，否则应拒绝试验。

各种有见证取样和送检的资料必须真实、完整，不得伪造、涂改、抽换或丢失。对涉及结构安全和使用功能的重要分部工程应进行抽样检测，并应按照各专业分部(子分部)验收计划，在分部(子分部)工程验收前完成。抽测工作实行见证取样。

(7)见证试验检测汇总表。有见证取样送检项目的试验报告应加盖"有见证试验专用章",然后由施工单位填写《见证试验检测汇总表》,与其他施工资料一起纳入工程技术档案,作为评定工程质量的依据。

(8)施工日志。施工日志以单位工程为记载对象,记录从工程开工之日起至工程竣工之日终止的施工情况,是验收施工质量的原始记录,也是编制施工文件、积累资料,总结施工经验的重要依据。要求由各专业工长分别填写,并要逐日记载,保持内容的真实性、连续性和完整性。若工程施工期间有间断,应在日志中加以说明(可在停工最后一天或复工第一天里描述)。

2. 施工技术资料

施工技术资料属于C2类,主要包括7项内容,其工程资料名称、来源及保存见表6-13。

表 6-13 施工技术资料

	施工管理资料(C2类)工程资料名称	工程资料来源	工程资料保存			
			施工单位	监理单位	建设单位	城建档案馆
1	工程技术文件报审表*(表C.2.1)	施工单位	○	○		
2	施工组织设计及施工方案	施工单位	○	○		
3	危险性较大分部分项工程施工方案专家论证表(表C.2.2)	施工单位	○	○		
4	技术交底记录(表C.2.3)	施工单位	○			
5	图纸会审记录**(表C.2.4)	施工单位	●	●	●	●
6	设计变更通知单**(表C.2.5)	设计单位	●	●	●	●
7	工程洽商记录(技术核定单)**(表C.2.6)	施工单位	●	●	●	●

注:"●"表示"归档保存";"○"表示"过程保存",是否归档保存可自行确定。

(1)工程技术文件报审表。工程技术文件是反映建设工程项目的规模、内容、标准、功能等的文件。施工单位填报的工程技术文件报审表应一式两份,并应由监理单位、施工单位各保存一份。

(2)施工组织设计及施工方案。施工组织设计是根据拟建工程的特点,对人力、材料、机械、资金、施工条件等方面的因素做出科学合理的安排,并形成规划和指导拟建工程从施工准备到竣工验收中各项生产活动的综合性的经济技术文件,是专门对施工过程科学地组织协调的设计文件。

施工组织设计按编制对象范围的不同可分为施工组织总设计、单位工程施工组织设计和分部分项工程施工组织设计三种。

施工组织设计的内容,就是根据不同工程的特点和要求以及现有的和可能创造的施工条件,从实际出发,决定各种生产要素(材料、机械、资金、劳动力和施工方法等)的结合方式。施工组织总设计是对施工进行总体部署的战略性施工纲领;单位工程施工组织设计则是详尽的、实施性的施工计划,用以具体指导现场施工活动。

(3)危险性较大的分部分项工程施工方案专家论证表。施工各单位填报危险性较大的分部分项工程施工方案专家论证表应一式两份,并应由监理单位、施工单位各保存一份。

(4)技术交底记录。技术交底记录应包括施工组织设计交底、专项施工方案技术交底、分项工程施工技术交底、"四新"(新材料、新产品、新技术、新工艺)技术交底和设计变更技术交底。各项交底应有文字记录,交底双方签认应齐全。

(5)图纸会审记录。图纸会审应由建设单位组织设计、监理和施工单位技术负责人及有关人员参加。设计单位对各专业问题进行交底,施工单位负责将设计交底内容按专业汇总、整理,形成图纸会审记录。

图纸会审记录应根据专业(建筑、结构、给水排水及采暖、电气、通风空调、智能系统等)汇总、整理。图纸会审记录一经各方签字确认后即成为设计文件的一部分,是现场施工的依据。

施工单位整理汇总的图纸会审记录应一式五份,并应由建设单位、设计单位、监理单位、施工单位、城建档案馆各保存一份。

(6)设计变更通知单。设计变更是由设计方提出,对原设计图纸的某个部位局部或全部进行修改的一种记录,设计单位应及时下达设计变更通知单,内容翔实,必要时应附图,并逐条注明应修改图纸的图号。设计变更通知单应由设计专业负责人以及建设(监理)和施工单位的相关负责人签认。

设计单位签发的设计变更通知单应一式五份,并应由建设单位、设计单位、监理单位、施工单位、城建档案馆各保存一份。

(7)工程洽商记录(技术核定单)。洽商是建筑工程施工过程中一种协调业主和施工方、施工方和设计方的记录。工程洽商记录应收集所附的图纸及说明文件等。洽商记录应分专业办理,内容翔实,必要时应附图,并逐条注明应修改图纸的图号。工程资料中只对技术洽商进行存档。

工程洽商记录应由设计专业负责人以及建设、监理和施工单位的相关负责人签认。设计单位如委托建设(监理)单位办理签认,应办理委托手续。

工程洽商提出单位填写的工程洽商记录应一式五份,并应由建设单位、设计单位、监理单位、施工单位、城建档案馆各保存一份。

3. 进度计划资料

进度造价资料属于C3类,主要包括9项内容,其工程资料名称、来源及保存见表6-14。

表6-14 进度造价资料

	进度造价资料(C3类)工程资料名称	工程资料来源	工程资料保存			
			施工单位	监理单位	建设单位	城建档案馆
1	工程开工报审表*(表C.3.1)	施工单位	●	●	●	●
2	工程复工报审表*(表C.3.2)	施工单位	●	●	●	●
3	施工进度计划报审表*(表C.3.3)	施工单位	○	○		
4	施工进度计划	施工单位	○	○		

续表

序号	进度造价资料(C3类)工程资料名称	工程资料来源	工程资料保存			
			施工单位	监理单位	建设单位	城建档案馆
5	人、机、料动态表(表C.3.4)	施工单位	○	○		
6	工程延期申请表(表C.3.5)	施工单位	●	●	●	●
7	工程款支付申请表(表C.3.6)	施工单位	○	○	●	
8	工程变更费用报审表*(表C.3.7)	施工单位	○	○	●	
9	费用索赔申请表*(表C.3.8)	施工单位	○	○	●	

注："●"表示"归档保存"；"○"表示"过程保存"，是否归档保存可自行确定

(1)工程开工、复工报审表。工程开工报审表应符合现行国家标准《建设工程监理规范》(GB/T 50319—2013)的有关规定。施工单位填写的《工程开工报审表》应一式四份，并应由建设单位、监理单位、施工单位、城建档案馆各保存一份。

《工程复工报审表》应符合现行国家标准《建设工程监理规范》(GB/T 50319—2013)的有关规定。施工单位填写的工程复工报审表应一式四份，并应由建设单位、监理单位、施工单位、城建档案馆各保存一份。

(2)施工进度计划报审表。施工单位填写的《施工进度计划报审表》应一式三份，并应由建设单位、监理单位、施工单位各保存一份。

(3)施工进度计划。施工进度计划是施工组织设计的中心内容，分为施工总进度计划、单位工程施工进度计划、分部分项工程进度计划和季度(月、旬、周)进度计划四个层次。

(4)人、机、料动态表。人、机、料动态表应由施工单位填报，应一式两份，由监理单位、施工单位各保存一份。

(5)工程延期申请表。《工程延期申请表》是依据合同规定，非施工单位原因造成的工期延期，导致施工单位要求工期补偿时采用的申请用表。施工单位填报的《工程延期申请表》应一式三份，由项目监理机构、建设单位和施工单位各保存一份。

4. 施工物资资料

施工物资资料属于C4类，主要包括23项内容，其工程资料名称、来源及保存见表6-15。

表6-15 施工物资资料

序号	工程资料名称	工程资料来源	工程资料保存			
			施工单位	监理单位	建设单位	城建档案馆
四	施工物资资料(C4)					
	出厂质量证明文件及检测报告					
1	砂、石、砖、水泥、钢筋、隔热保温、防腐材料、轻集料出厂质量证明文件	施工单位	●	●	●	●
2	其他物资出厂合格证、质量保证书、检测报告和报关单或商检证等	施工单位	●	○	○	

续表

序号	工程资料名称	工程资料来源	工程资料保存			
			施工单位	监理单位	建设单位	城建档案馆
3	材料、设备的相关检验报告、型式检测报告、3C 强制认证合格证书或 3C 标志	采购单位	●	○	○	
4	主要设备、器具的安装使用说明书	采购单位	●	○	○	
5	进口的主要材料设备的商检证明文件	采购单位	●	○	○	●
6	涉及消防、安全、卫生、环保、节能的材料、设备的检测报告或法定机构出具的有效证明文件	采购单位	●	●	●	
进场检验通用表格						
1	材料、构配件进场检验记录*（表 C.4.1）	施工单位	○	○		
2	设备开箱检验记录*（表 C.4.2）	施工单位	○	○		
3	设备及管道附件试验记录*（表 C.4.3）	施工单位	●	○	●	
进场复试报告						
1	钢材试验报告	检测单位	●	●	●	●
2	水泥试验报告	检测单位	●	●	●	●
3	砂试验报告	检测单位	●	●	●	●
4	碎（卵）石试验报告	检测单位	●	●	●	●
5	外加剂试验报告	检测单位	●	●	○	●
6	防水涂料试验报告	检测单位	●	○	●	
7	防水卷材试验报告	检测单位	●	●	●	●
8	砖（砌块）试验报告	检测单位	●	●	●	●
9	预应力筋复试报告	检测单位	●	●	●	
10	预应力锚具、夹具和连接器复试报告	检测单位	●	●	●	
11	装饰装修用门窗复试报告	检测单位	●	○		
12	装饰装修用人造木板复试报告	检测单位	●	○		
13	装饰装修用花岗石复试报告	检测单位	●	○		
14	装饰装修用安全玻璃检验报告	检测单位	●	○		
15	装饰装修用外墙面砖复试报告	检测单位	●	○		
16	钢结构用钢材复试报告	检测单位	●	●	●	●
17	钢结构用防火涂料复试报告	检测单位	●	●	●	●
18	钢结构用焊接材料复试报告	检测单位	●	●	●	●
19	钢结构用高强度大六角头螺栓连接副复试报告	检测单位	●	●	●	●

续表

序号	工程资料名称	工程资料来源	工程资料保存			
			施工单位	监理单位	建设单位	城建档案馆
进场复试报告						
20	钢结构用扭剪型高强度螺栓连接副复试报告	检测单位	●	●	●	●
21	幕墙用铝塑板、石材、玻璃、结构胶复试报告	检测单位	●	●	●	●
22	散热器、采暖系统保温材料、通风与空调工程绝热材料、风机盘管机组、低压配电系统电缆的见证取样复试报告	检测单位	●	○	●	●
23	节能工程材料复试报告	检测单位	●	●	●	

注："●"表示"归档保存"；"○"表示"过程保存"，是否归档保存可自行确定

(1)预拌混凝土出厂合格证。施工现场使用预拌混凝土前应有技术交底和具备混凝土工程的标准养护条件。预拌混凝土搅拌单位必须按规定向施工单位提供质量合格的混凝土并随车提供预拌混凝土证明文件。预拌混凝土出厂合格证由搅拌单位负责提供，应包括：订货单位、合格证编号、工程名称与浇筑部位、混凝土强度等级、抗渗等级、供应数量、供应日期、配合比编号、原材料名称、品种及规格、试验编号、混凝土 28 d 抗压强度值、抗渗等级性能试验、抗压强度统计结果及结论、技术负责人签字、填表人签字和供货单位盖章。预拌混凝土出厂合格证由预拌混凝土供应单位提供，由城建单位、施工单位各保存一份。

(2)预制混凝土构件出厂合格证。预制混凝土构件应有出厂合格证，其出厂合格证中的以下各项应填写齐全，不得有错填和漏填，如构件名称、合格证编号、构件型号及规格、供应数量、制造厂名称、企业资质等级证编号、标准图号及设计图纸号、混凝土设计强度等级及浇筑日期、构件出厂日期、构件性能检验评定结果及结论、技术负责人签字、填表人签字及单位盖章等内容。对于国家实行产品许可证的大型屋面板，预应力短(长)向圆孔板，按相关规定应有产品许可证编号。资料员应及时收集、整理和验收预制构件的出厂合格证，任何单位不得涂改、伪造、损毁或抽撤预制构件的出厂合格证。如果预制构件的合格证是抄件(如复印件)，则应注明原件的编号、存放单位、抄件时间，并有抄件人、抄件单位签字和盖章。

(3)钢构件出厂合格证。钢构件出厂时，其质量必须合格，并符合《钢结构工程施工质量验收规范》(GB 50205—2001)中的有关规定。钢构件出厂合格证应包括工程名称、委托单位、合格证编号、钢材材质报告及其复试报告编号、焊条或焊丝及焊药型号、供货总量、加工及出厂日期、构件名称及编号、构件数量、防腐状况及使用部位、技术负责人签字、填表人签字及单位盖章等。合格证要填写齐全，不得漏填或错填。数据真实，结论正确，符合标准要求。

(4)材料、构配件进场检验记录。《材料、构配件进场检验记录》由直接使用所检查的材料及配件的施工单位填写，作为工程物资进场报验资料进入资料管理流程，工程物资进场

后,施工单位应及时组织相关人员检查外观、数量及供货单位提供的质量证明文件等,合格后填写材料、构配件进场检验记录,施工单位填写的材料、构配件进场检验记录应一式两份,并应由监理单位、施工单位各保存一份。

《材料、构配件进场检验记录》应符合国家现行有关标准的规定。施工单位填写的《材料、构配件进场检验记录》应一式两份,并应由监理单位、施工单位各保存一份。

(5)设备开箱检验记录。建筑工程所使用的设备进场后,应由施工单位、建设(监理)单位、供货单位共同开箱检查,并进行记录,然后填写工程物资进场报验单报请监理单位核查确认,并填写设备开箱检验记录。设备开箱检验记录应由施工单位填写,一式两份,并应由监理单位、施工单位各保存一份。设备开箱检查项目主要包括设备的产地、品种、规格、外观、数量、附件情况、标识和质量证明文件、相关技术文件等。

(6)设备及管道附件试验记录。设备、阀门、闭式喷头、密闭水箱或水罐风机盘管、成组散热器及其他散热设备等在安装前按规定进行试验时,均应填写《设备及管道附件试验记录》,并应由建设单位、监理单位、施工单位各保存一份。

(7)碎(卵)石试验报告。碎(卵)石的产品质量必须合格,应先试验后使用,要有出厂质量合格证和试验单。使用前应按照品种、规格、产地、批量的不同进行取样试验。碎(卵)石的必试项目有筛分析,含泥量,泥块含量,针、片状颗粒含量,压碎指标。对于用来配制有特殊要求的混凝土的碎(卵)石,还需做相应的项目试验。

试验报告单应字迹清楚、项目齐全、准确、真实,不得漏填或填错,且无未了事项,并不得涂改、伪造、损毁或随意抽撤。

碎(卵)石试验报告由试验单位提供,建设单位、施工单位和城建档案馆各保存一份。

(8)防水卷材试验报告。防水卷材主要是用于建筑墙体、屋面以及隧道、公路、垃圾填埋场等处,起到抵御外界雨水、地下水渗漏的一种可卷曲呈卷状的柔性建材产品,作为工程基础与建筑物之间无渗漏连接,是整个工程防水的第一道屏障,对整个工程起着至关重要的作用。

常用的防水卷材按照材料的组成不同,可分为一般防水卷材、高聚物改性沥青防水卷材和合成高分子防水卷材三大类。质量不合格或不符合设计要求的防水卷材不允许在工程中使用。

5. 施工记录

施工记录专用表格属 C5 类,主要包括 32 项内容,其工程资料名称、来源及保存见表 6-16。

表 6-16 施工记录

序号	工程资料名称	工程资料来源	工程资料保存			
			施工单位	监理单位	建设单位	城建档案馆
五	施工记录(C5)					
通用表格						
1	隐蔽工程验收记录*(表C.5.1)	施工单位	●	●	●	●
2	施工检查记录*(表C.5.2)	施工单位	○			
3	交接检查记录*(表C.5.3)	施工单位	○			

续表

序号	工程资料名称	工程资料来源	工程资料保存			
			施工单位	监理单位	建设单位	城建档案馆
	专用表格					
1	工程定位测量记录*（表C.5.4）	施工单位	●	●	●	●
2	基槽验线记录	施工单位	●	●	●	●
3	楼层平面放线记录	施工单位	○	○		
4	楼层标高抄测记录	施工单位	○	○		
5	建筑物垂直度、标高观测记录*（表C.5.5）	施工单位	●	●	●	
6	沉降观测记录	建设单位委托测量单位提供	●	●	●	●
7	基坑支护水平位移监测记录	施工单位	○	○		
8	桩基、支护测量放线记录	施工单位	○	○		
9	地基验槽记录**（表C.5.6）	施工单位	●	●	●	●
10	地基钎探记录	施工单位	○	○	●	●
11	混凝土浇灌申请书	施工单位	○	○		
12	预拌混凝土运输单	施工单位	○			
13	混凝土开盘鉴定	施工单位	○	○		
14	混凝土拆模申请单	施工单位	○	○		
15	混凝土预拌测温记录	施工单位	○			
16	混凝土养护测温记录	施工单位	○			
17	大体积混凝土养护测温记录	施工单位	○			
18	大型构件吊装记录	施工单位	○	○	●	●
19	焊接材料烘焙记录	施工单位	○			
20	地下工程防水效果检查记录*（表C.5.7）	施工单位	○	○	●	
21	防水工程试水检查记录*（表C.5.8）	施工单位	○	○	●	
22	通风(烟)道、垃圾道检查记录*（表C.5.9）	施工单位	○	○		
23	预应力筋张拉记录	施工单位	●	○		●
24	有粘结预应力结构灌浆记录	施工单位	●	○		
25	钢结构施工记录	施工单位	●	○	●	
26	网架(索膜)施工记录	施工单位	●	○	●	●
27	木结构施工记录	施工单位	●	○	●	
28	幕墙注胶检查记录	施工单位	●	○	●	
29	自动扶梯、自动人行道的相邻区域检查记录	施工单位	●	●	●	
30	电梯电气装置安装检查记录	施工单位	●	●	●	
31	自动扶梯、自动人行道电气装置检查记录	施工单位	●	●	●	
32	自动扶梯、自动人行道整机安装质量检查记录	施工单位	●	○	●	

注："●"表示"归档保存"；"○"表示"过程保存"，是否归档保存可自行确定

(1)隐蔽工程验收记录。《隐蔽工程验收记录》应符合国家相关标准的规定,应由项目专业工长填报,项目资料员按照不同的隐检项目分类汇总整理。施工单位填写的《隐蔽工程验收记录》应一式四份,并应由建设单位、监理单位、施工单位、城建档案馆各保存一份。

(2)施工检查记录。《施工检查记录》应收集所需的相关图表、图片、照片及说明文件等。对隐蔽检查记录不适用的其他重要工序,应按照现行规范要求进行施工质量检查。施工单位填写的《施工检查记录》应一式一份,并由施工单位自行保存。

(3)交接检查记录。分项(分部)工程完成,在不同专业施工单位之间应进行工程交接,且应进行专业交接检查,填写《交接检查记录》。移交单位、接收单位和见证单位共同对移交工程进行验收,并对质量情况、遗留问题、工序要求、注意事项、成品保护等进行记录,填写《交接检查记录》。

(4)工程定位测量记录。工程定位测量是施工单位根据测绘部门提供的放线成果、红线桩及场地控制网或建筑物控制网,测定建筑物的位置、主控轴线、建筑物±0.000处绝对高程等,标明现场标准水准点、坐标点位置。施工单位填写的《工程定位测量记录》应一式四份,并由建设单位、监理单位、施工单位和城建档案馆各保存一份。

(5)基槽验线记录。施工测量单位应根据主控轴线和基槽底平面图,检验建筑物基底外轮廓线、集水坑、电梯井坑、垫层底标高(高程)、基槽断面尺寸和坡度等,填写《基槽验线记录》。

(6)楼层平面放线记录。楼层平面放线是指每个施工部位完成到一个水平面时,底板、顶板要在这个平面板(顶板)上投测向上一层的平面位置线。楼层平面放线的内容包括轴线竖向投测控制线、各层墙柱轴线、墙柱边线、门窗洞口位置线、垂直度偏差等,施工单位应在完成楼层平面放线后,填写楼层平面放线记录,并报监理单位审核。《楼层平面放线记录》由施工单位填写并保存。

(7)楼层标高抄测记录。楼层标高抄测内容包括+0.5 m(或+1.0 m)水平控制线、皮数杆等,施工单位应在完成楼层标高抄测记录后,填写《楼层标高抄测记录》,并报监理单位审核。《楼层标高抄测记录》由施工单位填写并保存。

(8)建筑物垂直度、标高观测记录。施工单位应在结构工程完成和工程完工竣工时,对建筑物进行垂直度测量记录和标高全高实测并控制记录,填写《建筑物垂直度、标高观测记录》,并报监理单位审核。超过允许偏差且影响结构性能的部位,应由施工单位提出技术处理方案,并经建设(监理)单位认可后进行处理。施工单位填写的《建筑物垂直度、标高观测记录》应一式三份,并由建设单位、监理单位和施工单位各保存一份。

(9)地基验槽记录。《地基验槽记录》应符合现行国家标准《建筑地基工程施工质量验收标准》(GB 50202—2018)的规定。施工单位填写的《地基验槽记录》应一式六份,并应由建设单位、监理单位、勘察单位、设计单位、施工单位、城建档案馆各保存一份。

6. 施工试验记录及检测报告

施工试验记录及检测报告专用表格属C6类,主要包括85项内容,其工程资料名称、来源及保存见表6-17。

表 6-17 施工试验记录及检测报告

序号	工程资料名称	工程资料来源	工程资料保存			
			施工单位	监理单位	建设单位	城建档案馆
六	施工试验记录及检测报告(C6)					
通用表格						
1	设备单机试运转记录*(表C.6.1)	施工单位	●	○	●	●
2	系统试运转调试记录*(表C.6.2)	施工单位	●	○	●	●
3	接地电阻测试记录*(表C.6.3)	施工单位	●	○	●	●
4	绝缘电阻测试记录*(表C.6.4)	施工单位	●	○	●	●
专用表格(建筑与结构工程)						
1	锚杆试验报告	检测单位	●	○	●	●
2	地基承载力检验报告	检测单位	●	○	●	●
3	桩基检测报告	检测单位	●	○	●	●
4	土工击实试验报告	检测单位	●	○	●	●
5	回填土试验报告(应附图)	检测单位	●	○	●	●
6	钢筋机械连接试验报告	检测单位	●	○	●	●
7	钢筋焊接连接试验报告	检测单位	●	○	●	●
8	砂浆配合比申请单、通知单	施工单位	○	○		
9	砂浆抗压强度试验报告	检测单位	●	○	●	●
10	砌筑砂浆试块强度统计、评定记录(表C.6.5)	施工单位	●	○	●	●
11	混凝土配合比申请单、通知单	施工单位	○	○		
12	混凝土抗压强度试验报告	检测单位	●	○	●	●
13	混凝土试块强度统计、评定记录(表C.6.6)	施工单位	●	○	●	●
14	混凝土抗渗试验报告	检测单位	●	○	●	●
15	砂、石、水泥放射性指标报告	施工单位	●	○	●	●
16	混凝土碱总量计算书	施工单位	●	○	●	●
17	外墙饰面砖样板粘结强度试验报告	检测单位	●	○	●	●
18	后置埋件抗拔试验报告	检测单位	●	○	●	●
19	超声波探伤报告、探伤记录	检测单位	●	○	●	●
20	钢构件射线探伤报告	检测单位	●	○	●	●
21	磁粉探伤报告	检测单位	●	○	●	●
22	高强度螺栓抗滑移系数检测报告	检测单位	●	○	●	●
23	钢结构焊接工艺评定	检测单位	○	○		
24	网架节点承载力试验报告	检测单位	●	○	●	●

续表

序号	工程资料名称	工程资料来源	工程资料保存			
			施工单位	监理单位	建设单位	城建档案馆
专用表格(建筑与结构工程)						
25	钢结构防腐、防火涂料厚度检测报告	检测单位	●	○	●	●
26	木结构胶缝试验报告	检测单位	●	○	●	●
27	木结构构件力学性能试验报告	检测单位	●	○	●	●
28	木结构防护剂试验报告	检测单位	●	○	●	●
29	幕墙双组分硅酮结构密封胶混匀性及拉断试验报告	检测单位	●	○	●	●
30	幕墙的抗风压性能、空气渗透性能、雨水渗透性能及平面内变形性能检测报告	检测单位	●	○	●	●
31	外门窗的抗风压性能、空气渗透性能和雨水渗透性能检测报告	检测单位	●	○	●	●
32	墙体节能工程保温板材与基层粘结强度现场拉拔试验	检测单位	●	○	●	●
33	外墙保温浆料同条件养护试件试验报告	检测单位	●	○	●	●
34	结构实体混凝土强度检验记录*（表C.6.7）	施工单位	●	○	●	●
35	结构实体钢筋保护层厚度检验记录*（表C.6.8）	施工单位	●	○	●	●
36	围护结构现场实体检验	检测单位	●	○	●	●
37	室内环境检测报告	检测单位	●	○	●	
38	节能性能检测报告	检测单位	●	○	●	●
专用表格(给水排水及采暖工程)——略						
专用表格(建筑电气工程)——略						
专用表格(智能建筑工程)——略						
专用表格(通风与空调工程)——略						
专用表格(电梯工程)——略						
注："●"表示"归档保存"；"○"表示"过程保存"，是否归档保存可自行确定						

(1)设备单机试运转记录。为保证系统的安全、正常运行，设备在安装中应进行必要的单机试运转试验。《设备单机试运转记录》应符合现行国家标准《建筑给水排水及采暖工程施工质量验收规范》(GB 50242—2002)、《通风与空调工程施工质量验收规范》(GB 50243—2016)、《建筑节能工程施工质量验收规范》(GB 50411—2007)的有关规定。

施工单位填写的《设备单机试运转记录》应一式四份，并由建设单位、监理单位、施工单位、城建档案馆各保存一份。

(2)系统试运转调试记录。《系统试运转调试记录》应符合现行国家标准《建筑给水排水及采暖工程施工质量验收规范》(GB 50242—2002)、《通风与空调工程施工质量验收规范》(GB 50243—2016)、《建筑节能工程施工质量验收规范》(GB 50411—2007)的有关规定。施工单位填写的《系统试运转调试记录》应一式四份,并应由建设单位、监理单位、施工单位、城建档案馆各保存一份。

(3)接地电阻测试记录。接地电阻测试主要包括设备、系统的防雷接地、保护接地、工作接地、防静电接地以及设计有要求的接地电阻测试,并应附《电气防雷接地装置隐检与平面示意图》说明。

接地电阻测试记录应符合现行国家标准《建筑电气工程施工质量验收规范》(GB 50303—2015)、《智能建筑工程质量验收规范》(GB 50339—2013)、《电梯工程施工质量验收规范》(GB 50310—2002)的有关规定。

施工单位填写的《接地电阻测试记录》应一式四份,并由建设单位、监理单位、施工单位、城建档案馆各保存一份。

(4)绝缘电阻测试记录。绝缘电阻测试主要包括电气设备和动力、照明线路及其他必须摇测绝缘电阻的测试,配管及管内穿线分项质量验收前和单位工程质量竣工验收前,应分别按系统回路进行测试,不得遗漏。

《绝缘电阻测试记录》应符合现行国家标准《建筑电气工程施工质量验收规范》(GB 50303—2015)、《智能建筑工程质量验收规范》(GB 50339—2013)、《电梯工程施工质量验收规范》(GB 50310—2002)的有关规定。

施工单位填写的接地电阻测试记录应一式四份,并由建设单位、监理单位、施工单位、城建档案馆各保存一份。

7. 施工质量验收记录

施工质量验收记录属于C7类,主要包括40项内容,其工程资料名称、来源及保存见表6-18。

表6-18 施工质量验收记录

	施工质量验收记录(C7类)工程资料名称	工程资料来源	工程资料保存			
			施工单位	监理单位	建设单位	城建档案馆
1	检验批质量验收记录*(表C.7.1)	施工单位	○	○	●	
2	分项工程质量验收记录*(表C.7.2)	施工单位	●	●	●	
3	分部(子分部)工程质量验收记录**(表C.7.3)	施工单位	●	●	●	●
4	建筑节能分部工程质量验收记录**(表C.7.4)	施工单位	●	●	●	●
5	自动喷水系统验收缺陷项目划分记录	施工单位	●	○	○	
6	程控电话交换系统分项工程质量验收记录	施工单位	●	○	●	
7	会议电视系统分项工程质量验收记录	施工单位	●	○	●	

续表

施工质量验收记录(C7类)工程资料名称		工程资料来源	工程资料保存			
			施工单位	监理单位	建设单位	城建档案馆
8	卫星数字电视系统分项工程质量验收记录	施工单位	●	○	●	
9	有线电视系统分项工程质量验收记录	施工单位	●	○	●	
10	公共广播与紧急广播系统分项工程质量验收记录	施工单位	●	○	●	
11	计算机网络系统分项工程质量验收记录	施工单位	●	○	●	
12	应用软件系统分项工程质量验收记录	施工单位	●	○	●	
13	网络安全系统分项工程质量验收记录	施工单位	●	○	●	
14	空调与通风系统分项工程质量验收记录	施工单位	●	○	●	
15	变配电系统分项工程质量验收记录	施工单位	●	○	●	
16	公共照明系统分项工程质量验收记录	施工单位	●	○	●	
17	给水排水系统分项工程质量验收记录	施工单位	●	○	●	
18	热源和热交换系统分项工程质量验收记录	施工单位	●	○	●	
19	冷冻和冷却水系统分项工程质量验收记录	施工单位	●	○	●	
20	电梯和自动扶梯系统分项工程质量验收记录	施工单位	●	○	●	
21	数据通信接口分项工程质量验收记录	施工单位	●	○	●	
22	中央管理工作站及操作分站分项工程质量验收记录	施工单位	●	○	●	
23	系统实时性、可维护性、可靠性分项工程质量验收记录	施工单位	●	○	●	
24	现场设备安装及检测分项工程质量验收记录	施工单位	●	○	●	
25	火灾自动报警及消防联动系统分项工程质量验收记录	施工单位	●	○	●	
26	综合防范功能分项工程质量验收记录	施工单位	●	○	●	
27	视频安防监控系统分项工程质量验收记录	施工单位	●	○	●	
28	入侵报警系统分项工程质量验收记录	施工单位	●	○	●	
29	出入口控制(门禁)系统分项工程质量验收记录	施工单位	●	○	●	
30	巡更管理系统分项工程质量验收记录	施工单位	●	○	●	

续表

施工质量验收记录(C7类)工程资料名称		工程资料来源	工程资料保存			
			施工单位	监理单位	建设单位	城建档案馆
31	停车场(库)管理系统分项工程质量验收记录	施工单位	●	○	●	
32	安全防范综合管理系统分项工程质量验收记录	施工单位	●	○	●	
33	综合布线系统安装分项工程质量验收记录	施工单位	●	○	●	
34	综合布线系统性能检测分项工程质量验收记录	施工单位	●	○	●	
35	系统集成网络连接分项工程质量验收记录	施工单位	●	○	●	
36	系统数据集成分项工程质量验收记录	施工单位	●	○	●	
37	系统集成整体协调分项工程质量验收记录	施工单位	●	○	●	
38	系统集成综合管理及冗余功能分项工程质量验收记录	施工单位	●	○	●	
39	系统集成可维护性和安全性分项工程质量验收记录	施工单位	●	○	●	
40	电源系统分项工程质量验收记录	施工单位	●	○	●	

注:"●"表示"归档保存";"○"表示"过程保存",是否归档保存可自行确定

(1)检验批质量验收记录。《检验批质量验收记录》应符合现行国家标准《建筑工程施工质量验收统一标准》(GB 50300—2013)的有关规定。施工单位填写的《检验批质量验收记录》应一式三份,并应由建设单位、监理单位、施工单位各保存一份。

(2)分项工程质量验收记录。分项工程的验收在检验批验收的基础上进行。构成分项工程的各检验批的验收资料文件完整,并且均已验收合格,则可判定该分项工程验收合格。每一分项工程完工后,由专业监理工程师组织施工单位项目专业质量(技术)负责人等进行验收,并填写验收结论。《分项工程质量验收记录》应符合现行国家标准《建筑工程施工质量验收统一标准》(GB 50300—2013)的有关规定。施工单位填写的《分项工程质量验收记录》应一式三份,并由建设单位、监理单位、施工单位各保存一份。

(3)分部工程质量验收记录。《分部工程质量验收记录》应符合现行国家标准《建筑工程施工质量验收统一标准》(GB 50300—2013)的有关规定。施工单位填写的《分部工程质量验收记录》应一式四份,并由建设单位、监理单位、施工单位、城建档案馆各保存一份。

8. 竣工验收资料

竣工验收资料属于C8类,主要包括9项内容,其工程资料名称、来源及保存见表6-19。

表 6-19 竣工验收资料

	施工验收资料(C8类)工程资料名称	工程资料来源	工程资料保存			
			施工单位	监理单位	建设单位	城建档案馆
1	工程竣工报告	施工单位	●	●	●	●
2	单位(子单位)工程竣工预验收报验表*(表C.8.1)	施工单位	●	●	●	
3	单位(子单位)工程质量竣工验收记录**(表C.8.2-1)	施工单位	●	●	●	●
4	单位(子单位)工程质量控制资料核查记录*(表C.8.2-2)	施工单位	●	●	●	●
5	单位(子单位)工程安全和功能检验资料核查及主要功能抽查记录*(表C.8.2-3)	施工单位	●	●	●	●
6	单位(子单位)工程观感质量检查记录**(表C.8.2-4)	施工单位	●	●	●	●
7	施工决算资料	施工单位	○	○	●	
8	施工资料移交书	施工单位	●		●	
9	房屋建筑工程质量保修书	施工单位	●	●	●	

注:"●"表示"归档保存";"○"表示"过程保存",是否归档保存可自行确定

(1)单位(子单位)工程竣工预验收报验表。单位(子单位)工程承包单位自检符合竣工条件后,向项目监理机构提出工程竣工预验收。《单位(子单位)工程竣工预验收报验表》应符合现行国家标准《建设工程监理规范》(GB/T 50319—2013)的有关规定。

施工单位填写的《单位(子单位)工程竣工预验收报验表》应一式四份,并由建设单位、监理单位、施工单位、城建档案馆各保存一份。

(2)单位(子单位)工程质量竣工验收记录。《单位(子单位)工程质量竣工验收记录》应符合现行国家标准《建筑工程施工质量验收统一标准》(GB 50300—2013)的有关规定。施工单位填写的《单位(子单位)工程质量竣工验收记录》应一式五份,并由建设单位、监理单位、施工单位、设计单位、城建档案馆各保存一份。

(3)单位(子单位)工程质量控制资料核查记录。单位(子单位)工程质量控制资料是单位工程综合验收的一项重要内容,是单位工程包含的有关分项工程中检验批主控项目、一般项目要求内容的汇总表。《单位(子单位)工程质量控制资料核查记录》应符合现行国家标准《建筑工程施工质量验收统一标准》(GB 50300—2013)的有关规定。

《单位(子单位)工程质量控制资料核查记录》应由施工单位填写,一式四份,并由建设单位、监理单位、施工单位、城建档案馆各保存一份。

(4)单位(子单位)工程安全和功能检验资料核查及主要功能抽查记录。《单位(子单位)工程安全和功能检验资料核查及主要功能抽查记录》应符合现行国家标准《建筑工程施工质量验收统一标准》(GB 50300—2013)的有关规定。《单位(子单位)工程安全和功能检验资料核查及主要功能抽查记录》应施工单位填写,一式四份,并由建设单位、监理单位、施工

单位、城建档案馆各保存一份。

(5)单位(子单位)工程观感质量检查记录。工程观感质量检查是工程竣工后进行的一项重要验收工作,是对工程的一个全面检查。《单位(子单位)工程观感质量检查记录》应符合现行国家标准《建筑工程施工质量验收统一标准》(GB 50300—2013)的有关规定。

观感质量的验收方法和内容与分部、子分部工程的观感质量评价相同,只是分部、子分部的范围小一些而已,一些分部、子分部工程的观感质量,可能在单位工程检查时已经看不到了。

检查时对建筑的重要部位、项目及有代表性的房间、部位、设备、项目都应检查到。对其评价时,可逐点评价再综合评价。

单位工程的观感质量综合评价分为"好""一般""差"三个等级,检查的方法、程序及标准等与分部工程相同,属于综合性验收。质量评价为"好"或"一般"的项目由总监理工程师在"检查结论"栏内填写"验收合格"。质量评价为"差"的项目,属不合格项,应进行返修。"抽查质量状况"栏可填写具体数据。

《单位(子单位)工程观感质量检查记录》应由施工单位填写,一式四份,并由建设单位、监理单位、施工单位、城建档案馆各保存一份。

四、竣工图资料(D类)

竣工图属于D类工程资料,主要包括建筑与结构竣工图、装饰与装修竣工图及室外工程竣工图,其工程资料名称、来源及保存见表6-20。

工程竣工图的绘制

表6-20 竣工图的主要项目内容

	竣工图(D类)工程资料名称		工程资料来源	工程资料保存			
				施工单位	监理单位	建设单位	城建档案馆
1	建筑与结构竣工图	建筑竣工图	编制单位	●		●	●
2		结构竣工图	编制单位	●		●	●
3		钢结构竣工图	编制单位	●		●	●
4	建筑装饰与装修竣工图	幕墙竣工图	编制单位	●		●	●
5		室内装饰竣工图	编制单位	●		●	●
6	建筑给水、排水与采暖竣工图		编制单位	●		●	●
7	建筑电气竣工图		编制单位	●		●	●
8	智能建筑竣工图		编制单位	●		●	●
9	通风与空调竣工图		编制单位	●		●	●
10	室外工程竣工图	室外给水、排水、供热、供电、照明管线等竣工图	编制单位	●		●	●
11		室外道路、园林绿化、花坛、喷泉等竣工图	编制单位	●		●	●
	D类其他材料						
注:"●"表示"归档保存"							

五、工程竣工验收文件资料(E类)

工程竣工文件属于E类,分别包括竣工验收文件(E1类)、竣工决算文件(E2类)、竣工交档文件(E3类)及竣工总结文件(E4类)4类16项内容,其工程资料名称、来源及保存见表6-21。

表6-21 工程竣工文件

工程竣工文件(E类) 工程资料名称		工程资料来源	工程资料保存			
			施工单位	监理单位	建设单位	城建档案馆
竣工验收文件(E1类)						
1	单位(子单位)工程质量竣工验收记录**	施工单位	●	●	●	●
2	勘察单位工程质量检查报告	勘察单位	○	○	●	●
3	设计单位工程质量检查报告	设计单位	○	○	●	●
4	工程竣工验收报告	建设单位	●	●	●	●
5	规划、消防、环保等部门出具的认可文件或准许使用文件	政府主管部门	●	●	●	●
6	房屋建筑工程质量保修书	施工单位	●	●	●	●
7	住宅质量保证书、住宅使用说明书	建设单位			●	
8	建设工程竣工验收备案表	建设单位	●	●	●	●
竣工决算文件(E2类)						
1	施工决算资料*	施工单位	○	○	●	
2	监理费用决算资料*	监理单位		○		
竣工交档文件(E3类)						
1	工程竣工档案预验收意见	城建档案管理部门			●	●
2	施工资料移交书*	施工单位	●			
3	监理资料移交书*	监理单位		●		
4	城市建设档案移交书	建设单位			●	
竣工总结文件(E4类)						
1	工程竣工总结	建设单位			●	●
2	竣工新貌影像资料	建设单位	●		●	●
E类其他资料						

注:"●"表示"归档保存";"○"表示"过程保存",是否归档保存可自行确定

本章小结

建设工程文件档案资料管理是指在建设工程信息管理中对作为信息载体的资料有序地进行收集、加工、分解、编目、存档,并为工程项目各参加者提供专用和常用信息的过程。本章主要介绍建设工程文件档案资料管理和建设工程监理表格体系。

思考与练习

一、填空题

1. 建设工程文件指在工程建设过程中形成的各种形式的信息记录,包括_____、_____、_____、_____和_____。
2. 建设工程档案指:在工程建设活动中直接形成的具有_____的文字、图表、声像等各种形式的历史记录,也可简称工程档案。
3. 建设工程_____和_____组成建设工程文件档案资料。
4. 建设工程文件档案资料载体有_____、_____、_____、_____。
5. 案卷不宜过厚,一般不超过_____。案卷内不应有重复资料。
6. 列入城建档案管理部门接收范围的工程,建设单位在工程竣工验收后_____内向城建档案管理部门移交一套符合规定的工程档案。

二、选择题

1. 建设工程文件档案资料只有全面地反映项目的各类信息,而且必须形成一个完整的系统才有实用价值。有时,只言片语地引用往往会起到误导作用。下面属于建设工程文件档案资料特征的是(　　)。
   A. 真实性　　　　B. 时效性　　　　C. 综合性　　　　D. 全面性
2. (　　)是在工程施工过程中形成的文件。
   A. 监理文件　　　　　　　　　　B. 施工文件
   C. 竣工图　　　　　　　　　　　D. 施工单位
3. 地方城建档案管理部门的职责不包括(　　)。
   A. 负责接收和保管所辖范围应当永久和长期保存的工程档案和有关资料
   B. 负责对城建档案工作进行业务指导,监督和检查有关城建档案法规的实施
   C. 列入向本部门报送工程档案范围的工程项目,其竣工验收应由本部门参加并负责对移交的工程档案进行验收
   D. 实行技术负责人负责制,逐级建立健全施工文件管理岗位责任制,配备专职档案管理员,负责施工资料的管理工作
4. 工程档案资料不可采用(　　)。
   A. 纸质载体　　　　　　　　　　B. 传媒载体
   C. 缩微品载体　　　　　　　　　D. 光盘载体

三、简答题

1. 工程建设单位文件档案资料管理的职责有哪些?
2. 建设工程文件档案资料的编制质量要求有哪些?
3. 建设工程文件档案资料组卷的常用方法有哪些?
4. 建设工程文件档案资料的验收应符合哪些规定?
5. 建设工程监理文件档案资料管理的作用主要体现在哪几个方面?

第七章 建设工程管理信息系统

知识目标

1. 了解建设工程管理信息系统的概念、功能、分类、组成、结构、作用等知识,熟悉基于互联网的建设工程信息管理系统的相关内容。
2. 熟悉建设工程管理信息系统的开发要求、原则,掌握建设工程管理信息系统的开发方法、开发管理。
3. 了解建设工程管理信息系统规划的定义,熟悉建设工程管理信息系统规划的目标、作用、特点,掌握建设工程管理信息系统规划的方法、过程等。
4. 了解建设工程管理信息系统分析的基础知识,掌握建设工程管理信息系统分析的详细调查与分析、组织结构与功能分析、数据与数据流分析、系统分析等。
5. 了解建设工程管理信息系统设计的基础知识,掌握建设工程管理信息系统的总体设计与详细设计。
6. 了解建设工程信息系统的发展趋势,熟悉建设工程信息系统的应用模式,掌握建设工程信息系统的实施。

能力目标

学习建设工程管理信息系统的基础知识,能进行建设工程管理信息系统的开发、规划、分析、设计等,具备建设工程信息系统实施的能力。

第一节 建设工程管理信息系统的基础知识

一、建设工程管理信息系统的概念

作为一门新的学科,管理信息系统的学科理论基础尚不完善,其定义大体上可以从广义和狭义两个方面叙述。

1. 广义的管理信息系统

从系统论和管理控制论的角度,认为管理信息系统是存在于任何组织内部,为管理决策服务的信息收集、加工、存储、传输、检索和输出的系统,即任何组织和单位都存在一个管理信息系统。

2. 狭义的管理信息系统

狭义的管理信息系统是指按照系统思想建立起来的以计算机为工具,为管理决策服务的信息系统。它体现了信息管理中的现代管理科学、系统科学、计算机技术及通信技术,向各级管理者提供经营管理的决策支持,强调了管理信息系统的预测和决策功能,而且是一个综合的人机系统。

3. 国际上对建设工程管理信息系统的定义

建设工程管理信息系统是处理工程管理信息的人机系统。它通过收集、存储及分析工程项目实施过程中的有关数据,辅助工程项目的管理人员和决策者规划、决策和检查,其核心是辅助对工程项目目标的控制。

建设工程项目管理信息系统的构成如图 7-1 所示。从图 7-1 可以看出,建设工程管理信息系统是一个由进度控制、投资控制、质量控制及合同管理等多个子系统构成的综合系统。其功能的实现要靠公用数据库的支持,该公用数据库将各子系统共用的数据按一定的方式组织并存储起来,以实现各子系统之间的数据共享。

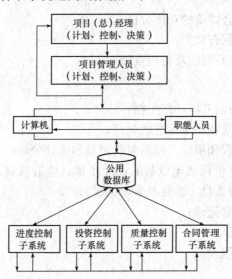

图 7-1 建设工程项目管理信息系统的构成

二、建设工程管理信息系统的功能

(一)进度控制子系统

进度控制子系统应实现的基本功能包括:
(1)编制双代号网络计划(CPM)和单代号搭接网络计划(MPM);
(2)编制多阶网络(多平面群体网络)计划(MSM);
(3)工程实际进度的统计分析;
(4)实际进度与计划进度的动态比较;

建设工程信息
管理系统的目标

(5)工程进度变化趋势预测；
(6)计划进度的定期调整；
(7)工程进度各类数据的查询；
(8)提供多种(不同管理平面)工程进度报表；
(9)绘制网络图；
(10)绘制横道图。

(二)投资控制子系统

投资控制子系统应实现的基本功能包括：
(1)投资分配分析；
(2)编制项目概算和预算；
(3)投资分配与项目概算的对比分析；
(4)项目概算与预算的对比分析；
(5)合同价与投资分配、概算、预算的对比分析；
(6)实际投资与概算、预算、合同价的对比分析；
(7)项目投资变化趋势预测；
(8)项目结算与预算、合同价的对比分析；
(9)项目投资的各类数据查询；
(10)提供多种(不同管理平面)项目投资报表。

(三)质量控制子系统

质量控制子系统应实现的基本功能包括：
(1)项目建设的质量要求和质量标准的制订；
(2)分项工程、分部工程和单位工程的验收记录和统计分析；
(3)工程材料验收记录(包括机电设备的设计质量、监造质量、开箱检验情况、资料质量、安装调试质量、试运行质量、验收及索赔情况)；
(4)工程设计质量的鉴定记录；
(5)安全事故的处理记录；
(6)提供多种工程质量报表。

(四)合同管理子系统

合同管理子系统应实现的基本功能包括：
(1)提供和选择标准的合同文本；
(2)合同文件、资料的管理；
(3)合同执行情况的跟踪和处理过程的管理；
(4)涉外合同的外汇折算；
(5)经济法规库(国内外经济法规)的查询；
(6)提供各种合同管理报表。

三、建设工程管理信息系统的分类

1. 事务型管理信息系统

事务型管理信息系统面向事业单位，主要进行日常事务的处理，如医院管理信息系统、饭店管理信息系统、学校管理信息系统等。由于不同应用单位处理的事务不同，管理信息系统的逻辑模型也不尽相同，但基本处理对象都是事务信息，这要求系统具有较高的实用性和数据处理能力，其决策工作相对较少，而且数学模型的使用也较少。

2. 企业管理信息系统

企业管理信息系统面向工厂、企业，如制造业、商业企业、建筑企业等，主要进行管理信息的加工处理，是最复杂的一类信息系统，一般应具备对工厂生产监控、预测和决策支持的功能。大型企业的管理信息系统一般都包括"人、财、物""产、供、销"以及质量、技术等，同时技术要求也很复杂，因而常被作为典型加以研究，有力地促进了管理信息系统的发展。

3. 国家经济信息系统

国家经济信息系统是一个包含综合统计部门（如国家发展和改革委员会、国家统计局）在内的国家级信息系统。在国家经济信息系统下，纵向联系各省、市、地、县及重点企业的经济信息系统，横向联系外贸、能源、交通等各行业信息系统，形成一个纵横交错、覆盖全国的综合经济信息系统。其主要功能是收集、处理、存储和分析与国民经济有关的各类经济信息，及时、准确地掌握国民经济的运行状况，为各级经济管理部门提供统计分析和经济预测信息；同时，也为各级经济管理部门及企业提供经济信息。

4. 专业型管理信息系统

专业型管理信息系统是指从事特定行业或领域的管理信息系统，如人口管理信息系统、物价管理信息系统、科技人才管理信息系统、房地产开发管理信息系统等。这类信息系统专业性强，信息相对专业，主要功能是收集、存储、加工、预测等，技术相对简单，规模一般较大。

5. 行政机关办公型管理信息系统

国家各级行政机关办公管理自动化，对提高领导机关的办公质量和效率，改进服务水平具有重要意义。办公型管理信息系统的特点是办公自动化和无纸化，在行政机关办公型管理信息系统中，主要应用局域网、打印、传真、印刷、微缩等技术，提高办公效率。行政机关办公型管理信息系统对下要与各部门下级行政机关信息系统互联，对上要与上级行政主管决策服务系统整合，为行政主管领导提供决策支持信息。

还有一类专业性更强的信息系统，如铁路运输管理信息系统、电力建设管理信息系统、银行管理信息系统、民航信息系统、邮电信息系统等。它们的特点是综合性强，包括了上述各种管理信息系统的特点，因此被称为"综合型"的管理信息系统。

四、建设工程管理信息系统的组成

建设工程管理信息系统主要由以下几部分组成。

(1)硬件。硬件主要是指计算机及有关的各种设备。硬件必须提供输入、输出、通信、存储数据和程序、进行数据处理等功能。

(2)软件。软件分系统软件和应用软件。系统软件主要用于计算机的管理、维护、控制以及程序的装入和翻译等工作；应用软件是指挥计算机进行数据处理的程序。

(3)数据库。数据库是系统中数据文件的逻辑组合，它包含了所有应用软件使用的数据。这些数据存放在外部存储器的物理介质上，如磁带、硬磁盘、软磁盘、光盘等。

(4)操作规程。正规的操作规程是以手册或说明书之类的物理形式存在的。工程项目管理信息系统需要的主要规程有以下三种。

1)用户手册：用户手册供系统用户在记录数据、利用终端输入或检索数据、使用系统输出结果等场合使用。

2)操作手册：操作手册供计算机操作人员使用。

3)运行手册：运行手册供数据准备人员进行输入准备时使用。

(5)操作人员。操作人员主要包括计算机操作人员、程序设计员、系统分析员、信息系统管理人员、数据管理员等。

五、建设工程管理信息系统的结构

管理信息系统的结构是指管理信息系统各组成部分所构成的框架，由于对不同组成部分的不同理解，构成了不同的结构方式。

1. 管理信息系统的层次结构

由于一般的组织管理均是分层次的，如战略管理、管理控制、作业管理等，为其服务的信息处理与决策支持也相应分为三层，这三个层次构成了管理信息系统的纵向结构。另一方面，从横向来看，任何企业都可以按照各个管理组织或机构的职能组成管理信息系统的横向结构，如销售与市场、生产管理、物资管理、财务与会计、人事管理等；从处理的内容及决策的层次来看，信息处理所需资源的数量随管理任务的层次而变化。一般，基层管理的业务信息处理量大，层次越高，信息量越小，形成金字塔式管理信息系统结构(图 7-2)。管理信息系统按照自下而上的层次结构，可分为事务处理、作业管理、管理控制和战略管理四个层次。

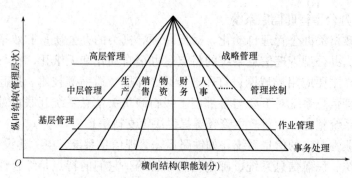

图 7-2 管理信息系统的金字塔结构

(1)事务处理。事务处理主要是指处理日常工作中的各类统计、报表、信息查询和文件档案管理等。

(2)作业管理。作业管理主要是指协助管理者合理安排各项业务活动的短期计划，如生产日程安排等。根据计划实施情况进行调度、控制，以及对日常业务活动进行分析、总结、提出报告等。其主要信息来源是企业的内部环境信息，特别是反映当前业务活动情况的信息。

(3)管理控制。根据企业的整体目标和长期规划制订中期生产、供应和销售活动计划，运用各种计划、预算、分析、决策模型和有关信息，协助管理者分析问题，检查和修改计划与预算，分析、评价、预测当前活动及其发展趋势以及其对企业目标的影响等。管理控制要利用大量的反映业务活动状况的内部信息,同时也需要大量反映市场情况、原材料供应者和竞争者状况的外部信息。

(4)战略管理。协助管理者根据外部环境信息和有关模型、方法确定和调整企业目标,制定和调整长期规划、总行动方针等。战略管理要利用下层各层次信息处理的结果,同时要使用大量的内外部信息,如用户、竞争者、原材料供应者的情况,国家和地区的社会经济状况与发展趋势,国家和行业管理部门的各种方针、政策。政治、心理因素、民族、文化背景等对战略管理也都有重要影响。从信息处理层次上看,越靠近金字塔的顶端,信息处理的非结构化程度越强,信息量也越少,这些信息用于满足企业高层决策者的需求;而在金字塔的中部和底部,信息量越来越大,信息处理的结构化程度也越来越强,这些信息用于满足企业的中层和基层管理人员及操作人员的需求。在金字塔的不同层次之间存在着信息的交流,高层的信息处理以底层的信息为基础,通过对底层信息的综合、提炼和加工得到上层信息。同时,上层信息指导和控制底层信息的处理过程。

2. 管理信息系统的概念结构

管理信息系统的概念结构模型如图 7-3 所示。

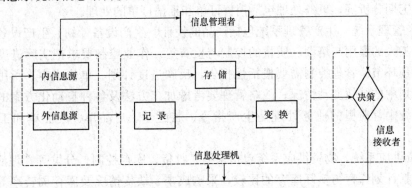

图 7-3 项目管理信息系统的概念结构

建设工程管理信息系统中的内信息源是指来自建设项目本身的信息,如工程概况、设计文件、施工方案、合同文件、工程实际进展情况等;外信息源是指来自项目外部环境的信息,如国家有关政策及法规、国内及国际市场上的原材料及设备价格、物价指数、类似工程造价及进度等。

信息处理机由数据采集、数据变换、数据传输、数据存储等装置所组成。它的主要功能是获取数据,并将其转换为信息,将其提供给信息接收者。信息管理者负责建设项目管理信息系统的开发和运行工作,并负责系统中其他各个组成部分的协调配合,成为一个有机的整体。信息的接收者也就是信息的使用者,主要是指处于建设项目管理组织内部不同职能、不同层次的管理人员,他们在从事建设项目管理工作时,都需要项目信息的支持。

3. 管理信息系统的功能结构

管理信息系统从使用者的角度看,总是有一个目标,并具有多种功能,各种功能之间又有各种信息联系,构成一个有机结合的整体,形成一个功能结构(图 7-4)。图 7-4 的功能结构和管理活动矩阵反映了在不同层次支持整个组织的各种功能。各系统的功能如下。

(1)市场销售系统。市场销售系统通常包括产品的销售和推销以及售后服务的全部活

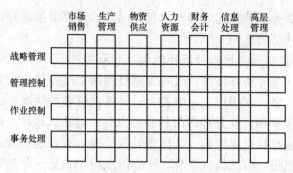

图 7-4 管理信息系统的功能/层次矩阵

动。在战略管理方面,其包括新市场的开拓和新市场的战略,它使用的信息有顾客分析、竞争者分析、顾客调查信息、收入预测和技术预测等;在管理控制方面,其包括总的销售成果和市场计划的比较,它要用到有关客户、竞争者、竞争产品和销售力量等方面的数据;作业控制包括雇用和培训销售人员、销售和推销日常调度,还包括按区域、产品、顾客的销售数量的定期分析等;事务处理包括销售订单和推销订单的处理。

(2)生产管理系统。生产管理系统包括产品的设计、生产设备计划、生产设备的调度与运行、生产工人的雇用与培训、质量的控制与检查等。作业控制要求把实际进度与计划比较,找出瓶颈环节。管理控制需要概括性报告,反映进度计划、单位成本、所用工时等项目在整个计划中的绩效变动情况;战略管理要考虑加工方法及各种自动化方案的选择。在生产管理系统中,典型的业务处理是生产指令、装配单、成品单、废品单和工时单等的处理。

(3)物资供应系统。物资供应系统包括采购、收货、库存控制、分发等管理活动。管理控制信息包括计划库存与实际库存的比较,采购成本、缺货情况及库存周转率等。战略管理主要涉及新的物资供应战略,对供应商的新政策以及"自制与外购"的比较分析等。此外,还有新的供应方案、新技术等信息。业务处理数据如购货申请、购货订单、加工单、收货报告、库存票、提货单等;作业控制要求把物资供应情况与计划进行比较,产生库存水平、采购成本、出库项目和库存营业额等分析报告。

(4)人力资源系统。人力资源系统包括人力资源计划,职工档案管理,员工的选聘、培训、岗位调配、业绩考核、工资福利,职工的退休和解聘等。管理控制主要进行实际情况与计划比较,找出差距制定调整措施,产生各种报告和分析结果,用于说明在岗工人的数量、招工费用、技术专长的构成、应付工资、工资率的分配及现行制度是否符合政府就业政策等。战略管理包括人力资源状况分析、人力资源战略和方案评价、人力资源政策的制定。人力资源子系统适用的信息除了本企业的综合性信息外,还包括国家的人事政策、工资水平、教育情况和世界局势等。其业务处理要产生有关聘用条件、工作岗位职责说明、培训说明、人员基本情况数据、工资、业绩变化、工作时间、福利和终止聘用通知等。

(5)财务会计系统。财务与会计有着不同的工作目标和工作内容,但它们之间有着密切的联系。管理控制包括预算计划和成本数据的分析比较(如财务资源的实际成本、处理会计数据的成本和差错率)、综合财务状况分析、改进财务运作的途径等。战略管理关心的是投资理财的效果,对企业战略计划的财务保证能力以及中长期的投资、融资、成本和预算系统计划等。财务的目标是保证企业的财务要求，并使其花费尽可能低。会计的工作内容则是对财务业务分类、总结，编制标准财务报表，制定预算及对成本数据的分类与分析。运行控制关心每天的差错和异常情况报告、延迟处理的报告和未处理业务的报告等。

(6)信息处理系统。信息处理系统集中管理企业的信息资源，保证企业各职能部门获得必要的信息资源和信息处理服务。管理控制要求分析信息系统运行状况，如设备费用、程序员的能力、项目开发的实施计划等情况的比较，找出差距并制定改进的方案等。战略管理关心信息功能的组织，信息系统的总体规划，硬件和软件的总体结构，系统的运行效果，信息保证能力，提出管理信息系统建设的长远规划。办公自动化可以看作是与信息处理系统合一的子系统，也可作为一个独立的系统。信息处理系统包括管理信息系统的规划建设、软件和硬件的维护管理、企业网站的建设与日常管理、响应各类信息需求、为其他系统提供技术支持等。典型的业务处理是处理请求、控制管理信息系统的运行、报告硬件和软件的故障、网站内容的更新等。运行控制包括软件和硬件故障维护、信息安全保障等。

(7)高层管理系统。每个组织都有一个高层领导层，如由公司总经理和各职能领域的副总经理组成的委员会，高层管理子系统为高层领导服务。管理控制层要求进行各功能子系统执行计划的总结和计划的比较分析，找出问题并提出调整方案。最高层的战略管理活动需要确定企业的定位和发展方向，制定竞争策略和融资投资战略等，它要求综合外部和内部的信息。外部信息包括竞争者信息、区域经济指数、顾客偏好、提供服务的质量等。业务处理和运行控制活动主要是信息的查询和对决策的支持、日常公文的处理、会议安排、内部指令的发送及外部信息的交流等。

六、建设工程管理信息系统的作用

建设工程管理信息系统在建设项目管理工作中具有十分重要的作用，主要体现在以下几个方面：

(1)能为建设项目各层次、各岗位的管理人员收集、处理、传递、存储和分发各类数据和信息；

(2)能为高层项目管理人员提供预测、决策所需的数据、数学分析模型和必要的手段，为科学决策提供可靠支持；

(3)能提供必要的办公自动化手段，使项目管理人员能摆脱烦琐的日常事务工作，集中精力分析、处理项目管理工作中的一些重大问题；

(4)能提供人、财、物、设备诸要素之间综合性较强的数据及必要的调控手段，以便项目管理人员实现对工程建设的动态控制。

七、建设工程管理信息系统的发展

随着建设工程项目系统的变化，建设工程管理信息系统也在变化，建设工程管理信息系统的变化集中体现了建设工程项目系统的变化和发展。国际上一些知名的研究机构认为，未来建设工程管理信息系统的发展有如下趋势。

(1)建设工程管理信息系统中不同子系统之间的集成度更高，如进度控制子系统与投资控制子系统和合同管理子系统的集成。不同的建设工程信息管理子系统通过统一的数据模型和高效的文档管理系统实现较高程度的信息共享，提高了建设工程管理信息系统中信息处理的效率。

（2）建设工程管理信息系统的开放性更高，由于采用统一的开放性标准，如 TCP/IP 协议、Java 语言平台等，建设工程管理信息系统对具体软硬件平台的依赖性降低，系统的可移植性与可操作性不断提高，更有利于建设工程管理信息系统的推广和应用。

（3）建设工程管理信息系统与建筑业其他计算机辅助系统的集成度更高，如投资控制子系统与 CAD 系统的集成，建设工程信息管理系统与物业管理信息系统的集成等。

（4）建设工程管理信息系统可以更方便地管理地域上分布的多个项目。

（5）建设工程管理信息系统更注重与通信功能和计算机网络平台的集成。

（6）工程项目管理软件的功能更加专业，与工程项目管理理论结合得更为紧密，同时，针对不同的建设工程任务和管理者，软件功能将更具有针对性。

（7）采用更为先进的系统开发方法（面向对象的系统分析与设计、CASE 工具等），提高开发的效率，同时，强调用户的参与，更利于用户的使用和学习等。

总而言之，未来建设工程管理信息系统的发展总方向是专业化、集成化和网络化，同时，强调系统的开放性和可用性。

八、基于互联网的建设工程信息管理系统

1. 基于互联网的建设工程信息管理系统的概念

基于互联网的建设工程信息管理系统是在项目实施过程中，对项目参与各方产生的信息和知识进行集中式管理，主要是项目信息的共享和传递，而不是对信息进行加工和处理。因此，它不是一个具体的信息系统，而是国际上工程建设领域一系列基于互联网技术标准的项目信息沟通系统的总称。其基本功能包括文档信息和数据信息的分类、存储、查询。该系统通过信息的集中管理和门户设置，可为项目参与方提供一个开放、协同、个性化的信息沟通环境。

2. 基于互联网的建设工程信息管理系统的特点

基于互联网的建设工程信息管理系统与其他传统的项目管理信息系统相比，具有如下特点。

（1）与其他在建筑业中应用的信息系统不同，基于互联网的建设工程信息管理系统的主要功能是项目信息的共享和传递，而不是对信息进行加工、处理。虽然基于互联网的建设工程项目信息管理系统的发展趋势是与项目信息处理系统（如一些项目管理软件系统）进行集成，但就其核心功能而言，项目信息门户系统是一个信息管理系统，而不是一个管理信息系统，其基本功能是对项目的信息（包括文档信息和数据信息）进行管理（包括分类、存储、查询）。

（2）基于互联网的建设工程信息管理系统不是一个简单的文档系统，基于互联网的建设工程信息管理系统通过信息的集中管理和门户设置，可为项目参与各方提供一个开放、协同、个性化的信息沟通环境。对虚拟项目组织协同工作和知识管理的有力支持，是基于互联网的建设工程信息管理系统与一般文档系统和群件系统的最大区别。

（3）以 Extranet 作为信息交换工作的平台，其基本形式是项目主题网。与一般的网站相比，它对信息的安全性有较高的要求。

（4）基于互联网的建设工程信息管理系统采用 100% 的 B/S 结构，用户在客户端只需要安装一个浏览器就可以。浏览器界面是用户通往全部授权项目信息的唯一入口，项目参与

各方可以不受时间和空间的限制，通过定制（customized）来获得所需的项目信息。传统的项目管理信息系统的用户只能是一个工程参与单位，而基于互联网的建设工程信息管理系统的用户是建设工程的所有参与单位。

3. 基于互联网的建设工程信息管理系统的结构

一个完整的基于互联网的建设工程信息管理系统的逻辑结构应具有八个层次，从数据源到信息浏览界面分别为：

（1）基于互联网的项目信息集成平台，可以对来自不同信息源的各种异构信息进行有效集成；

（2）项目信息分类层，对信息进行有效的分类编目，以便项目各参与方对信息的利用；

（3）项目信息搜索层，为项目各参与方提供方便的信息检索服务；

（4）项目信息发布与传递层，支持信息内容的网上发布；

（5）工作流支持层，使项目各参与方通过项目信息门户完成一些工程项目的日常工作流程；

（6）项目协同工作层，使用同步或异步手段使项目各参与方结合一定的工作流程进行协作和沟通；

（7）个性化设置层，使项目各参与方实现个性化的界面设置；

（8）数据安全层，通过安全保证措施，用户一次登录就可以访问所有的信息源。

4. 基于互联网的建设工程信息管理系统的功能

基于互联网的建设工程信息管理系统的功能分为基本功能和拓展功能两个层次。其中，基本功能是大部分的商业基于互联网的建设工程信息管理系统和应用服务所具备的功能，它可看成是基于互联网的建设工程信息管理系统的核心功能。而拓展功能则是部分应用服务商在其应用服务平台上所提供的服务，这些服务代表了未来基于互联网的建设工程信息管理系统发展的趋势（如进行基于工程项目的"B to B"电子商务）。

基于互联网的项目信息平台（Project Information Portal，PIP）涵盖了目前一些基于互联网的建设工程项目信息管理系统商品软件和应用服务的主要功能，是较为系统全面的基于互联网的建设工程信息管理系统功能架构（图7-5），在具体工程项目的应用中应结合工程实际情况对其进行适当的选择和扩展。

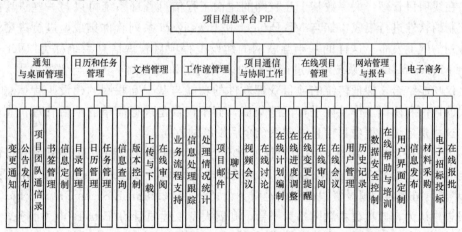

图7-5 基于互联网的建设工程信息管理系统的功能架构

(1)系统的基本功能。

1)通知与桌面管理。这一模块包括变更通知、公告发布、项目团队通信录及书签管理等功能,其中变更通知是指当与某一项目参与单位有关的项目信息发生改变时(如进度拖延),系统用 E-mail 进行提醒和通知,它是基于互联网的建设工程信息管理系统应具备的一项基本功能。

2)日历和任务管理。日历和任务管理是一些简单的项目进度控制功能,包括共享项目进度计划的日历管理和任务管理。

3)文档管理。文档管理是基于互联网的建设工程信息管理系统的一项十分重要的功能,它在项目的站点上提供标准的文档目录结构,项目参与各方可以进行定制。项目的参与各方可以完成文档(包括工程照片、合同、技术说明、图纸、报告、会议纪要、往来函件等)的查询(按关键字、日期等)、版本控制、文档的上传和下载、在线审阅等工作。

4)工作流管理。工作流管理是对项目工作流程的支持,它包括在线完成信息请求、工程变更、提交请求及原始记录审批等,并对处理情况进行跟踪统计。

5)项目通信与协同工作。在基于互联网的建设工程信息管理系统为用户定制的主页上,项目参与各方可以通过其内置的邮件通信功能进行项目信息的通信,所有的通信记录在站点上都有详细的记录,从而便于争议的处理。另外,用户还可以就某一主题(如某一个设计方案)进行在线讨论,其讨论的每一个细节都会被记录下来,并被分发给有关各方。项目信息门户系统的通信与讨论都可以获得大量随手可得的信息作为支持。

6)网站管理与报告。其包括用户管理、使用报告生成等功能,其中很重要的一项功能就是对项目参与各方的信息沟通(包括文档传递、邮件信息、会议等)及成员在网站上的活动进行详细记录。

(2)系统的拓展功能。

1)多媒体的信息交互:有一些基于互联网的建设工程信息管理系统可以提供视频会议的功能,这一项功能其实是项目沟通与协同功能的一部分。目前,由于技术和网络带宽的原因,它在工程项目中的应用并不普及。许多基于互联网的建设工程信息管理系统通过系统的集成和使用第三方平台的办法,也可以使用户在工程项目的基于互联网的建设工程信息管理系统中进行视频会议。

2)在线项目管理:大多数基于互联网的建设工程信息管理系统可以与一些进度控制和投资控制的软件进行集成,如与 MS-Project 和 Primavera 系列软件集成,进行进度计划和投资计划的网上发布,这样的基于互联网的建设工程项目管理信息系统称为"Web-Enable Project Management"。系统可以进行在线的计划编制和进度调整,并与变更提醒、在线审阅和会议功能结合,即把传统的项目管理软件的功能与基于互联网的建设工程信息管理系统强大的通信和协同工作功能进行无缝集成,而不仅仅是进行简单的项目管理信息的网上发布。这将是建设工程项目信息管理系统今后发展的方向。

3)电子商务功能:在许多大型工程的基于互联网的建设工程信息管理系统可以完成设备与材料及劳务的招标投标过程,形成所谓电子采购"E-Procurement"和电子招标投标"E-Bid"。美国著名跨国投资银行和金融服务公司—The Goldman Sachs Graup, Inc.,在其研究报告中认为,以项目主题网站为平台,开展大型工程项目的"B to B"电子商务,将是未来几年基于互联网的建设工程信息管理系统的主要发展趋势。

5. 基于互联网的建设工程信息管理系统的作用

基于互联网的建设工程信息管理系统在工程项目建设中有着重要的作用，主要表现在以下几个方面。

(1)促进项目建设进度。据统计，在现代工程项目中，工程师工作时间的10%～30%被用在寻找合适的信息上，而项目管理人员则有80%的时间是用在信息的收集和准备上。在美国，一个项目经理(相当于我国总监理工程师)每天要处理20多个来自项目参与各方的信息请求，这要占去项目经理大部分的工作时间。由于信息管理工作的繁重，有人甚至称项目经理已经变成了项目信息经理。使用基于互联网的建设工程项目信息管理系统进行项目信息的管理和沟通可以大幅缩短搜寻信息的时间，提高工作和决策的效率，从而加快项目实施的速度。另外，应用基于互联网的建设工程信息管理系统可以有效减少信息延误和错误所造成的工期拖延。

(2)降低工程项目实施成本。成本的节约来自两个方面，一方面是由于采用了Web-based PIMS系统而减少了花费在纸张、电话、复印、传真、商务旅行及竣工文档准备上的大量费用。国外研究表明，对于一个典型项目(投资在1 000万美元左右)，在设计阶段使用基于互联网的建设工程信息管理系统将节约53%的直接成本；另一方面是由于采用基于互联网的建设工程信息管理系统而提高了信息沟通的效率和有效性，从而减少了不必要的工程变更，提高了决策效率。

(3)降低项目实施风险。信息沟通的通畅，提高了决策人员对工程实施的预见性，并使其可以对项目实施过程中的干扰进行有效的控制。

(4)提高业主的满意度。在传统的工程项目建设过程中，业主很难对项目实施的全过程进行有效的监控，这是业主满意度下降的重要原因。在应用了基于互联网的建设工程信息管理系统的项目中，业主可以及时地获得项目实施过程中的各种信息，并参与项目决策过程，提高了对项目目标的控制能力。在项目结束后，业主可以十分方便地得到记录有项目实施过程中全部信息的CD-ROM，其可用于项目的运营与维护。

第二节　建设工程管理信息系统的开发

所谓信息系统的开发，就是在对现行旧系统进行详细调查研究的基础上，通过系统设计提出对新系统的展望及其模型，最终建立一个具有先进水平、能满足用户需要，而且运行效率高、经济效益好的新系统。

建设工程管理信息系统的开发是一项复杂的系统工程，必须采用工程的概念、原理、技术和方法，才有可能以较低的成本开发出真正符合企业需求的、高质量的管理信息系统。

一、建设工程管理信息系统的开发要求

1. 科学性

管理信息系统是在科学管理的基础上发展起来的。只有在合理的管理体制、完善的规

章制度、稳定的生产秩序、科学的管理方法和完整准确的原始数据的基础上，才能考虑管理信息系统的开发问题。为了适应计算机管理的要求，首先必须逐步实现管理工作的程序化、管理业务的标准化、基础数据管理的制度化、报表文件的统一化和数据资料的代码化。

(1)管理工作的程序化。建立完善的项目信息流程，使项目各参与单位之间的信息关系明确化，使人从流程图上一眼就能看清楚各参与单位的管理工作是如何一环扣一环地进行的。同时，结合项目的实际情况，对信息流程进行不断的优化和调整，找出不合理的、冗余的流程予以更正，以适应信息系统运行的需要。

(2)管理业务的标准化。就是把管理工作中重复出现的业务，按照现代化生产对管理的客观要求以及管理人员长期积累的经验，规定成标准的工作程序和工作方法，用制度将它固定下来，使其成为行动的准则。

(3)基础数据管理的制度化。注重基础数据的收集和传递，建立基础数据管理的制度，保证基础数据全面、及时、准确地按统一格式被输入信息系统，这是建设工程信息管理系统的基础所在。

(4)报表文件的统一化。对信息系统的输入/输出报表进行规范和统一，要设计一套通用的报表格式和内容，并以信息目录表的形式将其固定下来。

(5)数据资料的代码化。建立统一的项目信息编码体系，包括项目编码、项目各参与单位组织编码、投资控制编码、计划年度控制编码、质量控制编码、合同管理编码等。

2. 专业性

在建立和使用管理信息系统的过程中，既要培养一批对管理信息系统和建设项目管理理论有较深理解的领导者队伍，又要形成一支既精通管理理论又掌握信息系统开发规律的高素质的系统分析员队伍，同时还要培训一支熟悉计算机应用和数据处理的信息系统使用者队伍。为了建立这三支专业队伍，必须做好选择和培训工作。

(1)项目领导者的培训。项目管理者对待管理信息系统的态度是管理信息系统实施成败的关键因素，对项目领导者的培训主要侧重于对管理信息系统的认识和现代项目管理思想和方法的学习。

(2)开发人员的学习和培训。从具有实践经验的人员中培养系统分析员，使其能在较短的时间内开始系统分析和系统设计工作。此外，因为很难在短期内培养出一个"全能"的系统分析员，所以组织几个各有专长的专家成立一个系统分析和系统设计小组，来担负整个管理信息系统的分析、设计和实施任务，是较为现实的做法。当然，为了相互配合，协调一致，有共同的语言是很重要的，所以，对这些专家也必须有针对性地加以培训，包括建设项目管理人员对信息技术和系统开发方法的学习和软件开发人员对工程项目管理知识的学习。

(3)使用人员的培训。对系统使用人员的培训直接关系到系统实际运行的效率，培训的内容包括信息管理制度的学习、计算机软硬件基础知识的学习和操作系统的学习。结合我国实际情况，对于建设工程管理信息系统使用人员的培训应投入较大的时间和精力。

3. 简单性

系统应设计得尽量简单，只要能达到既定目的，产生所需要的结果即可。应该避免那种华而不实，盲目追求高水平的做法。系统设计简单可以提高效益，缩短开发周期，减少开发费用，提高可靠性，同时也便于项目管理人员操作和使用，节省数据处理的时间，还可以大大提高项目管理人员的工作效率。此外，要注意处理好人-机分工的问题，那种认为一切由计算机包打天下的想法是不正确的，有些环节恰当的使用人工管理往往会取得更佳的效果。

4. 完整性

建设项目管理信息系统是作为一个整体而存在的，因此，要求系统的功能要尽量完善，各子系统之间的接口要尽量完备，数据采集要统一，描述的语言、格式要一致，以保证系统是一个有机整体。

5. 经济性

建设项目管理信息系统应能为其使用者（项目管理人员）带来一定的经济效益，即系统的开发、运行费用和收益相比应该符合经济原则。如果系统的开发、运行费用得不到相应的补偿，系统就会失去存在的基础。当然，在进行经济比较时，不能只考虑有形的效果，如节省人力、财力等，还应考虑其无形效果，如提高工作质量、工作效率等。

6. 灵活性

在建设项目管理信息系统的使用过程中，由于系统环境的变化、建设项目实施情况的发展和变化、用户（项目管理人员）需求的变化等原因，客观上要求建设项目管理信息系统必须具有较灵活的结构，以便人们能根据实际需求对系统的功能和基础数据进行增添、删除和修改。

二、建设工程管理信息系统的开发原则

建设工程管理信息系统的开发过程本身是一个系统原则和思想的应用过程。它的指导原则有以下几个方面。

(1) 面向用户原则。管理信息系统的目的是及时、准确地收集项目的数据，并将之加工成信息，保证信息的畅通，为项目管理各项决策、计划和控制活动提供依据，使项目管理各参与单位和施工各环节联结为一个统一的整体。它是为管理工作服务的，建成的系统要由管理人员（用户）来使用。系统开发的成功与否取决于其是否符合用户的需要，满足用户的要求是开发工作的出发点和归宿；用户是否满意是衡量系统开发质量的首要标准。

(2) 整体性原则。管理信息系统的整体性，主要体现在功能目标的一致性和系统结构的整体性。因此，首先要坚持统一规划、严格按阶段分步实施的方针，采用先确定逻辑模型，再设计物理模型的开发思路；其次要注重继承与发展的有机结合。传统的手工信息处理，由于手段的限制，一般采用各职能部门分别收集和保存信息、分散处理信息的形式。计算机化的信息系统如果只是改变处理手段，仍然模拟人工的处理形式，就会把手工信息分散处理的弊病带到新系统，使信息大量重复（冗余），不能实现资源共享，信息难以畅通，不能形成一个完整的系统。为了使所开发的新系统既能实现原系统的基本功能和新的用户功能需求，又能摆脱手工系统传统工作方式的影响，必须寻求系统的整体优化。

(3) 相关性原则。管理信息系统是由多个子系统（功能）组成的，整个系统是一个不可分割的整体，整个系统的功能并不是各子系统的简单加总，其功能应比所有子系统的功能总和还要大得多。组成管理信息系统的各子系统都有其独立功能，同时又相互联系、相互作用，通过信息流把它们的功能联系起来。如果它们之中的一个子系统发生了变化，其他子系统也要相应进行改变和调整，因此，不能不考虑其他子系统而设计某一子系统。整个系

统为层次结构,系统可分解为多个子系统,子系统同样又可分解为更细一级的子系统。系统、子系统均有自身的目标、界限、输入、输出和处理内容,但它们不应该被孤立看待和处理。

(4) 创新性原则。管理信息系统不是简单地用计算机模仿传统的手工作业方式,而是要充分发挥计算机的各种功能去改革传统的工作。如果从一开始就只想用计算机代替人去做一般事务性的工作,最后肯定弥补不了装置和开发管理信息系统所耗用的巨大资源。所以,在建立工程管理信息系统时,一开始就要寻找管理中的薄弱环节,分析它所带来的损失,想办法用计算机来克服。特别是过去人们一直认为应该干而又不能干的工作,如果用计算机来完成,一定会收到良好效果。

(5) 工程化、标准化原则。管理信息系统的开发走过很长一段弯路,其在很大程度上是由开发管理过程中随意性太强造成的。因此,系统的开发管理必须采用工程化和标准化的方法,即科学划分工作阶段,制定阶段性考核标准,分步组织实施,所有的文档和工作成果要按标准存档。这样做的好处,一是在系统开发时便于人们沟通,形成文字的东西不容易产生"二义性";二是系统开发的阶段性成果明显,可以在此基础上继续前进,目的明确;三是有案可查,使未来系统的修改、维护和扩充比较容易。

(6) 动态适应性原则。随着企业发展规模的扩大以及外界环境的不断变化,会出现新的管理内容,旧的管理内容也会有所变动。为了适应这种变化,管理信息系统必须具有良好的可扩展性和易维护性。能经常与外界环境保持最佳适应状态的系统,才是理想的系统,不能适应环境变化的系统是没有生命力的。开发管理信息系统必须具有开放性、超前性的眼光,使系统具备较强的动态适应性。因而,要求在设计管理信息系统时,一定要留有充分的余地。各种编码、记录、文件程序等都要便于今后的变动和增补。

三、建设工程管理信息系统的开发方法

建设工程管理信息系统的开发是一项艰巨的工作,需要大量的人力、财力和时间的投入。而系统开发的效率、质量、成本及用户的满意程度,除了管理、技术等方面的因素外,很大程度上取决于系统开发方法的选择。建设工程管理信息系统的开发方法有很多种,即生命周期法、原型法、面向对象法、信息工程法等。

1. 生命周期法

生命周期法是系统工程思想和工程化方法在系统开发领域的运用。它是先将整个信息系统开发过程划分出若干个相对独立的阶段,如系统规划、系统分析、系统设计、系统实施等,再严格规定每一阶段的任务和工作步骤,同时提供便于理解和交流的开发工具方法(图表)。在系统分析时,采用自顶向下、逐层分解,由抽象到具体的逐步认识问题的过程;在系统设计时,先考虑系统整体的优化,再考虑局部的优化问题;在系统实施时,则坚持自底向上,先局部后整体,通过标准化模块的链接形成完整的系统。

(1) 生命周期的阶段划分。用生命周期法开发一个系统,可将整个系统开发过程划分为若干个首尾相连的阶段,每一个阶段内部又包含若干前后关联的工作步骤,一般称之为系统开发的生命周期。生命周期各阶段的划分不尽相同,如三阶段、四阶段、五阶段、六阶段等,但人们对整个开发过程所完成的主要工作认同一致。管理信息系统的生命周期的五阶段划分方法如图 7-6 所示。

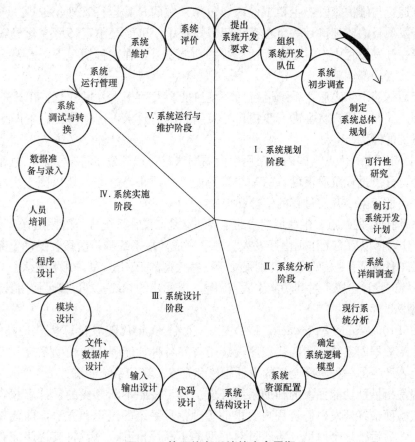

图 7-6 管理信息系统的生命周期

系统开发生命周期各阶段的主要工作内容如下。

1)系统规划阶段：主要是对企业的环境、目标、现行系统的状况进行初步调查，明确问题，确定信息系统的发展战略；对建设新系统的需求做出分析和预测，分析建设新系统所受的各种约束，研究建设新系统的必要性和可能性。根据需要和可能，给出拟建系统的备选方案，从技术和经济角度对方案进行可行性分析，写出可行性分析报告，提交用户批准后，将系统建议方案及实施计划编写成系统开发任务书，进入系统分析阶段。

2)系统分析阶段：主要是对现行系统进行详细调查，在此基础上进行组织机构功能分析、管理业务流程分析、数据与数据流程分析、功能与数据之间的关系分析，建立新系统逻辑模型，形成综合性的系统分析报告，并提交用户讨论审核，然后转入系统设计阶段。

3)系统设计阶段：主要是在系统分析工作的基础上，以系统分析报告为依据，进行总体结构设计，然后分别进行代码设计、数据库/文件设计、输入/输出设计、模块结构与功能设计。与此同时，根据总体设计的要求，购置有关设备，并安装调试。最后给出系统的物理模型和系统设计报告，提交用户讨论审核，批准确认后，转入系统实施阶段。

4)系统实施阶段：主要工作内容为程序设计，程序调试（单调、分调、总调），计算机等设备的购置、安装与调试，人员培训，数据准备和初始化，系统调试与转化，最后投入试运行并进行完善性维护。

5)系统运行与维护阶段:主要工作内容包括系统的日常运行管理、维护,系统综合评价及系统开发项目的监理审计等。在系统运行过程中,可能会出现环境变化导致的系统功能不足或者在开发过程中未发现或无法解决的功能要求,在这种情况下,需要对系统进行修改、维护或者局部调整。

当系统运行若干年之后,系统运行的环境可能会发生根本性的变化,出现一些不可调和的大问题。此时,用户将会进一步提出开发新系统的要求,这也就标志着旧系统生命的结束,新系统的诞生。

(2)生命周期法的优点。国内外已用生命周期法成功地开发了许多管理信息系统。它的主要优点是,开发过程阶段清楚,每一步都有明确的成果,这些成果以图、表、文本等形式确定下来,便于整个开发过程的管理和控制。

(3)生命周期法的缺点。生命周期法的主要缺点是,仅在系统分析阶段由管理者和系统开发分析员合作,而以后的工作则由开发人员独立完成。在系统分析阶段,要确定系统各部分的功能,在许多情况下是困难的,特别是对于一些大型的 PMIS,其困难就更大。在这种情况下,若在系统的设计阶段不对其功能作适当调整,开发出的系统就难以满足使用要求。

2. 原型法

原型法(Prototyping Approach,PA)是 20 世纪 80 年代随着计算机软件技术的发展,特别是在关系数据库系统、第四代程序设计语言和各种功能强大的辅助系统开发工具产生的基础之上,产生的一种具有全新的设计思想和开发工具的系统开发方法。

原型法是指借助功能强大的辅助系统开发工具,按照不断寻优的设计思想,通过反复的完善性实验而最终开发出符合用户要求的管理信息系统的过程和方法,即首先快速开发一个原型,然后运行这个原型,再通过对原型的不断评价和改进,将其逐步完善,达到用户满意的标准。

原型法的开发过程大致要经过可行性研究、确定系统的基本要求、建造原始系统、系统评审和开发人员修改原始系统等阶段。其过程如图 7-7 所示。

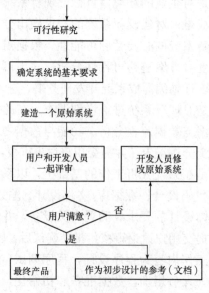

图 7-7 原型法的开发过程

（1）原型法的分类。根据应用目的及场合，原型法可分为丢弃式原型法、演化式原型法和递增式原型法三种。

1）丢弃式原型法：这种方法是将原型系统作为用户和开发人员之间进行通信的媒介，并不打算把它作为实际系统运行。这类似于水利水电工程中用模型试验方法得到具体水工结构尺寸的方法。建立原始系统的目的是对最终系统进行研究，使用户和开发人员借助这个系统进行交流，共同明确新系统的需求。使用这种方法时，原型的开发过程可以作为传统生命周期法的一个阶段，即需求定义阶段（或称系统分析阶段）。由于原型系统在完成评审，明确开发需求后即被丢弃，不需建立十分完整的文档，因而原型系统的开发费用较低，开发速度也较快。

2）演化式原型法：这种开发方法的思想是用户的要求及系统的功能无时不在发生变化，与其花大力气去了解不清楚的东西，不如先按照基本需求开发出一个系统，使用户先用起来，有问题随时修改。演化式原型法的开发过程一般由设计、实施和演化三个阶段组成。按原始系统不断演化后的系统即为最终系统，立即投入运行使用。一般来说，由这种开发方法所得的最终系统，已经过反复修改，用户对其也作了多次评价，因此，肯定会满足用户的要求。与丢弃式原型法不同的是，演化式原型法的原始系统经过不断修改就成了最终系统，因此，在原始系统的建立和演化过程中，对系统的文档问题要特别注意。

3）递增式原型法：这种方法同丢弃式原型法及演化式原型法相比，既有相同的地方，也有不同之处。它的开发思想是，在开始时，系统有一个总体框架，各功能单元的结构和功能也十分清楚，即系统应完成什么功能，分为几部分，各部分又有几个模块等都已明确，且今后也不会变化或变化不大，但还没有全部实现。以后的开发，就是去具体实现或完善这些模块。具体的设计过程，可能是完全实现一个新模块，也可能是用一个效率更高的模块去代替一个旧模块。这些工作均基于一个前提：系统的结构不发生变化，模块的外部功能不发生变化。

（2）原型法的优点。原型法更多地遵循了人们认识事物的规律，更容易被人们普遍接受。它的主要优点是及时取得用户的反馈信息，可以改进用户和系统设计者的信息交流方式，提高用户的满意度，降低开发风险及开发成本等。

（3）原型法的缺点。原型法与生命周期法相比，固然有其优越性，但它不能取代结构化开发方法，它的应用有一定的局限性，主要包括开发工具要求高，管理水平要求高，解决复杂系统和大系统问题很困难，很难构造出供人评价的模型。

值得注意的是，从严格意义上说，目前的原型法不是一种独立的软件工程方法学，它只是一种系统开发思想，并没有专门配套的开发工具方法，它只支持在软件开发早期阶段快速生成后期产品样品的过程，没有确定在这种过程中必须使用哪种开发方法，因此，它不是完整意义的方法论体系。所以，原型法必须与其他系统开发方法结合使用，才能发挥其效能。

3. 面向对象法

面向对象的开发方法（Object Oriented，OO）是从20世纪80年代各种面向对象的程序设计方法逐步发展而来的。面向对象法不像功能分解方法，只能单纯反映管理功能的结构状态，数据流程模型只是侧重反映事物的信息特征和流程，信息模拟只能被动地迎合实际问题需要的做法，而是从面向对象的角度进行系统的分析与设计，为我们认识事物，进而为开发系统提供了一种全新的思路和方法。

(1) 面向对象法的基本思想。客观世界是由各种各样的对象组成的,对象是一个独立存在的实体,从外部可以了解它的功能,但其内部细节是"隐蔽"的,它不受外界干扰。每种对象都有各自的内部状态和运动规律,不同的对象之间相互作用和联系,构成了各种不同的系统。面向对象法的基本思想是基于所研究的问题,对问题空间(软件域)进行自然分割,识别其中的对象及其相互关系,建立问题空间的信息模型,在此基础上进行系统设计,用对应对象和关系的软件模块构造系统,使系统的开发过程能像硬件组装那样,由"软件集成块"来构筑。当设计和实现一个信息系统时,如能在满足需求的条件下,把系统设计成由一些不可变的(相对固定)部分组成的最小集合,这个设计就是最好的。它把握了事物的本质,因而不再会被周围环境(物理环境和管理模式)的变化以及用户没完没了的需求变化所左右。这些不可变的部分就是所谓对象。面向对象方法可以简单解释为以下几点。

1) 客观事物都是由对象组成的:对象是在原事物基础上抽象的结果,任何复杂的事物都可以通过对象的某种组合构成。

2) 对象由属性和方法组成:属性反映了对象的信息特征,如特点、值、状态等,方法则是用来定义改变属性状态的各种操作。

3) 对象之间的联系通过传递消息来实现:传递消息是通过消息模式和方法所定义的操作过程来完成的。

4) 对象可按其属性进行归类:类有一定的结构,类上可以有超类,类下可以有子类,这种对象或类之间的层次结构是靠继承关系维系的。

5) 对象是被封装的实体:所谓封装,即严格的模块化。这种封装了的对象满足软件工程的一切要求,而且可以直接被面向对象的程序设计语言所接受。

(2) 面向对象法的开发过程。通常认为,面向对象法的开发过程包括系统调查和需求分析(定义问题)、分析问题的性质和求解问题(识别对象)、详细设计问题和程序实现四个步骤。

1) 系统调查和需求分析:对系统将要面临的具体管理问题及用户对系统开发的需求进行调查研究,确定系统目标,对所要研究的系统进行系统需求调查分析,先弄清系统要解决什么问题。

2) 分析问题的性质和求解问题:根据系统目标分析问题和求解问题,在众多的复杂现象中抽象地识别出需要的对象,弄清对象的行为、结构、属性等;弄清可能施于对象的操作方法;为对象与操作的关系建立接口。这一阶段称为面向对象的分析。

3) 详细设计问题:给出对象的实现描述。整理问题、详细地设计对象,对分析结果作进一步的抽象、归纳、整理,最后以范式的形式确定对象。这一阶段称为面向对象的设计。

4) 程序实现:采用面向对象的程序设计语言实现抽象出来的范式形式的对象,使之成为应用程序软件。这一阶段称为面向对象的程序设计。

(3) 面向对象法的特点。

1) 需要一个详细的需求分析报告:不管使用何种设计方法,成功的关键在于对应用的深刻理解。在使用面向对象法进行系统分析与设计的时候,同样也需要有一个详细的需求分析报告。这和结构化方法的要求是相同的。

2) 从小到大、自下而上的分析过程:在有了需求分析以后,面向对象法从面向对象的角度帮助我们认识事物,使我们将系统中存在的对象抽象出来加以描述,进而开发整个系统。面向对象法是从系统应该"做什么"的角度出发,在需求分析的基础上提炼解决问题的对象。所分析对象实体的属性、功能是很具体的,即面向对象法是从小到大、自下而上的。这个思路与结构化分析法的思路正好相反。面向对象法中首要的就是找出对象及其关系,并将其模块化,然后通过把这些基本单元进行不同组合,最终便产生了应用软件。所以,从某种意义上说,面向对象法比结构化法和其他方法更接近现实世界。

3)完成从对象客体的描述到软件结构之间的转换:面向对象的方法以对象为基础,利用特定的软件工具直接完成从对象客体的描述到软件结构之间的转换,这是面向对象法最主要的特点。面向对象法的应用解决了传统结构化开发方法中客观世界描述工具与软件结构的不一致问题,缩短了开发周期,解决了从分析和设计等到软件模块结构之间多次转换映射的繁杂过程。但是,同原型法一样,面向对象法需要功能强大的软件支持环境。

4)必须与其他方法综合运用才能充分发挥其优势:在大型的信息系统开发中,如果不经过自顶向下的整体划分,而一开始就自底向上地采用面向对象方法开发系统,很难得出系统的全貌,这就会造成系统结构不合理、各部分关系失调等问题。因此,面向对象法必须与其他方法(如结构化开发方法)综合运用才能充分发挥其优势。

4. 信息工程法

信息工程方法的开发过程同结构化生命周期法类似,也是分阶段进行的。该方法引入了知识库的概念,从业务分析到系统制作的每一过程都离不开知识库的支撑。

(1)信息工程法的开发阶段。信息工程法分为信息战略规划、业务分析、系统设计、系统制作等阶段,自顶向下按阶段逐步进行,如图7-8所示。

(2)各阶段的工作内容。信息工程法中各阶段的概念和原理同结构化生命周期法基本相同,但其工作内容却有不同。

1)信息战略规划阶段:该阶段是基于企业信息系统的开发要根据企业的整体情况、环境及经营管理和业务技术的各个方面,来制定企业信息系统的总体开发这一指导思想。其目的是使所开发的信息系统能支持企业领导的经营管理及其决策,能支持实现企业经营管理的方针和策略,保证系统在统一的目标和要求下按计划开发。具体开发工作包括:初步调查企业的内外环境、优势和劣势、经营方针、目标,明确实现方针目标的条件及关键成功因素(CSF);在此基础上

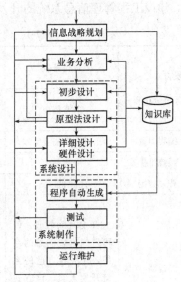

图7-8 信息工程法的开发阶段

决定系统开发的目的和开发规划、总体框架及体系结构、企业基本模型、数据基本模型、业务处理模型、技术规范、系统开发的优先次序、资金、人员、开发进度等,并将其规划内容存入知识库中。

2)业务分析阶段:该阶段的工作内容是从知识库中取出规划阶段存入的信息,对业务处理的数据和处理过程进行分析,总结出详细的数据模型和处理模型及两者之间的关系,存入知识库中。

3) 系统设计阶段：从知识库中取出分析阶段存入的信息，进行数据流程、数据结构、输入/输出设计，并将结果存入知识库中。

4) 系统制作阶段：从知识库中取出设计阶段存入的信息，用程序生成器，自动生成程序代码，并进行调试和测试。

四、建设工程管理信息系统的开发管理

1. 建设工程管理信息系统开发的计划

(1) 进度计划与控制。在总体规划阶段就应制订系统开发大致的进度计划，随着系统分析、系统设计的不断深入，再制订系统详细的开发进度计划，并指定专人负责。在今后的执行过程中，项目负责人要对各项任务进行定期检查。

(2) 阶段性评审。系统各阶段完成后，要进行评审，审核各阶段的工作，然后进入后一阶段的工作。尤其要做好系统分析阶段的评审工作，把好质量关，为系统的成功开发打下基础。

2. 建设工程管理信息系统的开发方式

建设工程管理信息系统的开发有多种方式，如自行开发、委托开发、合作开发、外购软件等。自行开发是完全以企业自己的力量进行开发；委托开发也称交钥匙工程，即企业将开发项目完全委托给一个开发单位，系统建成后再交付企业使用；合作开发，即企业与外部的开发单位合作，双方共同开发；外购软件是由用户到市场上去购买商品化的软件。

建设工程管理信息系统的开发方式的特点见表7-1。

表7-1 建设工程管理信息系统的开发方式的特点

特点\开发方式	自行开发	委托开发	合作开发	外购软件
系统分析和设计力量	非常需要	不太需要	逐渐培养	少量需要
编程力量	非常需要	不需要	需要	少量需要
系统维护	容易	困难	较容易	困难
开发费用	低	高	较低	较低
说明	开发时间较长，但可得到比较满意的系统，并培养自己的系统开发人员。该方式需要强有力的领导及进行一定的咨询	最省事，但开发费用高。必须配备精通业务的人员，并经常进行监督、检查和协调	通常是在具有一定编程力量的基础上进行合作开发。合作对象是具有一定系统分析和设计力量的本行业单位。此时，必须注意搞好双方的关系，做到真诚合作	要有鉴别与校验软件包的功能及适应条件的能力。即使其通用性较强，仍需根据具体项目的特点进行必要的调整

3. 建设工程管理信息系统开发的组织与管理

建设工程管理信息系统的开发是在用户和各类开发人员的共同努力下完成的，如何正确处理各类人员之间的关系，使开发工作能按时、保质、在经费许可的范围内完成，是系统开发组织与管理的重要内容。

(1)系统开发组织的建立。建设工程管理信息系统开发涉及的人员较多,为了确保领导与协调有力,分工与职责明确,需要建立相应的组织机构,通常的做法是成立两个小组,即系统开发领导小组和系统开发工作小组。

系统开发领导小组的任务是制定管理信息系统规划,在开发过程中,根据客观发展情况进行决策,协调各方面的关系,控制开发进度。小组成员应包括一名企业领导、系统开发项目负责人和有经验的系统分析员,以及用户各主要部门的业务负责人。领导小组不负责开发的具体技术工作,其组成成员中有的可能并不具备计算机应用的知识和经验。领导小组的职责如下:

1)提出建立新系统的目标、规划和总的开发策略;

2)保证满足企业不同部门对新系统的需求;

3)对开发工作进行监督与控制,对开发项目的目标、预算、进度、工作质量进行监督与控制,审查和批准系统开发各阶段的工作报告,组织阶段验收,提出继续开发或暂停开发的建议;

4)协调系统开发中有关的各项工作;

5)向上级组织报告系统开发工作的进展情况;

6)组织系统的验收;

7)负责主要成员的任用和规定各成员的职责范围等。

系统开发工作小组由系统分析员,即系统工程师负责。其任务是根据系统目标和系统开发领导小组的指导开展具体工作,主要工作内容包括开发方法的选择、各类调查的设计和实施、调查结果的分析、撰写可行性报告、系统的逻辑设计、系统的物理设计、系统的具体编程和实施、制定新旧系统的交接方案、监控新系统的运行;如果需要,还需协助组织进行新的组织机构变革和新的管理规章制度的制定。这个小组的成员主要是由负责开发的一方组成,即若干系统分析和设计人员。组织中应该有一个通晓全局的管理者参加,负责具体的联络和沟通。小组的生命周期应该是从系统的设想提出之日起至系统正式交付运行为止。

(2)系统开发的项目管理。建设工程管理信息系统开发的项目管理工作也是一项系统工程,它要负责协调各类开发人员和各级用户之间的关系,做好文档的管理工作,控制系统开发的进度、项目的经费开支和经费控制等,以保证开发过程有条不紊地进行。它的主要内容包括以下几个方面。

1)计划管理工作:主要包括制订总体计划,确定系统开发范围,估算开发所需资源,划分系统开发阶段,分步实施;同时要明确系统开发重点,制订阶段计划,分解阶段任务,估算阶段工作时间,规划阶段工作进度;工程计划执行情况检查,找出无法按计划完成的原因并提出相应建议,以对计划做出相应调整。

2)资源管理工作:主要包括人员管理,制订各类专业人员的需求计划,对人员进行合理组织和使用,进行人员培训;软件资源管理,明确软件需求和软件来源,合理使用软件,重视软件的日常维护;硬件资源管理,熟悉系统运行环境和硬件系统配置,制定硬件安全使用制度,重视硬件的维护保养,加强对辅助设备的管理;资金管理,严格执行投资概算,包括硬件、软件投资,系统开发费用,运行维护费用,做到资金使用平衡,定期编制资金使用报表。

3)技术管理工作：主要包括标准化管理，确定所依据的标准，确定自定标准范围；安全管理，制定安全保密制度，排除不安全因素，进行安全保密教育。

4)质量管理工作：主要包括贯彻系统开发过程中的质量管理原则；确定系统质量管理指标体系；保证系统的可使用性、系统的正确性、系统的适用性、可维护性以及文档的完整性；系统开发周期内的质量管理，分阶段确认工程质量指标，实行质量责任制，对各项任务进行质量检查，分阶段质量评审，分析影响阶段质量的原因。

第三节 建设工程管理信息系统规划

一、建设工程管理信息系统规划的定义

信息系统的总体规划是开发信息系统最重要的前期工作。由于信息系统是一个涉及面广、结构复杂的系统，无法一次完成其开发任务，所以，系统开发人员应根据系统调查所获得的资料，制定系统总体规划方案。在总体规划的指导下，根据系统逐步发展、逐步完善的原则，依次开发子系统，最后形成满足用户需求的信息系统。

二、建设工程管理信息系统规划的目标

工程管理信息系统规划的目标就是制定与组织发展目标相一致的建设和发展目标。具体说来，就是根据组织的整体目标和发展战略，在对组织所处环境、现行系统的状况进行初步调查的基础上，明确组织总的信息需求，在组织战略规划的大框架下，确定信息系统的发展战略，制订系统建设的总体计划。

1. 工程管理信息系统规划目标实现的途径

在工程管理信息系统规划目标实现上存在两种不同的途径：

(1)通过更多更好的硬件和软件来增强工程管理信息系统的信息处理能力；

(2)通过对组织进行改造，建立更好的组织模式，为组织决策提供良好的信息支持。

上述组织，既可以指用户企业，也可以指工程项目组织整体，要根据具体工程管理信息系统进行确定。这两种途径虽然有所差异，但是目标是一致的，都是希望建立工程管理信息系统，为组织的整体发展服务。在选择时，要考虑具体的组织情况，采取不同的方式进行。对于在今后相当长的一段时期内，现有的组织模式能够满足发展需要的组织，应采取第一种途径；而对于不对现有组织模式进行改造，组织就难以生存和发展的情况，就应采取第二种途径。

2. 工程管理信息系统规划的目标

(1)初步调查用户需求情况、业务过程、现实环境，包括技术、经济、资源、基础条件等方面。

(2)分析系统开发的可行性，制定出实用、先进的符合企业自身特点的总体规划方案，并编写出系统总体规划说明书。

三、建设工程管理信息系统规划的作用

(1)有利于与用户建立良好的关系,是工程管理信息系统开发的出发点和落脚点。

(2)能找出工作中存在的问题,正确地识别出为了实现组织目标,工程管理信息系统所必须完成的任务。

(3)能找出组织未来发展的方向。

(4)指明组织中建立工程管理信息系统的方向和目标。

(5)合理分配和利用各种资源,包括人、物、资金、时间,节省工程管理信息系统的投资。

(6)能指导工程管理信息系统的后续开发过程。

建设工程管理信息系统规划的特点

四、建设工程管理信息系统规划的方法

管理信息系统的规划方法有很多种,其中较常用的有企业系统规划法、战略集合转移法和关键成功因素法三种。

1. 企业系统规划法

(1)企业系统规划法的概念。企业系统规划法(Business System Planning,BSP)是美国IBM公司在20世纪70年代初用于企业内部系统开发的一种方法。这种方法是基于用信息支持企业运行的思想,首先是自上而下地识别系统目标、识别企业的过程、识别数据,然后再自下而上地设计系统目标,最后把企业的目标转化为管理信息系统规划的全过程。

企业系统规划法摆脱了系统对原组织的依赖,从企业最基本的活动出发,进行数据分析,分析决策所需的数据,再自下而上设计和实施系统,更好地支持系统目标的实现。企业系统规划法是一个企业在长时间内构造、综合和实施信息系统所使用的规划方法,与企业内的信息系统的长期目标密切相关。

(2)企业系统规划法的作用。

1)确定未来信息系统的总体结构,明确系统的子系统组成和开发子系统的先后顺序。

2)对数据进行统一规划、管理和控制,明确各子系统之间的数据交换关系,保证信息的一致性。

(3)企业系统规划法的原则。

1)信息系统支持企业目标:系统规划的一个最重要的任务是确定管理信息系统的战略和目标,并使它们与企业的战略和目标保持一致。信息系统是一个企业的有机组成部分,对企业的总体有效性起着非常重要的作用,而且信息系统的开发和维护将需要大量的资金和人力,所以,信息系统必须要支持企业的真正需要和企业的目标。

2)表达所有管理层次的需求:由于各个管理层次的管理活动对信息有着不同的信息需求,因此,有必要建立一个合理的框架,以此来定义信息系统。一般来说,企业的各个部门都与某一种资源的属性有关,即其活动和决策形成一个与此资源有关的生命周期且支配其他资源,这种资源被称为"关键资源"。对于这种资源的管理过程一般具有穿过组织边界的特征,即水平穿过各职能部门和垂直穿过各个管理层。因此,企业系统规划法建立同时基于资源、计划和控制层次的框架,以此来建立信息系统的总体结构。

3)向企业提供一致的信息:信息的一致性是对信息系统的最基本的要求。由于传统的

数据处理系统采用自下而上的开发方法，没有统一的规划，会造成信息冗余、数据不一致，以及数据难以共享等问题。因此，将数据作为企业的资源来管理是非常必要的，由企业的数据管理部门统一组织和协调，在总体规划时采用自上而下的规划方法，对数据的域定义、结构定义和记录格式、更新时间及更新规则等进行统一的制定，从而保证系统结构的完整性和信息的一致性，并在信息一致性的基础上为企业的各个部门所使用。

4) 对组织机构的变革具有适应性：信息系统应该具有可变更性或对环境的适应性，为此，企业系统规划法定义企业过程的概念和技术，与具体的组织结构和具体的管理职责无关，只是把企业目标转化为信息系统战略的全过程。信息系统应当实现对主要业务流程的改造和创新，并能够在组织机构和管理体制改变时保持工作能力。

5) 信息系统的战略由信息系统总体结构中的子系统开始实现：一般来说，支持整个企业的总信息系统的规模太大，不可能一次完成，而自下而上的建设信息系统存在严重问题，如数据不一致、难以共享、数据冗余等，因而有必要建立信息系统的长期目标。企业系统规划法采用了自上而下的识别和分析、自下而上的系统设计。

(4) 企业系统规划法的工作步骤。

1) 立项：需要企业最高领导者的赞同和批准，明确研究的范围和目标，以及期望的成果；成立研究小组，选择企业主要领导人之一担任组长，并应保证此领导人能用其全部的时间参与研究工作和指导研究小组的活动。

2) 准备工作：对参加研究小组的成员和企业管理部门的管理者进行具有一定深度的培训；制订企业系统规划法的研究计划，画出总体规划工作的PERT图或甘特图，准备好各种调查表和调查提纲。

3) 调研：研究小组成员收集各方面的有关资料，通过查阅资料，深入分析和了解企业有关决策过程、组织职能和部门的主要活动以及存在的主要问题，并对目前存在的和计划中的信息系统进行全面理解。

4) 定义业务过程：定义业务过程是企业系统规划法的核心。业务过程指的是企业管理中必要且逻辑上相关的、为了完成某种管理功能的一组活动。定义业务过程的目的是了解信息系统的工作环境，以及建立企业的过程与组织实体间的关系矩阵。

5) 业务流程重组：业务流程重组是在业务过程定义的基础上，找出哪些过程是正确的、哪些过程是低效的且需要在信息技术的支持下进行优化处理、哪些过程是不适合计算机信息处理的特点而应当取消的活动。

6) 定义数据类：在总体规划中，把系统中密切相关的信息归成一类数据，称为数据类，如客户、产品、合同等都可称为数据类。主要应按业务过程进行数据的分类。

7) 分析现行系统支持：分析现行系统在开发新系统过程中所能提供的支持条件，从而对未来的系统提出建议。

8) 提出判断和结论：对资料进一步完善和理解，对问题进行分析，并采用问题/过程矩阵等方法将数据和企业过程关联起来，以便解决信息系统的改进问题。

9) 定义信息系统的总体结构：数据类和业务过程都被识别出来后，就可以定义信息系统的总体结构。定义信息系统总体结构的目的是刻画未来信息系统的框架和相应的数据类，主要工作就是划分子系统，具体实现可使用功能/数据类（U/C）矩阵。

10) 确定总体结构中的优先顺序：由于资源的限制，系统的开发总有个先后次序，而不可能全面进行。划分子系统之后，就需根据企业目标和技术约束确定子系统实现的优先顺序。一般来讲，优先开发对企业贡献大的、需求迫切的、容易开发的。

11）评价信息资源管理：为完善信息系统，使其能有效地被开发，应对与信息系统相关的信息资源的管理加以评价和优化，并使其适应企业战略的变化。

12）编制开发建议书和开发计划：建议书用于帮助管理部门对所建议的项目作出决策；开发计划确定具体的资源、日程和工作规模等。

13）形成最终研究报告：完成企业系统规划方法研究的最终报告，整理研究成果。

2. 战略集合转移法

系统规划的一个最重要的任务是确定 MIS 的战略和目标，使它们与组织总的战略和目标保持一致。在这些战略和目标指导下开发的信息系统，能支持组织长期战略的需要。战略集合转移法（Strategy Set Transformation，SST）是把组织的总战略看成一个"信息集合"，包括使命、目标、战略以及其他战略变量（如管理的复杂性、对计算机应用的经验、改革的习惯，以及重要的环境约束等），管理信息系统的战略规划就是要把组织的这种战略集合转化为管理信息系统的战略集合，该战略集合由系统目标、系统约束和系统开发战略组成。

（1）组织的战略集。

1）组织的使命，描述该组织是什么、为什么存在、能做出什么贡献。简言之，就是描述该组织属于什么具体的行业或部门。

2）组织的目标，是指组织将来希望达到的目的。这些目标可以是定量的，也可以是定性的，但它们首先应该是长期的和广泛的。

3）组织的战略，就是组织为达到它的目标所制定的总的方针。

4）其他战略性组织属性，是指管理水平、管理者对信息技术的了解程度、采用新技术的态度等，虽然难以度量，但对 MIS 的建设影响很大。

（2）MIS 的战略集。

1）系统目标，主要定义 MIS 的服务要求：其描述类似用户企业/工程目标的描述，但更加具体。

2）系统约束，包括内部约束和外部约束：内部约束产生于组织本身，如人员组成、资金预算等。外部约束来自用户企业/工程外部，如政府对用户企业/工程报告的要求、同其他系统的接口环境等。

3）系统开发战略：它是该战略集的重要元素，相当于系统开发中应遵守的一系列原则，如系统安全可靠、应变能力等要求，开发的科学方法及合理的管理等。

（3）战略集合转移法的特点。

1）反映各种人的要求：SST 从另一个角度识别管理目标，能反映各种人的要求，而且给出了这种要求的分层。

2）由人员需求引出信息系统目标：SST 方法是将人员要求的分层转化为信息系统的目标的结构化方法。

3）目标比较全面：SST 方法能保证目标比较全面，疏漏比较少，这是关键成功因素方法所做不到的。

4）不够突出重点：SST 方法在突出重点方面不如关键成功因素方法。

（4）战略集合转移法的规划过程。

1)识别组织的战略集:组织的战略集应是在该组织的战略及长期计划的基础上进一步归纳形成的。但在很多情况下,组织的目标和战略不是由书面给出的,或者它们所采取的形式对信息系统的总体规划用处不大。为此,信息系统的战略规划者就需要一个明确的战略集元素的确定过程。

2)将组织的战略集转化成管理信息系统的战略集:将组织战略集转化成管理信息系统的战略集的过程应该是——对应的,包括目标、约束和设计原则,最后得到一个完整的管理信息系统的结构。

管理信息系统的战略规划并不是一经确定就再也不发生变化。事实上,各种内外部环境因素的变化都可能随时影响整个规划的适应性。因此,管理信息系统战略规划总是要不断修改以适应变化的需要。

3. 关键成功因素法

(1)关键成功因素法的概念。关键成功因素(Critical Success Factors,CSF)是指在一个组织中的若干能决定组织在竞争中获胜的区域(或部门)。如果这些区域(或部门)的运行结果令人满意,组织就能在竞争中获胜,否则,组织在这一时间的努力将达不到预期的效果。不同的行业或同一行业中的不同组织可以有不同的关键成功因素。

(2)关键成功因素法的来源。

1)行业特性:每一个行业都有其自身的特殊关键因素。例如,水泥生产企业若想在水泥行业取得成功,生产成本的严格控制、质量的保证、性价比高的产品、有效的销售渠道是关键;而对于一家施工企业来说,关键因素则是施工经验、好的项目经理和有效的管理。

2)竞争战略、行业地位和地理位置:处于不同环境的企业的关键成功因素是有差异的。处于激烈竞争的企业的关键成功因素(CSF)是能在竞争中生存下去,并取得有利的地位,那么,市场份额和销售手段就是CSF;而竞争不是太激烈的企业的关键成功因素则是利润和持续经营。

不同的行业地位也会带来不同的关键成功因素。处于领先地位的企业将会注重保持和巩固公司的有利地位;处于落后地位的企业将会把赶超行业水平作为关键成功因素。

地理位置在企业活动中也起着相当重要的作用。对于某些行业来说,地理位置对于企业的成功是至关重要的,如水泥和混凝土生产企业一般只针对所在城市供货,其战略规划就会考虑这个因素的影响,若地理位置变动,会直接影响到其利润。

其对于工程也是类似的,竞争战略、行业差异和地理位置会对工程的CSF产生影响。

3)环境因素:这里的环境是广义的概念,如国内生产总值、世界经济形势、国家行业政策等,这些因素的变化将会导致许多企业的关键成功因素发生变化。

4)暂时性因素:企业内部的变化经常会引起企业暂时性的关键成功因素。例如,某企业的一些管理人员因对上级不满提出辞职,这时重建企业管理班子立即成为该企业的关键成功因素,直到重建工作结束。

(3)关键成功因素法的特点。

1)目标识别突出重点:关键成功因素法的优点是能使目标的识别突出重点,集中于获取高层领导的信息需求,使所开发的系统具有较强的针对性。

2)从重要需求引发规划:关键成功因素法主要针对关键成功因素进行规划,只考虑重要需求,从而缩短了信息需求调查所需的时间,能较快地获得收益。

3）容易忽视次要问题：由于只考虑重要因素，因此，其会忽略非关键因素对系统的影响，这是其缺点。

4）受成功因素分析结果的制约：关键成功因素分析结果决定了规划成果，直至影响到整个系统的开发。因此，若关键成功因素解决后，又出现新的关键成功因素，就必须再重新开发系统。

（4）关键成功因素法的步骤。关键成功因素在组织的目标和完成这些目标所需要的浩瀚信息之间起着引导和中间桥梁的作用。通过对关键成功因素的识别，可以找出弥补所需的关键性信息集合，去建立那些重点的信息系统。关键成功因素法主要包括以下几个步骤。

1）目标识别：了解企业或管理信息系统的目标。

2）识别所有的成功因素：可以使用逐层分解的方法引出影响企业或管理信息系统目标的各种因素和影响这些因素的子因素，此步骤可以使用的工具是树枝因果图。例如，某企业的目标是提高产品的竞争力，可以用树枝因果图画出影响它的各种因素以及影响这些因素的子因素。

3）确定关键成功因素：对识别出的所有成功因素进行评价，并根据企业或管理信息系统的现状以及目标确定其关键成功因素，此步骤可以使用专家调查法或模糊综合评价方法等。

4）明确性能指标和评估标准：给出各关键成功因素的性能指标和评估标准。

五、建设工程管理信息系统规划的过程

1. 系统初步调查

在适当的准备工作之后，主要是开展系统初步调查工作。通过调查研究，掌握建设工程管理工作中的详尽资料，从而将其作为系统开发可行性研究的依据。如果系统调查不全面，收集的信息不完整，甚至有错误的地方，就会影响系统的总体规划乃至可行性研究的结果，最终导致领导决策的失误或信息系统开发的失败。

系统初步调查的主要内容有现行系统的基本情况、现行系统中项目信息的处理概况、现行系统的资源情况以及各类人员对信息系统的态度。

调查的方式有多种，如座谈访问，发调查表，实地观察和参与，收集有关报表、文件、规章制度等。不同的调查方式有不同的特点，需要依据调查内容和现场环境进行选择。

2. 企业状况分析

企业状况分析是总体规划中的重要环节，需要企业管理专家和信息系统专家共同进行，关键是整理出企业的业务流程和信息流程，找出现行管理中的问题。这其中包括如下内容：

（1）分析建立计算机管理信息的应用需求、数据处理需求和管理功能需求；

（2）分析现行管理体制的合理性与缺陷，包括机构设置、职能划分、业务流程的合理性；

（3）分析建立计算机管理的信息系统内部资源的投入能力和适用能力；

（4）分析外部环境的变化对企业经营生产的影响程度；

（5）分析现行信息系统的运行效果；

（6）分析影响管理水平提高的薄弱环节和瓶颈问题。

3. 系统开发的可行性分析

企业在准备上管理信息系统时，必须从四个方面进行可行性研究与分析，以便准确判断某企业某领域的管理信息系统是否能上，以及是否值得上。它们将直接决定一个企业最终是否开发管理信息系统以解决某领域的问题，有效地避免盲目建设所造成的损失。其可行性研究主要包括如下四点。

(1)经济可行性：使用所开发的管理信息系统所产生的经济效益是否超过开发它的成本。

(2)技术可行性：使用现有的技术是否能实现所要求的管理信息系统。

(3)法律可行性：开发、使用的管理信息系统是否存在任何形式的侵权、妨碍或责任。

(4)操作可行性：管理信息系统的操作方式在企业用户内是否能行得通。

进行可行性研究要编写可行性研究报告，用来说明信息系统的实现在技术、经济、运行等方面的可行性。

4. 系统开发计划

通过对信息系统的可行性研究，如果得出的结论是可行的，系统开发项目负责人就要制订一个比较详尽的系统开发计划，以便于系统开发工作的开展和检查。对于大中型信息系统，其开发计划通常包括下列内容。

(1)系统开发的总体计划。系统开发的总体计划是整个系统开发计划中尤为重要的一环，该计划的好坏，将直接影响系统开发的成败。在系统开发的总体计划中应明确以下内容：开发业务的对象、开发系统的规模、开发内容、开发顺序、开发步骤、开发的承担者、开发设计组的规模、开发时间，以及系统运行计划、系统预期效果、具体的评价标准等。

(2)系统开发的进度计划。系统开发的进度计划将对系统开发各阶段的工作进度作出详细安排，以保证按期完成系统开发任务。进度计划一般用网络图或横线图表示。

(3)系统开发的设备计划。系统开发的设备计划是根据系统总体计划制订的，它包括信息处理所用电子计算机的规模、计算机外围设备的配置等。

(4)系统开发的组织计划。系统开发的组织计划主要是建立系统开发的组织结构。该计划是否合理，将直接影响系统的开发进展和使用效果。合理的组织结构一般是根据系统开发工作的需要，按照工作性质的分类和职能来划分的。通常可分为系统分析与设计组、程序设计组、应用组、维护组和资料组。每一组设有负责人员，他们在系统开发管理人员的直接领导之下进行工作。

(5)系统开发的人员计划。信息系统的开发是一项复杂的系统工程，需要有各方面的人才协调工作才能完成。一般说来，系统开发需要配置的人员应包括系统开发管理人员、系统分析员、系统设计员、程序设计员、操作员、系统维护员、数据库管理员、信息控制员。

(6)系统开发人员的培训计划。系统开发工作中，人员培训也是一个重要的问题。在组织系统开发队伍时，一般都选用一部分有关的项目管理人员，他们精通实际的项目管理业务；另一部分选用计算机技术人员，他们对计算机的使用、维护具有一定知识。这两部分人员结合起来，经过一定的培训，相互配合工作，才能开发有效的建设项目管理信息系统。

(7)系统开发的资金计划。系统开发的资金不仅指购买计算机等设备的资金，还应包括系统开发过程中所耗费的人力和物品的费用、培训费用和设计试验费用，以及在系统运行过程中所花的费用。每一部分均应占有一定的比例，要对各阶段使用的系统开发资金制订一个概略计划。

(8) 系统开发的宣传计划。在系统开发过程中，应该不断地进行广泛深入的计算机化的宣传工作。宣传的内容应根据宣传对象的不同而不同。对高层决策人员要宣传计算机化的基本常识、建立信息系统的基本步骤、使用计算机的条件以及使用计算机后可能产生的效果等。对中层管理人员要宣传计算机的使用方法、系统分析和系统设计的基本概念，使他们能在系统开发过程中与系统分析人员和系统设计人员有共同的语言。对基层执行人员要宣传计算机化作业的程序和方法，正确输入数据的重要性等，使他们能主动与系统开发人员密切配合，提供详细的业务执行情况，正确地输入数据和有效地利用输出数据，协力完成系统开发任务。

第四节 建设工程管理信息系统分析

一、建设工程管理信息系统分析的基础知识

1. 建设工程管理信息系统分析的概念

系统分析是在系统总体规划的基础上，对目标系统进行进一步的逻辑设计，最终建立新系统的逻辑模型的过程，其重点是对企业做进一步的详细业务调查，对总体规划中的目标进一步落实、细化、量化和具体化。对目标系统进一步分析、描述，是系统开发过程中工作量非常大的关键环节，必须认真组织实施。

2. 建设工程管理信息系统分析的目标

详细调查现行系统的运行环境、作业流程、用户需求情况，进行详细分析，确定新系统的功能结构、性能指标，建立一个可行的、优化的新系统的逻辑模型，是作为系统设计的依据及充分必要条件。

3. 建设工程管理信息系统分析的内容

建设工程管理信息系统开发的系统分析一般包括如下内容。

(1) 目标分析。任何系统的建立均有明确的目的性，工程管理信息系统的开发也不例外。建立工程管理信息系统的目的是为建设管理提供信息支持、辅助管理和决策。但对不同的情况，具体的目标可能差异较大。因此，开发人员要对其进行详尽分析。

(2) 需求分析。即分析在建设项目管理中需要哪些信息的支持，以及为取得这些信息需要收集哪些原始数据。信息需求一般由具体工程项目管理信息系统开发目标而定。

(3) 功能分析。即分析将要建立的工程管理信息系统发挥作用的能力。工程管理信息系统的作用依赖于管理组织机构去具体体现，因此，在进行功能分析时，系统分析人员要对管理组织机构中各业务部门的职能进行详细分析，特别要注意这些业务部门内在的工作流程，从而确定工程管理信息系统应有的功能和合理的管理组织机构。

(4) 限制分析。即分析在工程管理信息系统开发中设备、人力、投资、管理方式和组织协调等各方面对其的限制。开发中的限制条件是各种各样的，既可能起因于委托开发者，

也可能来自开发者,还有可能受到社会环境和自然条件的限制,所以必须确切地了解系统的现实环境,对各种各样的限制条件加以处理,确保工程管理信息系统开发目标的实现和开发过程的顺利进行。

(5)系统方案分析。根据确定的开发目标和对系统的功能、限制等方面的分析,可以对建立的新系统提出各种可能的方案。其内容包括每一方案的信息流程图、数据处理方式、选定计算机及其外围设备的型号、规格等,还包括每一方案的费用、效益、功能和可靠性等各项技术经济指标。应对每一方案的内容和指标进行分析比较,选择经济合理的方案。

4. 建设工程管理信息系统分析的过程

(1)系统的详细调查。系统的详细调查是系统分析的基础,只有在调查所获得的详细资料的基础之上,才能进行系统分析。系统的详细调查是通过各种方式和方法对现行系统进行详细、充分和全面的调查,弄清系统的边界、组织机构、人员分工、业务流程、各种计划、单据和报表的格式、处理过程、企业资源及约束条件等,使系统开发人员对系统有一个比较深刻的认识,为新系统开发做好原始资料的准备工作。

(2)组织结构与功能分析。组织结构与功能分析是整个系统分析中最简单的一个环节,在现行系统详细调查的基础上,用图表和文字对现行系统进行描述,详细了解各级组织的结构和业务功能等。

(3)业务流程分析。业务流程分析是在业务功能的基础上将其细化,利用系统调查的资料将业务处理过程中的每一个步骤用业务流程图串起来。

(4)数据与数据流分析。数据与数据流分析是今后建立数据系统和设计功能模块处理过程的基础,是将业务流程图中计算机处理的部分用数据流程图的形式表现出来,并用数据字典进行详细描述。

(5)功能/数据分析。功能/数据分析是通过 U/C 矩阵的建立和分析来实现的。

(6)新系统逻辑模型的建立。新系统逻辑模型的建立是系统分析的最后一个步骤,主要包括对业务流程分析整理的结果、对数据及数据流程分析整理的结果、子系统划分的结果、各个具体的业务处理过程,以及根据实际情况应建立的管理模型和管理方法。

在系统分析阶段,应牢牢记住开发出来的新系统最终是要交付用户使用的,因此,一定要从用户的需求出发,做大量细致的工作。用户对开发的系统是否满意取决于系统是否能满足用户的需求,因此,需求分析是系统分析阶段的一项非常重要的工作,是整个信息系统开发的基础。系统开发人员在系统分析阶段对用户需求的理解不准确或理解错误,开发出来的系统就不能满足用户的需求,为修改这些错误将会付出昂贵的代价。要深刻理解和体会用户需求的途径就是与用户进行充分的交流,系统分析过程是一个系统开发人员与用户的交流过程,双方的交流是系统分析的一个重要组成部分。

5. 建设工程管理信息系统分析的工具

(1)组织结构图、组织/业务关系表,业务功能分析图。这是组织结构与功能分析的主要工具。

(2)业务流程图、数据流程图。业务流程图、数据流程图是对系统进行概要描述的工具,反映系统的全貌,是系统分析的核心内容,但是对其中的数据与功能描述的细节没有进行定义。在业务流程分析和数据与数据流分析时会分别使用到这两种工具。

(3)数据字典。数据字典是对数据流程图中的数据部分进行详细描述的工具,起着对数据流程图的注释作用，在数据流分析时会使用到这一工具。

(4)功能描述工具。其包括结构式语言、判定树、判定表，是对数据流程图中的功能部分进行详细描述的工具，也起着对数据流程图注释的作用，主要在数据字典中使用。

二、详细调查与分析

1. 详细调查的原则

(1)真实性。真实性是指系统调查资料真实、准确地反映现行系统的状况，不能依照调查者的意愿来反映系统的优点或不足。在很多情况下，系统调查人员并不参加系统分析和设计。因此，不完整甚至虚假的调查资料会影响系统分析设计人员的判断和分析。此外，在系统调查中，不要急于评价系统的优劣并加以修改，而应把这部分工作留在系统分析阶段后期和系统设计阶段完成。因为系统调查的过程首先应该是系统的设计者学习和了解现行系统的过程，只有确实了解了整个系统的全部工作过程和工作原理，才有可能从全局出发，提出一个完整的、系统的修改方案。

(2)全面性。系统调查工作应严格按照自上向下的系统化观点全面展开。首先从管理工作的最上层开始，然后再调查为确保最上层工作的完成下一层(第二层)的管理工作支持。完成了第二层的调查后，再深入一步调查为确保第二层管理工作的完成下一层(第三层)的管理工作支持。依此类推，直至摸清所有的管理工作为止。这样做的目的是使调查者既不会被庞大的管理机构搞得不知所措、无从下手，又不会因调查的工作量太大而顾此失彼。

(3)主动性。系统调查涉及组织内部管理工作的各个方面，涉及各种不同类型的人，故调查者主动地与被调查者进行沟通是十分重要的。创造出一种积极、主动、友善的工作环境和人际关系是调查工作顺利开展的基础，一个好的人际关系可以导致调查和系统开发工作事半功倍，反之，则有可能根本进行不下去。但是这项工作说起来容易，做起来却很难。它对开发者有行为心理方面的要求。

(4)启发性。调查是开发者通过业务人员获得信息的过程，能否真实地描述一个系统，不仅需要业务人员的密切配合，更需要调查人员的逐步引导，不断启发，尤其在考虑计算机处理的特殊性而进行的专门调查中，更应善于按使用者能够理解的方式提出问题，打开使用者的思路。

(5)规范性。规范性就是将工作中的每一步事先都计划好，对于需多人协同工作的项目，必须用规范统一的表述形式。对于任何一个工程项目组织或用户企业来说，其内部的管理机构都是庞大的，这就给调查工作带来了一定的困难。对一个大型系统的调查，一般都是由多个系统分析人员共同完成的，按规范化的方法组织调查可以避免调查工作中一些可能出现的问题。

2. 详细调查的内容

系统调查的内容十分广泛，涉及企业的生产、经营、管理、资源和环境等各个方面，一般可以从系统的定性调查和定量调查两个方面进行。

(1)系统的定性调查。定性调查主要是对现有系统的功能进行总结，包括组织结构的调查、管理功能的调查、工作流程的调查、处理特点的调查、系统环境的调查等。

1)组织机构的调查：组织机构的调查就是调查现行系统的组织机构设置、行政隶属关系、岗位职责、业务范围和配备情况等。从中不仅可以了解现行系统的构成、业务分工，而且可以进一步了解人力资源，同时，还可以发现组织和人事等方面的不合理现象。

2）管理功能的调查：功能是指完成某项工作的能力。为了实现系统目标，系统必须具有各种功能。在初步调查中，已经了解了工程及用户企业的总目标和发展战略，工程项目组织各参与方以及用户企业各部门围绕总目标都有自己的子目标和发展战略。详细调查阶段的任务是搞清各参与方以及部门的工作目标及战略。在实际工作中，虽然每个业务人员都有一个工作目标，但往往要靠系统分析员帮助进行归纳和汇总。管理功能的调查就是要确定系统的这种功能结构。

3）业务功能：业务功能分配到工程项目组织/用户企业或其某个部门或某个岗位时，形成了职能范围或岗位职责。业务功能相对于组织结构是独立的，其把业务功能抽象出来，按功能设计系统和子系统使信息系统具有较强的生命力和良好的柔性。

4）业务流程的调查：不同的系统有着不同的功能，它们进行着不同的处理。分析人员要尽快熟悉业务，全面细致地了解整个系统各方面的业务流程，发现和消除业务流程中不合理的环节。

5）数据流程的调查：在业务流程的基础上舍去物质要素，对收集的数据及统计和处理数据的过程进行分析和整理，绘制出原系统的数据流程图，为下一步分析做好准备。

6）处理特点的调查：调查处理特点是为了确定合理有效的处理方式。要紧密结合计算机处理方式和可能规模来完成。其内容包括数据汇集方式、使用数据的时间要求、现行处理方式及有无反馈控制等。

7）系统环境的调查：系统环境是指不直接包括在计算机信息系统之中，但对计算机系统有较大影响的因素的集合。环境不是设计的对象，但它对设计有影响和限制。环境调查的内容包括处理对象的数据来源、处理结果的输出时间与方式等。

（2）系统的定量调查。定量调查的目的是弄清数据流量的大小、时间分布和发生频率，掌握系统的信息特征，并据此确定系统规模，估计系统建设工作量，为下一阶段的系统设计提供科学依据。其内容包括以下几项。

1）收集各种原始凭证：通过这些凭证的收集，统计原始单据的数量，了解各种数据的格式、意义、产生时间、地点和向系统输入的方式，并对每张单据信息所占的字节数作出估计，从而得出每月、每日、每时系统数据的流量。

2）收集各种输出报表：通过输出报表的收集，统计各种报表存储的字节数和印刷行数，并分析其格式的合理程度。

3）统计各类数据的特征：通过对各类数据平均值、最大值、最大位数及其变化率等的统计，确定数据类型，并重点弄清对系统影响大的静态数据的存储格式和存储量。

4）收集与新系统对比所需的资料：收集现行系统手工作业的各类业务工作量、作业周期、差错发生数等，供新旧系统对比时使用。

5）可用资源的情况：除了人力资源外，还要调查了解现行系统的物资、资金、设备、建筑平面布置和其他各项资源的情况。现行系统如已配置了计算机，就要详细调查其型号、功能、容量、外设配置和计算机软件配置情况，以及目前的使用情况和存在的问题。这个过程能使人们在数据库设计的系统环境配置过程中进行更为合理的安排。

6）约束条件：调查了解现行系统在人员、资金、设备、处理时间以及处理方式等各方面的限制条件和规定。

7)现存问题和改进意见：现存问题是新系统所要解决的，是详细调查最为关心的问题，是新系统目标的主要组成部分。在详细调查中，要注意收集用户的各种要求和改进意见，善于发现问题并找到问题的关键所在。

3. 详细调查的方法

（1）开调查会。开调查会是一种集中征询意见的办法，适于对系统的定性调查。

（2）发调查表征询意见。系统调查表由问题和答案两部分组成，问题由主持调查工作的系统分析人员列出，答案主要由被调查单位的业务人员给出。利用调查表进行调查可以减轻被调查部门的工作负担，方便系统调查人员，得到的调查结果更系统和准确。因为被调查单位可以利用工作间隙填写该表，业务人员不必和系统调查人员一起耗费大量连续的时间。如果系统调查人员离被调查单位较远，可以用信函方式进行调查，从而降低调查费用。

（3）访问。访问是一种个别征询意见的办法，是收集数据的主要渠道之一。通过调查人员与被访问者的自由交谈，充分听取各方面的要求和希望，可获得较为详细的定性定量信息。访问时应从系统的输出、输入信息的来源、去向、组织及处理等方面提出问题。

（4）直接参加业务实践。参加业务实践是了解系统的最好方法。通过以建立系统为目标的跟班学习，可以较深入地了解手工作业数据发生、传递、加工、存储、输出各环节的工作内容，这对以后建立模型或人工模拟都是至关重要的。

详细调查的主要事项

三、组织结构与功能分析

在系统详细调查的基础上，要对现行系统的组织结构及管理业务流程进行分析。组织结构是由管理过程各要素组成的有机整体。总体来说，组织结构是根据建设生产过程的运行特点，以及由此产生的一系列技术、经济、管理上的要求，依据一定阶段的目标，将专业管理人员、管理工具等要素按比例组织起来构成的系统。组织结构是管理过程与运行状况的直接体现。因此，对现行系统的分析应从组织结构开始。

1. 组织结构分析

组织结构分析主要是要调查组织内管理层次的划分、各层次机构的组成、各层次各部门的职责范围和分工，以及各部门间的相互联系等。对于工程管理信息系统的开发，无论是业主、监理工程师，还是承包商，其组织结构的调查分析都应包括整个项目的组织结构和组织开发单位内部的组织结构的调查分析。

组织结构调查分析的成果，一般要求用组织结构图来描述。组织结构图要力求反映出系统边界内各部门的相互关系和职能分工。

一个组织（企业、公司、部门等）的结构设置，自上而下一般是按级别、分层次构成的，呈树状结构，表示各组成部分之间的隶属关系或管理与被管理的关系，某企业组织结构示意如图7-9所示。

2. 管理业务流程分析

组织结构图描述了系统边界内部门的划分及这些部门之间的关系，它反映了系统的总体情况而不能反映出系统的细节。管理业务流程的调查分析则是在此基础上，按照原有信息流动过程，逐个调查所有环节的处理业务、处理内容、处理顺序和对处理时间的要求，弄清各个环节需要的信息、信息来源、流经去向、处理方法、计算方法、提供信息的时间和信息形态(报告、报表、屏幕显示)等。

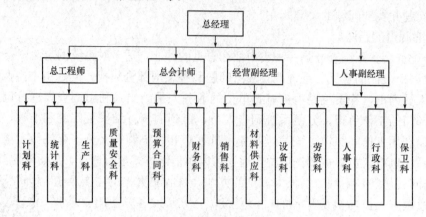

图 7-9　某企业组织结构示意

描述管理业务流程的工具有业务流程图,它是一种表明系统内各部门、人员之间的业务关系、作业顺序和管理信息流动的流程图。流程图是掌握现行系统的状况、确立系统逻辑模型不可缺少的环节,是系统分析和描述现行系统的重要工具,是业务流程调查结果的图形化表示。它反映了现行系统各机构的业务处理过程和它们之间的业务分工与联系,以及连接各机构的物流、信息流的传递和流通关系,体现了现行系统的界限、环境、输入、输出、处理和数据存储等内容。通过业务流程图的绘制,可以发现问题、分析不足、优化业务处理过程。

业务流程图的绘制并无严格的规则,只需简明扼要地如实反映实际业务过程即可。某工程项目材料管理业务流程如图 7-10 所示。

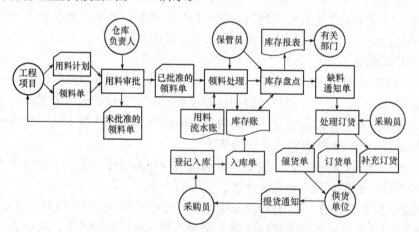

图 7-10　某工程项目材料管理业务流程

四、数据与数据流分析

上述对组织机构和管理业务流程的调查分析,虽形象地描述了信息的流动和存储情况,但仍没有完全脱离一些物质要素。为了建立计算机的管理信息系统，还要进一步调查分析，舍去物质流，抽象出信息流，绘制出数据流程图，并对各种数据的属性和各项处理功能进行详细的分析。

1. 数据收集

数据收集和后续的数据分析工作没有明显的界线，数据收集常伴以分析，而数据分析又常需要补充收集数据。

数据收集的渠道主要有现行的组织机构，现行系统的业务流程，现行的决策方式，各种报表、报告、图示等。收集的数据应尽量全面，包括原系统全部输入单据，如入库单、收据、凭证等；输出报表和数据存储介质，如账本、清单等。在上述各种单据、报表、账本的样品上注明制作单位、报送单位、存放地点、发生频度（如每月制作几张）、发生的高峰时间及发生量等内容，并注明各项数据的类型，如数字型、字符型，数据的长度、取值范围。还应收集各个处理环节对数据的处理方法和计算方法。

2. 数据分析

在收集上来的数据中，有些不能用作系统分析的依据，要把这些数据加工成系统分析可用的资料，就必须要进行数据分析工作。数据分析的任务是彻底弄清数据流程图中出现的各种数据的属性、数据的存储情况和对数据查询的要求，给以定量的描述和分析。

(1) 从业务处理和管理的角度分析。先从业务处理的角度来看，为了满足正常的信息处理业务，需要哪些信息，哪些信息是冗余的，有待进一步收集。再从管理的角度来看，为了满足科学管理的要求，应该分析这些信息的精度如何，能否满足管理的需求；信息的及时性如何，可行的处理区间如何，能否满足对生产过程及时进行处理的需求；对于一些定量化的分析能否提供数据支持等。

(2) 弄清信息源周围的环境。要分清这些信息是从现存组织结构中的哪个部门来的，目前用途如何，受周围哪些环境的影响较大，如有些信息受具体统计人员的统计方法的影响较大，有些信息受外界条件的影响较大。它的上一级信息结构是怎样的，下一级信息结构是怎样的。

(3) 围绕现行的业务流程进行分析。分析现有报表的数据是否全面，是否能满足管理的需要，是否能正确反映业务实物流；分析业务流程，现行的业务流程有哪些弊端，需要进行哪些改进；做出这些改进后对信息与信息流应该做出什么样的相应改进，对信息的收集、加工、处理有哪些新要求等；根据业务流程分析，确定哪些信息是多余的，哪些是系统内部可以产生的，哪些需要长期保存。

(4) 数据属性分析。数据用属性的名和属性的值来描述事物某方面的特征。一个事物的特征可能是多方面的，需要用多个属性的名和其相应的值来描述。

(5) 数据重复存储分析。在有些报表中，某些数据是共用的，因此，要通过分析，避免这些共用数据的重复存储，以防引起系统中数据的不一致并可节省存储空间。

(6) 数据查询要求分析。调查清楚用户可能提出的各种查询要求，是为了有的放矢地合理组织数据的存储和采取高效的检索技术。

(7) 数据特征分析。数据特征分析是下一步设计工作的准备工作。特征分析包括：

1) 数据的类型及长度：是数字型还是字符型，是定长还是变长，长度是多少字节，有何特殊要求（比如精度、正负号等）。

2) 合理的取值范围：这对于将来设计校验和审核功能是十分必要的。

3) 数据所属业务：即哪些业务需要使用这个数据。

4) 数据的业务量：每天、每周、每月的业务量（包括平均值、最低的可能值、最高的可能值）以及要存储的量有多少，输入、输出的频率多大。

5) 数据的重要程度和保密程度：重要程度即对检验功能的要求有多高，对后备储存的必要性如何。保密程度即是否需要有加密措施，其读、写、改、看权限如何。

3. 数据流程图

数据流程图，又称信息流程图，是描述系统模型的主要工具，它可以用少数几种符号综合地反映出信息在系统中的流动、存储和处理的总情况。数据流程图具有抽象和概括两个特性，其抽象性表现在已完全舍去了具体的物质，只剩下数据的流动、存储和使用；概括性表现在它可以把系统中的各种业务处理过程联系起来，形成一个整体。

(1) 数据流程图的基本符号。

1) 外部实体。外部实体指本系统之外的人或单位，它们和本系统有信息传递关系，向系统提供输入，接受系统产生的输出。为了避免在一张数据流程图中出现线条的交叉，同一个外部实体可以出现若干次。外部实体表示数据流的始发点或终止点。原则上讲，它不属于数据流程图的核心部分，只是数据流程图的外围环境部分[图 7-11(a)]。

2) 数据流。数据流表示流动着的数据，它可以是一项数据，也可以是一组数据。数据流用单向箭头表示，箭头表示流向，通常在数据流符号的上方标明数据流的名称[图 7-11(b)]。数据流可以从处理流向处理，也可以从处理流进、流出文件，还可以从源点流向处理或从处理流向终点。

3) 数据存储。数据存储指通过数据文件、文件夹或账本等存储数据，用来标示需要暂时存储或长久保存的数据类，表示系统产生的数据存放的地方。数据存储是对数据文件的读写处理，通过数据流与处理逻辑和外部实体发生联系。当数据流的箭头指向数据存储时，表示将数据流的数据写入数据存储；反之，则表示从数据存储读出数据流的数据。数据存储表示逻辑意义上的数据存储环节，不考虑存储的物理介质和技术手段的数据存储环节。数据存储用一个右边开口的长方形表示[图 7-11(c)]。图形右部填写存储的数据和数据集的名字，左边填入该数据存储的编号。同外部实体一样，为了避免在一张数据流程图中出现线条的交叉，同一个数据存储可以出现若干次。

4) 处理逻辑。处理逻辑也称处理或功能，是对数据进行的操作，把流入的数据流转换为流出的数据流，处理逻辑表示对数据的加工处理，因此，一般处理逻辑的名称由动词和宾语表示，动词表示加工处理的动作，宾语表示被加工处理的数据。处理逻辑包括两方面的内容：一是改变数据结构；二是在原有数据内容的基础上增加新的内容，形成新的数据[图 7-11(d)]。如果将数据流比喻成工厂中的零部件传送带，数据存储是零部件的存储仓库，那么每一道加工工序就相当于数据流程图中的处理功能，它表达了对数据处理的逻辑功能。在数据流程图中，一般用一个矩形来表示处理逻辑，在矩形里加一条直线，在直线下部填写处理的名称（如开发票、出库处理等），在直线上方填写唯一标识该处理的编号。一张数据流程图中一般有多个处理逻辑，因此，其要用编号来标示，不同处理逻辑使用不同的编号。

(2) 数据流程图的绘制原则。其一般遵循从外向里的原则，即先取定系统的边界或范围，再考虑系统的内部，先画处理的输入和输出，再画处理的内部，即：

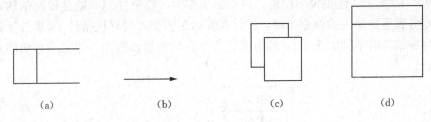

图 7-11 数据流程图
(a)外部实体；(b)数据流；(c)数据存储；(d)处理逻辑

1)识别系统的输入和输出；
2)从输入端至输出端画数据流和处理，并同时加上数据存储；
3)处理的分解从外向里进行；
4)数据流的命名要确切，要反映整体；
5)各种符号布置要合理，分布均匀，尽量避免交叉线；
6)先考虑稳定态，后考虑瞬间态。如系统启动后先考虑正常工作状态，稍后再考虑系统的启动和终止状态。

(3)数据流程图的绘制步骤。

1)识别系统的输入和输出，画出顶层图，即确定系统的边界：在系统分析初期，系统的功能需求等还不是很明确，为了防止遗漏，不妨先将系统范围定得大一些，系统边界确定后，越过边界的数据流就是系统的输入和输出，将输入与输出用处理符号连接起来，并加上输入数据来源和输出数据去向就形成了顶层图。

2)画系统内部的数据流、处理与存储，画出一级细化图：从系统输入端到输出端(或反之)，逐步将数据流和处理连接起来，当数据流的组成或值发生变化时，就在该处画一个"处理"符号。画数据流图时还应同时画上数据存储，以反映各种数据的存储处，并表明数据流是流入还是流出文件的。最后，再回过头来检查系统的边界，补上遗漏但有用的输入输出数据流，删去那些没被系统使用的数据流。

3)处理的进一步分解，画出二级细化图：同样运用从外向里的方式对每个处理进行分析，如果在该处理内部还有数据流，则可将该处理分成若干个子处理，并用一些数据流把子处理连接起来，即可画出二级细化图。二级细化图可在一级细化图的基础上画出，也可单独画出该处理的二级细化图，二级细化图也称为该处理的子图。

(4)数据流程图示例。数据流程图的绘制应从简单到复杂，从总体到部分，由粗到细逐步展开，不断扩展直到符合要求为止。这里，将监理工程师在项目施工过程中的投资控制作为一个整体，画出其数据流程图，作为一般示例。

1)监理工程师按照合同支付条件和工程进度、质量等阶段验收情况，针对承包商提出的结算申请，签署支付凭单进行投资控制，如图 7-12 所示。

2)施工阶段的投资控制是一个非常复杂的处理过程，不能单凭简单的阶段验收与承包商申请就支付工程款。在实际工作中，监理工程师还应根据设计与平均水平的施工能力以及自己的经验，编制出施工组织设计与进度计划，以此作为比照进行动态的投资控制。

3)将图 7-13 的数据流程图进一步深化和扩展，得到施工阶段投资控制处理扩展数据流程图，如图 7-13 所示。值得说明的是，在实际工作中，投资控制问题是很复杂的，这就需要对监理业务做更为深入的调查了解，并针对具体工程项目的环境条件(如涉外工程、合资项目等对财务结算有不同的规定)，绘制出符合实际的数据流程图，才能为系统的开发奠定良好的基础。

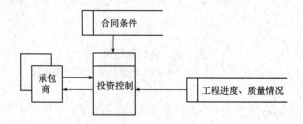

图 7-12　投资控制处理的初始数据流程

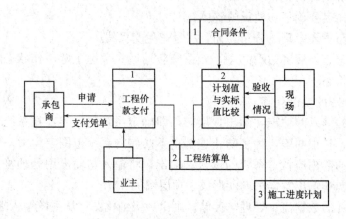

图 7-13　投资控制处理扩展数据流程

数据流程图的不断完善，是随着调查工作的不断深入所取得的。数据流程图进行到什么样的程度才合适，目前没有统一标准，这主要取决于系统大小及研究工作的具体情况。一般对于用计算机来处理的模块，将其划分到一个程序模块的程度就可以了。详细的投资控制数据流程如图 7-14 所示。

4. 数据字典

在数据流程图中，数据间的逻辑关系得到了完整、清晰的表达，但这些数据的具体内容和特征却没有也不可能在数据流程图上充分反映出来。为了详细描述数据，另一种系统分析工具——数据字典就应运而生。

数据字典以特定的格式详细地定义和解释了数据流程图上未能表达的内容。数据流程图加上完整的数据字典，就形成一份完整的系统分析的"系统规格说明书"。

数据字典的编写是系统分析中很重要的一项基础工作，不仅在系统分析阶段，而且在系统设计和系统实施阶段都要用到它。在数据字典的建立、修改和补充过程中，始终要注意保证数据的一致性和完整性。

5. 功能分析

计算机处理功能的内容包括运算、数据存取和逻辑判断等。其中比较复杂的、难以表

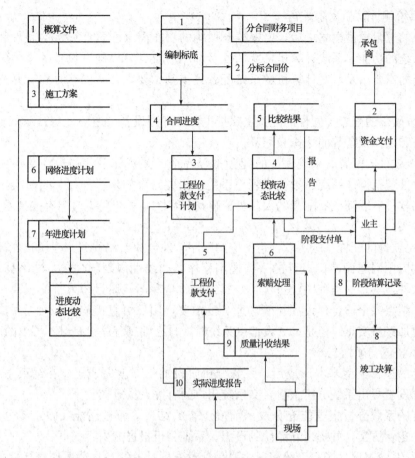

图 7-14 详细的投资控制数据流程

达清楚的是逻辑判断这个功能。在数据流程图中仅能给出处理功能的名称,在数据字典中可以对一般的处理逻辑给以定义和说明,但对于逻辑判断这种功能很难作出准确的定义和说明。因此,就产生了判定树和判定表(或称决策表)两种方法,这两种方法可以简洁地表达逻辑判断等处理功能。

五、系统分析

1. 建立新系统的逻辑模型

通过对现行系统的调查和分析,即可建立新系统的逻辑模型。系统逻辑模型可以用一组图表工具来表达和描述,以便系统分析人员和用户研究讨论,从而提出改进意见。

(1)确定新系统的目标。新系统目标是指要达到系统目的所要完成的具体事项。在系统详细调查的基础上,结合系统可行性研究报告中提出的系统目标及系统建设的环境和条件重新考虑系统目标。系统目标的确定可以把整个开发工作规定在合理的范围之内,使系统设计的任务更加明确、有章可循,同时,也可以为将来检查和评价工作完成情况提供标准。

(2)确定新系统的边界。确定新系统的边界就是确定新系统的人-机接口边界。要恰当地划定哪些处理部分由计算机处理,哪些处理部分由人工来完成更合适。

(3)确定新系统的信息处理方案。新系统的信息处理方案就是上述各项分析和优化的结果。

2. 新系统的计算机资源配置

在系统的逻辑模型建立之后,要根据新系统的功能需求配置计算机的硬件和软件,以便实现新系统的功能。系统计算机资源的配置并不涉及计算机硬件设备的具体型号,它是从系统分析的需要出发,对计算机的系统配置提出基本要求,所以有时称计算机资源的逻辑配置。

(1) 系统硬件的配置。硬件的配置主要指主机、外围设备、通信设备、网络设备、办公自动化设备和接口设备等的选择和配置。

(2) 系统软件的配置。系统软件的配置是否齐全,关系到系统的运行及各项工作的进展。系统软件包括操作系统、数据库管理系统、相关语言的编译程序、维修机器的诊断程序等。这些软件一般随机器配套购入,要了解其兼容性,并在购买时向有关技术人员询问,试用后再购买。

(3) 应用软件的配置。应用软件包括应用程序软件包和自编程序。应用程序软件包是为了解决某类应用问题而专门设计的一些通用程序,如线性规划软件包、网络计划软件包、统计分析软件包等。这类程序经过优化,其编制质量和运行质量一般都比较高,如其所处理的内容和结果完全适合建设项目管理业务的需要,用户可直接购买。购买现成的软件比自己编制更加经济实惠。但是,开发信息系统时,自己编制程序也是必不可少的。

3. 新系统的分析报告

新系统的逻辑模型基本形成后,系统分析阶段的工作就完成了。在结束系统分析前,一般要求开发者提出系统分析报告,交系统用户的有关人员审核。

一份好的系统分析报告能充分展示前段调查的结果,而且还能反映系统分析的结果,即新系统的逻辑方案,并提出新系统的设想。系统分析报告的内容如下。

(1) 现行系统概况。现行系统概况主要是针对分析对象的基本情况作概括性的描述。它包括现行系统的主要业务、组织机构、存在的问题和薄弱环节,现行系统与外部实体之间物资及信息的交换关系,用户提出开发新系统请求的主要原因等。

(2) 新系统的目标。新系统的总目标是什么,其目标树如何;新系统拟采用什么样的开发战略和开发方法;人力、资金以及计划进度的安排;新系统计划实现后各部分应该完成什么样的功能;某些指标预期达到什么样的程度;哪些工作是现行系统没有而计划在新系统中增补的。

(3) 现行系统的状况。现行系统的状况主要用两个流程图来描述,即现行系统业务流程图和现行系统数据流程图。

(4) 新系统的逻辑方案。其主要反映系统分析的结果和建造新系统的设想。

(5) 开发费用和时间进度估算。为了使有关领导在阶段审查中获得更多关于开发费用和工作量的信息,需要对费用和时间进行初步估算。

(6) 其他方面的内容。新系统的逻辑设计虽然经过分析优化,但仍带有建议性。为了让有关领导有更多的选择余地,在某些方面仍可同时提出几个比较方案,分析其利弊,以便采取更合适的方案进行物理设计。

系统分析报告一旦被批准,就成为一个具有约束力的指导性文件,作为下一步系统设计的依据,用户和系统开发小组都不能再对其随意改动。

第五节 建设工程管理信息系统设计

一、建设工程管理信息系统设计概述

1. 系统设计的划分

系统设计是在系统分析的基础上，根据系统分析阶段所提出的新系统逻辑模型，建立新系统的物理模型。具体来讲，就是根据新系统逻辑模型的主要功能要求，结合实际设计条件，详细地确定出新系统的结构，即解决好"怎么做"的问题，从而为系统的实施准备好必要的技术资料和有关文件。系统设计通常分为如下两个阶段。

(1) 总体设计。总体设计的任务是在逻辑模型的基础上决定系统的模块结构，主要考虑如何将系统划分成模块以及确定模块间的调用和数据的传递关系。

(2) 详细设计。详细设计主要考虑各模块功能的实现和模块内部采用什么样的算法，并对各模块的处理过程进行描述。

2. 系统设计的目标

系统设计的目标是在保证实现逻辑模型的基础上，尽可能提高系统的各项指标，即系统的工作效率、可靠性、工作质量、可变性和经济性等。

(1) 系统的工作效率。系统的工作效率主要是指系统对数据的处理能力、处理速度、响应时间等与时间有关的指标；处理能力是指系统在单位时间内处理事务的能力；处理速度一般是指系统完成业务处理所需的平均时间；响应时间是指在联机状态下，从发出处理请求到得到应答信号的时间。

(2) 系统的可靠性。系统的可靠性是指系统在运行过程中，抗干扰（包括人为和机器故障）和保证系统正常工作的能力。系统的可靠性包括系统检错与纠错能力、系统恢复能力、软硬件的可靠性、数据处理与存储的精度、系统的安全保护能力等。系统平均无故障时间、系统平均修复时间是衡量系统可靠性的重要指标。

(3) 系统的工作质量。系统的工作质量是指系统提供用户所需信息的准确度、及时性，以及便于用户操作的人-机界面的友好程度。工作质量的好坏与计算机的硬件、系统软件、应用软件、人工处理质量与效率等因素有关。

(4) 系统的可变性。系统的可变性是指系统被修改和维护的难易程度。由于系统环境（国家政策、相关行业规范、定额等的变化）和系统本身的需要，应当不断修改和完善系统。一个好的系统应该有良好的可修改性、易维护性，使之适应相应变化。采用结构化、模块化的系统分析与设计方法可以提高系统的可变性。

(5) 系统的经济性。系统的经济性是指系统的收益与支出之比。要注意的问题是，在定量考虑经济费用的同时，还要定性考虑系统实施后所取得的社会效益及由此带来的间接经济效益。

3. 系统设计的内容

(1)制定规范。为了适应团队式开发的需要，应制定共同遵守的规范，以便协调与规范团队内各成员的工作。系统设计的规范或标准包括管理规则如操作流程、交流方式、工作纪律等，设计文档的编制标准如文档体系、文档格式、图表样式等，以及信息编码形式、硬件、操作系统的接口和命名规则等。

(2)系统架构设计。系统架构由构成系统的元素的描述、元素的相互作用、指导元素集成的模式以及模式的约束组成。系统架构设计包括划分子系统、定义子系统、定义系统物理构架等。系统架构设计就是根据系统的需求框架，确定系统的基本结构，获得有关系统创建的总体方案。

(3)系统功能模块设计。它是在子系统划分的基础上，根据系统分析所得到的系统逻辑模型(数据流程图和数据词典)，借助一套标准化的图、表工具，导出系统的功能模块结构图，也称系统结构图。这种图很简单，仅含三种符号，即模块、模块的调用、模块的传递。

(4)公共数据结构设计。模块共同使用的公共数据的构造包括公共变量、数据文件和数据库中的数据等，公共数据的设计包括公共数据变量的数据结构与作用范围，输入、输出文件的结构，数据库中的表结构、视图结构以及数据的完整性等。

(5)编写文档。应该用正式文档记录系统总体设计的结果，应完成的文档通常包括系统总体设计说明书、详细设计说明书、用户手册、测试计划、详细的实现计划等。

(6)安全性设计。系统的安全性设计包括操作权限管理设计、操作日志管理设计、文件与数据加密设计以及特定功能的操作校验设计等。

(7)故障处理设计。在系统总体设计时，需要对各种可能来自软件、硬件以及网络通信方面的故障进行考虑，如提供备用设备、设置出错处理模块、设置数据备份模块等。

建设工程管理信息系统设计的要求

(8)系统设计评审。对系统总体设计的结果进行严格的技术审查，在技术审查通过之后再由使用部门的负责人从使用、管理的角度进行评审。系统总体设计评审的内容主要包括需求确认、接口确认、模块确认、风险性、实用性、可维护性、质量等。

二、建设工程管理信息系统总体设计

系统总体设计，就是根据系统分析的结果对新系统的总体结构形式和可利用的资源进行大致的设计，它是一种宏观、总体上的设计和规划。

1. 总体设计的原则

(1)分解、协调原则。整个系统是一个整体，具有整体目标和功能，但这些目标和功能的实现又是相互关联、错综复杂的。解决复杂问题的一个很重要的原则，就是把它分解成多个易于解决、易于理解的小问题分别处理，在处理过程中根据系统的总体要求协调各部分的关系。在管理信息系统中，对这种分解和协调都有一定的要求和依据。

(2)信息隐蔽抽象原则。上一阶段只负责为下一阶段的工作提供原则和依据，并不规定下一阶段或下一步工作中要负责决策的问题，即上层模块只规定下层模块做什么和所属模块间的协调关系，但不规定怎么做，以保证各模块的相对独立性和内部结构的合理性，使模块与模块之间层次分明，易于理解、实施和维护。

(3)自顶向下原则。首先抓住总的功能目标,然后逐层分解,即先确定上层模块的功能,再确定下层模块的功能。

(4)一致性原则。要保证整个系统设计过程中具有统一的规范、统一的标准、统一的文件模式等。

2. 系统架构设计

(1)系统划分的原则。

1)可理解的结构划分:每个子系统的功能要明确,尽量做到规模大小适中均衡,减少复杂性,易于用户理解和接受。此外,在合理可能的前提下,适当照顾现行系统的结构和用户的习惯,使旧系统能顺利地向新系统过渡。

2)子系统要具有相对独立性:子系统的内部功能、信息等方面应具有较好的内聚性,每个子系统、模块之间应相互独立,将联系比较密切、功能相近的模块相对集中,尽量减少各种不必要的数据调用和控制联系,这使大型复杂的软件简单化,减小问题的复杂程度,保证工程管理信息系统的质量,加强系统的可维护性和适应性。

3)子系统之间的数据依赖性尽量小:子系统之间的联系尽量少,相互关联及相互影响的程度较小,接口清晰、简洁。划分子系统时应将联系较高的相对集中的部分列入一个子系统内部,剩余的一些分散、跨度较大的联系成为这些子系统之间的联系和接口。这样,将来系统的调试、维护和运行都比较方便。

4)对子系统划分应减少数据冗余:数据冗余就是在不同模块中重复定义某一部分数据,这使得系统经常大量调用原始数据,重复计算、传递、保存中间结果,从而导致程序结构紊乱,效率降低,软件编制工作困难。

5)子系统的设置应考虑今后管理发展的需要:子系统的设置光靠上述系统分析的结果是不够的,因为现存的系统由于这样或那样的原因,很可能没有考虑到一些高层次管理决策的要求。因此,要预留子系统便于今后管理发展的需求。

6)子系统的划分应便于系统分阶段实现:工程管理信息系统的开发是一项较大的工程,它的实现一般都要分期分步进行,子系统的划分应能适应这种分步的实施。另外,子系统的划分还必须兼顾组织机构的要求,但又不能完全依赖组织(因为工程组织机构相对来说是动态的),以便系统实现后能够符合现有的情况和用户的习惯,能更好地运行。

7)子系统的划分应考虑到对各类资源的充分利用:对各类资源的合理利用也是系统划分时应该注意到的。一个适当的系统划分应该既考虑有利于各种设备资源在开发过程中的搭配使用,又考虑各类信息资源的合理分布和充分使用,以减少系统对网络资源的过分依赖,减少输入、输出、通信等设备的压力。

(2)划分子系统。划分子系统是简化设计工作的重要步骤。从系统分析阶段开始就已经进行了系统划分的工作。将系统划分成若干个子系统,再把子系统划分为若干个模块。每一个子系统或模块,无论是设计或是调试、修改或扩充,基本上可以互不干扰地进行。

在将系统划分为若干子系统和功能模块时,由于所依据的原则不同,可以有下列不同的划分方式。

1)按逻辑划分:把类似的处理功能放在一个子系统或模块里。

2)按时间划分:把同一时间段内执行的各种处理结合成一个模块。这种结合可能造成同一功能的多次重复。

3）按过程划分：按工作流程划分。这样划分，同一模块可能有许多功能。

4）按通信划分：这样划分，可以减少子系统之间的通信，使接口简单。

5）按功能划分：按管理职能划分，如将建设项目管理信息系统划分为进度控制、质量控制、投资控制及合同管理等子系统。

在系统总体设计工作中，以上几种划分方式可以结合起来运用。一般认为，子系统按管理职能划分，模块按逻辑划分所组成的系统，无论是设计，还是调试，甚至投入运行后的维护和修改，都非常方便，因而该组合划分方式得到广泛应用。

（3）确定系统架构。任何一种架构风格都有优缺点，每种架构都有它存在的现实价值。典型的架构模式包括：系统软件的分层架构模式、系统软件的管道和过滤器架构模式、系统软件的黑板架构模式、分布式软件的经纪人架构模式、分布式软件的客户/服务器架构模式、分布式软件的点对点架构模式、交互软件的模型-视图-控制器(MVC)架构模式、交互软件的显示-抽象-控制(PAC)架构模式。

3. 系统功能模块设计

（1）模块结构图。功能模块设计方法的基本思想是将系统设计成由相对独立、功能单一的模块组成的结构，从而简化研制工作，防止错误蔓延，提高系统的可靠性。在这种模块结构中，模块之间的调用关系非常明确与简单，每个模块可以单独地被理解、编写、调试、查错与修改。模块结构整体上具有较高的正确性、可理解性与可维护性。模块结构图是功能模块设计方法描述系统结构的图形表达工具，如图7-15所示。

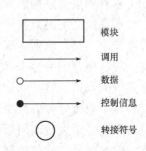

图7-15 模块结构的基本符号

在画模块结构图时，通常将输入、输出模块分别画在左边、右边，计算或其他模块放在中间。为了便于理解系统的整个结构，应尽量将整个模块结构图画在一张纸上。

一个软件系统具有过程性(处理动作的顺序)和层次性(系统各组成部分的管辖范围)特征。模块结构图描述的是系统的层次性，而通常的"框图"描述的则是系统的过程性。系统设计阶段，关心的是系统的层次结构，只有到了具体编程时，才需要考虑系统的过程性。

在从数据流图导出初始模块结构图时，采用一组基本的设计策略——变换分析与事务分析；在对初始模块结构图改进和优化方面，有一组基本的设计原则——耦合小、内聚大，和一组质量优化技术。

（2）模块。模块是可以组合、分解和更换的单元，是组成系统、易于处理的基本单位。系统中的任何一个处理功能都可以看作一个模块，也可以理解为用一个名字就可以调用的一段程序语句。它是系统里的一组程序语句，具有以下属性：

1）具有确定的输入和输出，即从调用者那里获得输入，然后把产生的输出结果返回给调用者；

2）具有逻辑功能，即把输入数据换为输出数据；

3）运行程序，即通过程序的运行来实现它的逻辑功能；

4）内部数据，即除有输入/输出数据外，还有属于它自身的数据。

模块在结构图中用矩形表示，其名称写在矩形内部，在矩形的左右两侧各加一道竖线常表示公用模块，如图7-16所示。

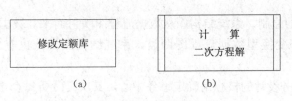

图 7-16 模块符号

(3)调用。在结构图中,用连接两个模块的箭头表示调用,箭头总是由调用模块指向被调用模块,但是应该将其理解成被调用模块执行后又返回到调用模块。

如果一个模块是否调用一个从属模块决定于调用模块内部的判断条件,则该调用称为模块间的判断调用,采用菱形符号表示。如果一个模块通过其内部的循环功能来循环调用一个或多个从属模块,则该调用称为循环调用,用弧形箭头表示。调用、判断调用和循环调用的表示方法如图 7-17 所示。

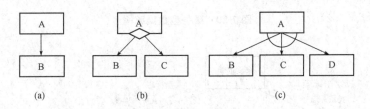

图 7-17 模块调用示例
(a)调用;(b)判断调用;(c)循环调用

(4)数据。当一个模块调用另一个模块时,调用模块可以把数据传送到被调用模块处供处理,而被调用模块又可以将处理的结果数据送回到调用模块。在模块之间传送的数据,使用与调用箭头平行的带空心圆的箭头表示,并在旁边标上数据名。例如,图 7-18 所示为模块 A 调用模块 B 时,A 将数据 X、Y 传送给 B,B 将处理结果数据 Z 返回给 A。

(5)控制信息。为了指导程序下一步的执行,模块间有时还必须传送某些控制信息,例如数据输入完成后给出的结束标志、文件读到末尾所产生的文件结束标志等。控制信息与数据的主要区别是前者只反映数据的某种状态,不必进行处理。在模块结构图中,用带实心圆点的箭头表示控制信息。例如,图 7-19 中"无此记录"表示送来的机械编号有误的控制信息。

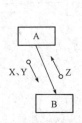

图 7-18 模块间的调用和通信

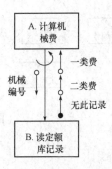

图 7-19 模块间的通信

(6)系统结构图的绘制。系统结构图从数据流程图映射而来。数据流程图的基本形式有事务型数据流程图和变换型数据流程图两类,系统结构图设计也有事务设计和变换设计两种。

1)事务设计:事务设计的核心是确定事务中心,其次是分析每个事务,并为其选择适当相应的处理路径。图 7-20 所示为工程估价系统中典型的事务型数据流程图(修改定额),可将其分为修改人工定额、修改材料定额和修改施工机械台班定额。其相应的结构图如图 7-21 所示。

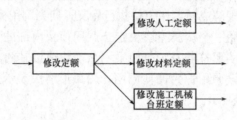

图 7-20 事务型数据流程

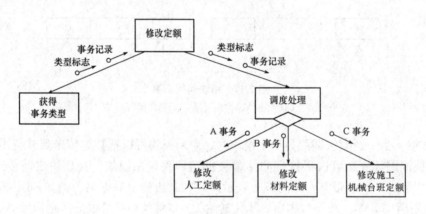

图 7-21 事务设计结构

2)变换设计:变换设计分确定变换中心(主处理)、设计模块的顶层和第一层、形成完整的系统结构图三步。图 7-22 所示为工程估价系统中典型的变换型数据流程图,左边输入定额编号和工程量,经过数据变换(计算和统计)输出各种报表,如工程单价汇总表、工料统计分析表等。

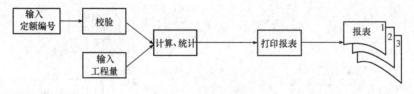

图 7-22 变换型数据流程

4. 系统平台设计

系统平台设计包括计算机处理方式、网络结构设计、网络操作系统的选择、数据库管理系统的选择等软、硬件选择与设计工作。

(1)系统平台设计的原则。
1)根据实际业务需要的情况配置设备；
2)根据实际业务的性质配置设备；
3)根据组织中各部门的地理分布情况设置系统结构，配备系统设备；
4)根据系统调查分析所估算出的数据容量配备存储设备；
5)根据系统的通信量、通信频度确定网络结构、通信媒体、网络类型、通信方式等；
6)根据系统的规模和特点配备系统软件，选择软件工具；
7)根据系统的实际情况确定系统配置的各种指标，如处理速度、传输速度、存储容量、性能、功能、价格等。

(2)平台的选择。
1)单项业务系统：常选用各类 PC 机、数据库管理系统为平台。
2)综合业务管理系统：以计算机网络为系统平台，如 Novell 网络和关系型数据库管理系统。
3)集成管理系统：如 OA、CAD、CAM、MIS、DSS 等综合而成的一个有机整体。其综合性更强，规模更大，系统平台也更复杂，涉及异形机、异种网络、异种库之间的信息传递和交换。

(3)系统处理方式的选择。系统处理方式可以根据系统功能、业务处理的特点、性价比等因素，选择批处理、联机实时处理、联机成批处理、分布式处理等方式。在一个管理信息系统中，也可以混合使用各种方式。

(4)软、硬件的选择。
1)计算机软件配置是管理信息系统的重要支撑：计算机软件的选择包括操作系统、数据库管理系统、开发工具等方面的选择。

①操作系统。当操作系统采用客户/服务器模式时，应考虑服务器和工作站两种操作系统的选择。在服务器上，选择操作系统时主要考虑满足多用户、多进程、图形用户接口的要求。在工作站上，选择操作系统时主要考虑系统的处理能力和图形用户接口。

②数据库管理系统。数据库管理系统的选择是一个关键问题。数据库管理系统是为了有效地管理和使用数据，控制数据的存储，协调数据之间的联系。选择时，应着重考虑所选数据库管理系统的下列功能：数据存储能力、数据查询速度、数据恢复与备份能力、分布处理能力、与其他数据库的互联能力。

③开发工具。开发工具的选择要考虑系统的环境、开放性等。对于系统的环境，应根据所选择的体系结构、操作系统类型、数据库管理系统以及网络协议等选择开发工具，即所选择的开发工具应支持所选择的操作系统、数据库、网络通信协议等。对于系统的开放性，开发工具本身要尽可能开放，符合开放系统的标准，独立于硬件平台及系统软件平台的选择，甚至能够独立于数据库的选择，这样才有利于系统的扩充。同时，开发工具要有与高级语言的接口，便于系统特殊功能的开发。开发工具应尽量面向终端用户，使用方便，使用户容易学会，便于维护所开发的系统。开发工具应尽可能支持系统开发的整个生命周期。

2)计算机硬件的选择：包括计算机主机、外围设备、联网设备的选配，其取决于数据的处理方式和要运行的软件。

对于数据处理是集中式的系统,则采用单主机多终端模式,以大型机或高性能小型机为主机,使系统具有较好的性能。对于有一定规模的系统,如果其管理应用是分布式的,则所选计算机系统的计算模式也应是分布式的。

系统硬件的选择应服从于系统软件的选择。首先根据新系统的功能、性能要求,确定系统软件,再根据系统软件确定系统硬件。

(5)网络设计。系统网络的设计主要包括中小型主机方案与微机网络方案的选取、网络互联结构及通信介质的选型、局域网拓扑结构的设计、网络应用模式及网络操作系统的选型、网络协议的选择、网络管理、远程用户等工作。

1)网络拓扑结构:网络拓扑结构一般有总线形、星形、环形、混合形等。在网络选择上应根据应用系统的地域分布、信息流量进行综合考虑。一般来说,应尽量将信息流量最大的应用放在同一网段上。

2)网络的逻辑设计:通常应先按软件将系统从逻辑上分为各个分系统或子系统,然后按需要配备设备,如主服务器、主交换机、分系统交换机、子系统集线器(Hub)、通信服务器、路由器和调制解调器等,并考虑各设备之间的连接结构。

3)网络操作系统:应选择能满足计算机网络系统功能要求和性能要求的网络操作系统。一般选用网络维护简单、具有高级容错功能、容易扩充并可靠、具有广泛的第三方厂商的产品支持、保密性好、费用低的网络操作系统。

三、建设工程管理信息系统详细设计

系统详细设计的任务是比较详细地设计每个模块的工作过程,进行过程描述,为在系统实施阶段用某种语言编程奠定基础。

1. 代码设计

代码是代表事物名称、属性、状态等的符号,它以简短的符号形式代替了具体的文字说明。在管理信息系统中,为便于计算机处理,节省存储空间和处理时间,提高处理的效率与精确性(如进行信息分类、校对、统计和检索等),需要将处理对象代码化。代码设计是系统设计的重要内容。

代码设计的方法很多,主要方法有以下几种。

(1)顺序编码。当前各定额站编制的定额大多采用这种形式。一册定额中的各子目从001开始依次排下去,直至最后。这种编码方法简单,代码较短,但缺乏逻辑基础,本身不说明任何信息特征。此外,新数据只能追加到最后,删除数据以后会产生空码。所以,此方法只用作其他分类编码之后进行细分类的一种手段。

(2)分组码,也称层次码。它是把代码分成若干组,每组由一位至几位数构成,代码从左至右各组依次表示编码对象的层次。分组码的优点是每组有明确的逻辑含义,容易记忆;分类标准明确,便于计算机分类处理;追加代码比较方便。缺点是当分类属性较多时,代码位数也将变得十分冗长,而且空码较多,代码长度利用不充分。在水利水电工程建设项目管理中,分组码是应用较广泛的代码之一,项目代码、施工定额代码、施工机械台班定额代码、材料代码等均可采用分组码。设计分组码的关键是合理确定各个组的位数。

(3)十进制码。这是图书馆中常用的图书编码方法。它先把整体分成十份,进而把每一份再分成十份。该分类对于那些事先不清楚会产生什么结果的情况是十分有效的。

(4)助记码。将编码对象的名称、规格等用汉语拼音或英文缩写等形式编成代码,可帮助记忆,故称为助记码。例如"SX-2"表示 2 cm 直径的石硝建材;"YSZE"表示预算总额;"PMIS"表示项目管理信息系统。助记码适用于数据较少的情况,否则,容易引起联想错误。

对于以上几种主要代码,在实际应用中可根据需要进行选择或将几种编码方法结合起来使用。

2. 输出设计

输出设计的目的是使系统所输出能满足用户需求的信息。系统输出的信息能否满足用户的要求,直接关系到系统的使用效果。因此,输出设计在系统设计中占有重要的位置。

(1)输出设计的主要内容。

1)根据系统分析的结果确定输出内容:输出内容主要包括以下两个方面。一方面是有关信息使用方面的内容,如使用者、使用目的、报告量、使用周期、有效期、保管方法及复写份数等;另一方面是输出信息本身的内容,包括信息的表现形式(表格、图形、文字)、输出项目及其数据结构、数据类型、宽度、取值范围等。

2)选择输出设备和确定输出介质:信息的用途决定了输出设备和输出介质,需要送给其他有关人员或需要长期存档的材料,应使用打印机打印输出(报表)或绘图仪输出(图形);对于需要作为以后处理用的数据,可以将之输出到磁盘或磁带上;对于只是需要临时查询的信息,则可以将之通过屏幕显示。

3)确定输出信息的格式:输出信息的格式设计,是为了给用户提供一种清晰、美观、易于阅读和理解的信息。因此,信息输出格式的设计,必须考虑到用户的要求和习惯,要尽量与现行系统的表格、图形形式相一致。如果必须做出更改,则要由系统分析设计人员和用户共同协商同意后才能进行。

(2)在输出设计阶段,应该针对不同用户的具体要求,设计适当的提炼和输出数据的方法。一般有以下几种方法。

1)汇总法:这种方法是对大量的输入数据进行分项汇总,最后产生输出报表。用计算机进行数据汇总是十分方便的。它可以按照各种需要,从不同的角度进行汇总。这对于节省人力和保证汇总质量是十分有益的。

2)监控法:这种方法的基本思想是不必随时向管理人员输出信息,由他去分析和比较,而是由计算机去从事这项工作。只有当发现异常时,才向管理人员发出"报警"信息。

3)筛选法:在下属机关的大量数据中,有许多数据对于上层决策没有太大的作用。这就要求在向上级提供数据时,把这部分筛除掉。这就是筛选法的基本思想。究竟应该筛选哪些数据,取决于它们对上层决策是否关键。也就是说,只有关键变量才被呈报给上级。所以,也有人把筛选法称为关键变量报告法。

4)查询法:管理人员往往不是被动地等待信息的输出,而是主动向计算机提问,查询自己感兴趣的内容。由于许多决策者突然面临的问题往往不能在系统设计时被估计到,也就不可能事先安排计算机及时提供有关的信息。因此,这种由决策者临时决定查询内容的输出方式,对于管理者显得特别有价值。

输出的方式和格式取决于输出的内容和性质。例如,随机查询显然需要使用专门的绘图仪器。打印输出的格式则应左右适中,页距合理,各项之间距离均匀。对于用代码存储和处理的数据，输出时一定要将代码转化成汉字，否则不便于用户使用。

3. 输入设计

在管理信息系统的工作过程中，只有按正确的程序，用正确的操作去处理正确的数据，才能获得正确的情报信息。作为第一步，输入设计在保证输入数据的正确性、提高数据处理的效率和质量方面非常重要。输入设计的目标是：在保证输入信息的正确性和满足输出需要的前提下，做到输入方法简便、迅速、经济。输入设计主要包括以下内容。

(1) 确定输入数据的内容。根据系统分析的结果进一步将输入数据的内容详细化和具体化，包括确定各种输入数据的数据项名称、数据类型、取值范围和精度等。为了尽量减少输入数据的错误，应避免数据的重复输入，使输入量保持在满足处理要求的最低限度之内。

(2) 确定数据的输入方式。原始数据的输入方式一般有菜单式、问答式和填表式三种。菜单输入方式限定了用户应答的种类，有效地减少了出错的机会，一般用于系统功能的选择和预存于计算机中文字信息的选择；问答输入方式的提示性信息较多，便于少量或结构化程度较低的数据的输入；填表输入方式特别适用于大量且结构化程度较高的数据的输入。

(3) 输入数据的校验。数据校验可分为由人工直接校验的静态方法和由计算机程序校验的动态方法。每一类又有许多具体校验法，这些方法可以单独使用，也可以组合使用。

4. 数据文件设计

数据文件是数据存储的基本形式，是由一组相关数据组成的集合。在信息系统中，各类数据总是以各种文件的形式存储在计算机的外存设备中。数据文件设计就是根据系统的数据处理方式、文件存储介质、系统所提供的文件组织方式、存取方式、以及对存取时间和处理时间的要求等，最终确定每个数据文件的数据结构，其中包括文件名、文件中数据项的顺序及其结构(数据项名称、数据类型及字域宽度)以及数据记录的关键字等。

一般来说，文件设计通常按照如下步骤进行：

(1) 了解已有的或可提供的计算机系统功能；

(2) 确定文件设计的基本指标；

(3) 确定合适的文件组织方式、存取方法和介质；

(4) 编写文件设计说明书。

5. 数据库设计

数据库设计是指在现有的数据库管理系统上建立数据库。其关键问题是建立一个数据模型，既能向用户及时、准确地提供其所需要的信息并支持用户对所有需要处理的数据进行处理，又能使其易于维护、易于理解，并具有较高的运行效率。

由于数据库设计是围绕着数据模型的建立而展开的，因此，要求系统设计者既要详细了解信息处理现状和信息流程，对其进行分析和概括，又要熟悉数据库管理系统的特点，以便利用各种工具进行数据库设计。数据库设计的步骤如下。

(1) 数据库的概念结构设计。概念结构设计的任务是根据用户的需求，设计数据库的概念数据模型(简称概念模型)。概念模型是从用户角度看到的数据库，可用 E-R 模型表示。

(2) 数据库的逻辑结构设计。逻辑结构设计是将概念结构设计阶段完成的概念模型转换成能被选定的数据库管理系统(DBMS)支持的数据模型。数据模型可以由实体联系模型转换而来。通常不同的 DBMS 的性能不尽相同。因此，数据库设计者还需深入了解具体 DBMS 的性能和要求，以便将一般数据模型转换成所选用的 DBMS 能支持的数据模型。

(3)数据库的物理结构设计。物理结构设计是为数据模型在设备上选定合适的存储结构和存取方法,以使数据库获得最佳存取效率。

6. 处理过程设计

在系统分析阶段,已经把整个系统的任务分解成若干个处理过程。在设计阶段,则应对这些过程作进一步分解,使用户和编程人员可以更具体地看清每个过程的详细工作情况。处理过程的分解是建立在所谓模块的概念上的。

处理过程被设计成由许多相对独立、功能单一的模块组成的结构,每个模块可以独立地被理解、编程、调试和改错,这就使复杂的过程说明和程序编写工作得以分解。而且,由于模块之间的相对独立性,其有效地防止了错误在模块间的蔓延,因而提高了系统的可靠性。

7. 系统设计报告

系统设计的最后一项工作是编写系统设计报告。该报告是系统设计阶段的工作成果,也是系统实施阶段的主要依据。其主要内容有以下几项。

(1)概要说明。
1)系统的功能、设计目标及设计策略。
2)项目开发者、用户、系统与其他系统或机构的联系。
3)系统的安全和保密限制。
(2)系统总体设计。
1)系统设计规范。
2)系统结构。
(3)系统详细设计。
1)代码设计:各类代码的类型、名称、功能、使用范围及要求等。
2)输入设计。
3)输出设计。
4)文件(数据库)设计。
5)系统的安全保密性设计:系统的安全保密性设计的相关说明。
(4)系统实施方案及说明。主要包括实施方案、进度计划、经费预算等。

第六节 建设工程管理信息系统的应用和实施

一、建筑工程信息管理系统的应用模式

作为建设工程的基本手段,国际上专业的建设工程咨询公司和工程监理公司在建设工程中应用建设工程信息管理系统主要有三种模式,如图7-23所示。

第一种模式是购买比较成熟的商品化软件,然后根据项目的实际情况进行二次开发和人员培训。这些商品软件一般以一个子系统的功能为主,兼顾实现其他子系统功能。比较典型的有PRIMAVERA公司的P3软件,它以工程进度控制为主,也可以进行资源和成本

的动态管理与控制。

第二种模式是根据所承担项目实际情况开发的专有系统，一般由专业的建设工程咨询公司开发，基本上可以满足项目实施阶段的各种目标控制需要，经过适当改进这些专有系统也可以用于其他项目中。但这种模式对建设工程咨询公司的实力和开发人员知识背景有较高要求。国际上许多知名的建设工程咨询公司都是采用这种模式。如德国 GIB 公司开发的 GRANID 系统就在德国统一后的铁路改造项目等多个大型项目中得到应用，均收到了较好的效果。

第三种模式是购买商品软件与自行开发相结合，将多个专用系统集成起来，也可以满足项目目标控制的需要。如 MESA 公司开发的 MESA/VISTA 系统，通过开发集成化的通信环境，将多个通用的商品化软件集成起来。这也是一种比较常见的模式，很多建设工程咨询公司都是采用这种模式。

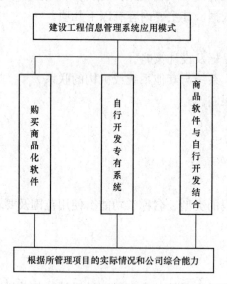

图 7-23　建设工程信息管理系统的应用模式

二、建设工程信息管理系统的实施

建设工程信息管理系统的成功实施，不仅应具备一套先进适用的建设工程信息管理软件和性能可靠的计算机硬件平台，更为重要的是应该建立一整套与计算机的工作手段相适应的、科学合理的建设工程信息管理系统组织体系。从广义上讲，建设工程信息管理系统是系统硬件、软件、组织件和教育件构成的组织体系，如图 7-24 所示。

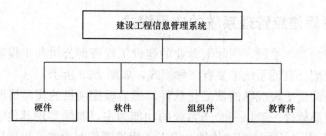

图 7-24　广义上的建设工程信息管理系统的构成

(一)建立完善信息管理系统的组织件

在我国的建设工程信息管理系统的实施中,必须采取相应的组织措施,建立相应的信息管理制度,保证工程信息管理系统软硬件正常、高效的运行,这是实施工程信息管理系统组织件的要求。它包括建立与信息系统运行相适应的建设监理组织结构、建立科学合理的工程项目管理工作流程以及工程项目的信息管理制度,其中项目的信息管理制度是整个建设工程信息管理系统得以正常运行的基础,建立健全的信息管理制度,应进行以下几项工作:

(1)建立统一的项目信息编码体系,包括项目编码、项目各参与单位组织编码、投资控制编码、进度控制编码、质量控制编码和合同管理编码等;

(2)对信息系统的输入输出报表进行规范和统一,并以信息目录表的形式固定下来;

(3)建立完善的项目信息流程,使项目各参加单位之间的信息关系得以明确化,同时结合项目的实施情况,对信息流程进行不断的优化和调整,剔除一些不合理的、冗余的流程,以适应信息系统运行的需要;

(4)注重基础数据的收集和传递,建立基础数据管理的制度,保证基础数据的全面、及时、准确地按统一格式输入信息系统,这是建设工程信息管理系统的基础所在;

(5)对信息系统中管理人员的任务进行分工、划分各相关部门的职能、明确有关人员在数据收集和处理过程中的职责;

(6)建立项目的数据保护制度,保证数据的安全性、完整性和一致性。

(二)建立信息系统的教育件

工程信息管理系统的教育件是围绕工程信息管理系统的应用对建设监理组织中的各级人员进行广泛的培训,其包括以下几项。

(1)项目领导者的培训。按照信息系统应用中一把手原则,项目管理者对待工程信息管理系统的态度是工程信息管理系统实施成败的关键因素,对项目领导者的培训主要侧重于建设工程信息管理系统的认识和现代建设监理思想和方法的学习。

(2)开发人员的学习与培训。开发团队中由于人员知识结构的差异,进行跨学科的学习和培训是十分重要的,包括建设监理人员对信息处理技术和信息系统开发方法的学习和软件开发人员对工程项目管理知识的学习等。

(3)使用人员的培训。对系统使用人员的培训直接关系到系统实际运行的效率,培训的内容包括信息管理制度的学习、计算机软硬件基础知识的学习和系统操作的学习。结合我国实际情况,对于建设工程信息管理系统使用人员的培训应投入较大的时间和精力。

人员培训的方式包括内部培训和外部培训,其中利用外部资源往往可以收到意想不到的效果,如请有关专家对决策者和领导干部的培训,软件公司对二次开发人员和操作人员进行培训等,无论采用哪种方式,只要目标明确、组织得当,都会得到良好的效果。

从我国建设工程信息管理系统发展的实践情况看,在人员培训上应该力求实现三个"一"的目标,即培养一批对建设工程信息管理系统和建设监理现代化理论有较深理解的领导者队伍、在建筑业内形成一支既精通建设监理理论又掌握信息系统开发规律的高素质的系统分析员队伍、培训一大批熟悉计算机应用和数据处理的信息系统使用者队伍。这三个目标的实现对于我国未来建设监理现代化水平的提高具有十分重要的战略意义。应由政府行业主管部门牵头,建设监理的企业和研究机构积极参与,有步骤、分层次地实现上述目标。

(三)开发和引进建设工程信息管理系统软件

建设工程信息管理系统软件是建设监理信息系统的核心。开发先进适用的建设工程信息管理系统软件不仅是软件开发人员的工作,也应成为整个建设工程监理界的一项重要课题。开发建设工程信息管理系统软件应注意以下问题。

1. 统一规划,分步实施

大型建设工程信息管理系统软件的开发绝不可能一蹴而就,它是一个长期渐进的过程,做好统一的开发规划,避免低水平重复开发就显得十分重要,在目前我国建设工程监理界软件开发基础尚十分薄弱的情况下,由行业主管部门和专业协会牵头做一些协调工作是十分必要的。

2. 开发团队的合理构成

开发团队中既应包括建设监理的专业人士,也应包括专业的软件开发人员,其中具有深厚建设监理知识背景的系统分析员应该成为开发团队的领导者。

3. 注意开发方法和工具的选择

建设工程信息管理系统软件的开发应考虑到工程实际,开发过程自始至终都应得到用户的积极参与,选择合适的开发方法和工具有利于提高用户的参与程度,提高系统开发的效率。

4. 重视现代建设监理理论的支撑与渗透作用

现代化的建设监理和项目管理思想和方法是建设工程信息管理系统软件的核心,缺乏现代建设工程项目管理理论支撑的软件只能是原有手工工作流程的模拟,其作用是十分有限的。我国的建设工程信息管理系统开发人员必须注意这方面知识的学习和积累。

另外,在现有条件下引进国际上成熟的商品化软件也不失为一个解决方案。引进工程信息管理系统软件应注意以下问题:

(1)结合应用环境,选择较高性能价格比的适用软件;

(2)注意二次开发,包括软件的汉化和与原有软件的集成;

(3)注意人员培训;

(4)引进软件在购买和使用中的知识产权问题等。

(四)建立建设工程信息管理系统的硬件平台

建设工程信息管理系统的硬件,应能满足软件正常运行的需要。建立建设工程信息管理系统的系统硬件平台,应注意以下问题。

1. 注意有关设备性能的可靠性

无论是服务器、工作站还是各种网络设备的选择,首先应考虑其运行的可靠性,这是系统正常运行的基础。

2. 采用高性能的网络硬件平台

目前大型建设工程信息管理系统软件已不局限于单机的数据处理,图7-25所示为基于局域网的建设工程信息管理系统的典型配置,应通过采用合理的分布计算模式,如客户机/服务器(Client/Server)、浏览器/服务器(Browser/Server)体系结构和先进的网络架构,提高信息处理和传递的效率。目前在大型工程项目中使用Web技术,建立基于Browser/Server体系结构的Intranet网络平台是一个十分有效的解决方案,它可以十分方便地连接到互联网,如图7-26所示。

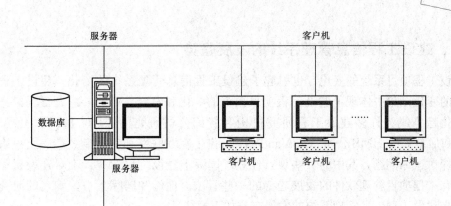

图 7-25　建设工程信息管理系统典型的系统配置方案

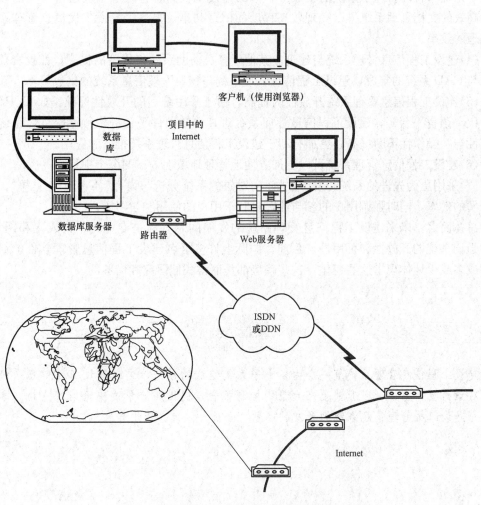

图 7-26　基于 Web 技术构建的项目网络平台示意

三、建设工程信息管理系统的发展趋势

建设工程项目系统的变化，也引起了建设工程信息管理系统的变化，建设工程信息管理系统的变化则集中体现了建设工程项目系统的变化和发展。目前，建设工程信息管理系统的变化趋势成为许多建设工程研究机构和咨询公司研究的课题，MESA 公司的 Alan Hecht 和加拿大的 HMS 公司总裁 Vandersluis 先生在互联网和有关专业杂志上发表了大量的文章探讨这一问题，其中的一些观点代表了国际上建设工程专业人士对建设工程信息管理系统和工程项目管理软件的发展趋势的一些看法。他们和国际上一些知名的研究机构认为，未来建设工程信息管理系统的发展有着如下规律。

(1) 工程项目管理软件的功能更趋于专业化，与工程项目管理理论结合更为紧密，同时针对不同的建设工程任务和管理者，软件功能将更加具有针对性。

(2) 建设工程信息管理系统更加注重与通信功能和计算机网络平台的集成。

(3) 建设工程信息管理系统中不同子系统之间集成度的提高，如进度控制子系统与投资控制子系统和合同管理子系统的集成。不同的建设工程信息管理子系统通过统一的数据模型和高效的文档管理系统得以实现较高程度的信息共享，提高了建设工程信息管理系统信息处理的效率。

(4) 建设工程信息管理系统与建筑业其他计算机辅助系统集成度的提高，如投资控制子系统与 CAD 系统的集成，建设工程信息管理系统与物业管理信息系统的集成等。

(5) 建设工程信息管理系统开放性的提高，由于采用统一的开放性标准，如 TCP/IP 协议、Java 语言平台等，建设工程信息管理系统对具体软硬件平台的依赖性降低，系统的可移植性与互操作性不断提高，更加有利于建设工程信息管理系统推广和应用。

(6) 建设工程信息管理系统可以更加方便地管理地域上分布的多个项目。

(7) 采用更为先进的系统开发方法(面向对象的系统分析与设计、CASE 工具等)，提高了开发的效率，同时强调用户的参与性，更利于用户的使用和学习等。

总体而言，未来建设工程信息管理系统的发展的总方向是专业化、集成化和网络化，同时强调系统的开放性和可用性。目前，国际上许多著名建设工程信息管理软件的最新版本都或多或少地体现了这些变化，这些趋势都是值得我们研究和借鉴的。

本章小结

建设工程信息管理系统是一个由多个子系统组成的系统，通过建设工程信息系统可以满足决策需要，方便、迅速地生产大量的控制报表，提供高质量的决策信息支持。本章主要介绍建设工程管理信息系统的开发、规划、分析、设计、应用和实施。

思考与练习

一、填空题

1. _____是处理工程管理信息的人机系统。它通过收集、存储及分析工程项目实施过程中的有关数据,辅助工程项目的管理人员和决策者规划、决策和检查,其核心是辅助对工程项目目标的控制。

2. 建设工程管理信息系统主要由_____、_____、_____、_____、_____组成。

3. _____是指管理信息系统各组成部分所构成的框架,由于对不同组成部分的不同理解,构成了不同的结构方式。

4. 管理信息系统按照自下而上的层次结构,可分为_____、_____、_____和_____四个层次。

5. 建设工程管理信息系统的开发方法很多,有_____、_____、_____、_____等。

6. 在工程管理信息系统规划目标实现上存在着两种不同的途径,其中之一是通过更多更好的_____来增强工程管理信息系统的信息处理能力。

7. _____是一种集中征询意见的办法,适于对系统的定性调查。

8. 代码设计的方法很多,主要方法有_____、_____、_____、_____。

二、选择题

1. 下列( )不是建设工程管理信息系统的基本功能。
   A. 数据处理功能　　　　　　　B. 计划功能
   C. 辅助决策功能　　　　　　　D. 投资控制功能

2. 下列( )不是建设工程管理信息系统的开发应满足的要求。
   A. 科学性　　　B. 知识性　　　C. 专业性　　　D. 完整性

3. 正规的操作规程是以手册或说明书之类的物理形式存在的。工程项目管理信息系统需要的主要规程不包括( )。
   A. 用户手册　　　B. 操作手册　　　C. 运行手册　　　D. 售后手册

4. 建设工程管理信息系统的开发不包括( )。
   A. 自行开发　　　　　　　　　B. 政府开发
   C. 合作开发　　　　　　　　　D. 外购软件

5. 工程管理信息系统规划是高层次的系统分析,( )是工作的主体。
   A. 公司行政人员　　　　　　　B. 安全人员
   C. 公司高层管理人员　　　　　D. 公司后勤人员

6. ( )是在业务功能的基础上将其细化,利用系统调查的资料将业务处理过程中的每一个步骤用业务流程图串起来。
   A. 业务流程分析　　　　　　　B. 组织结构与功能分析
   C. 数据与数据流分析　　　　　D. 功能/数据分析

三、简答题

1. 建设工程管理信息系统的分类有哪些?
2. 建设工程管理信息系统的作用有哪些?
3. 管理信息系统的规划方法有哪些?
4. 简述建设工程管理信息系统分析的内容和过程。
5. 简述建设工程管理信息系统总体设计的原则。
6. 建筑工程信息管理系统的应用模式有哪些?

第八章　建设工程项目管理软件

知识目标

1. 了解建设工程项目管理软件的特征、分类，掌握建设工程项目管理软件的功能分析。
2. 了解建设工程项目管理软件应用的重要性，熟悉建设工程项目管理软件的应用形式，掌握建设工程项目管理软件应用的规划、步骤等。
3. 掌握建设工程常用项目管理软件的特点及功能。

能力目标

学习建设工程项目管理软件的基础知识，能灵活应用建设工程项目管理软件。

第一节　建设工程项目管理软件概述

建设工程项目管理软件是指在项目管理过程中使用的各类软件，这些软件主要用于收集、综合和分发项目管理过程的输入和输出的信息。

传统的工程项目管理软件包括时间进度计划、成本控制、资源调度和图形报表输出等功能模块，但从建设工程项目管理的内容出发，项目管理软件还应包括合同管理、采购管理、风险管理、质量管理、索赔管理、组织管理等功能，把这些软件的功能集成、整合在一起，即构成了工程项目管理信息系统。

一、建设工程项目管理软件的特征

建设工程项目管理软件主要具有以下特征。

(1) 通用性。这不仅是软件市场化的要求，而且是项目管理社会化、专业化、标准化的要求。软件按照标准的要求设计出一般管理人员都能接受和掌握的输入和输出功能，且一般项目不加修改即可使用成品软件。在国外，项目管理公司可以为其他企业承担项目的网络分析、结构分析，提出一套输出文件，其可直接交付应用。此外，成品软件包除了对储存和操作系统的版本有一定要求外，通常能在常用的计算机上运行。

(2) 实用性。软件为项目管理者提供日常信息处理和决策所需的功能。这些功能和实际应用是合拍的。人们已适应计算机软件的输入、输出和数据处理过程,并将输出结果直接拿到工程中应用,成为工程文件。在管理中,人-机协调,互相适应。

(3)完全市场化。据统计,94%的项目管理者使用商品软件。软件开发已完全摆脱小生产方式,即自己提出需要、自己研究、自己开发、自己使用的状况(除了一些使用面很窄的、具有专门功能的软件外)。软件公司的专业化、商品化开发使软件水平很高。现在国内外市场上项目管理软件产品很多,而且新产品在不断出现。

(4)不断推陈出新。不仅新产品不断出现,而且老产品也不断更新版本,更新周期逐渐缩短;同时,厂家对老用户采取优惠政策,收取较少的更新费用,以扩大和巩固市场。

(5)软件价格逐渐降低,功能不断增加。软件的应用成本,费用/效用比不断降低。这不仅大大地提高了管理水平,而且降低了管理成本,给项目带来巨大的经济效益。

二、建设工程项目管理软件的分类

目前在建设工程项目管理过程中使用的项目管理软件数量多、应用面广,几乎覆盖了建设工程项目管理全过程的各个阶段和各个方面。对建设工程项目管理软件的分类可以从以下几个方面进行。

1. 按照建设工程项目管理软件适用的各个阶段划分

(1)适用于某个阶段特殊用途的项目管理软件。这类软件种类繁多,软件定位的使用对象和使用范围被限制在一个比较窄的范围内,其注重的往往是实用性,如用于项目建议书和可行性研究工作的项目评估与经济分析软件、房地产开发评估软件,用于设计和招标投标阶段的概预算软件、招标投标管理软件、快速报价软件等。

(2)普遍适用于各个阶段的项目管理软件。如进度计划管理软件、费用控制软件及合同与办公事务管理软件等。

(3)对各个阶段进行集成管理的软件。工程建设的各个阶段是紧密联系的,每个阶段的工作都是对上一阶段工作的细化和补充,同时,要受到上一阶段确定的框架的制约,很多项目管理软件的应用过程就体现了这样一种阶段的相互控制、相互补充的关系。如一些高水平费用管理软件能清晰地体现"投标价(概预算)形成→合同价核算与确定→工程结算、费用比较分析与控制→工程决算"的整个过程,并可自动将这一过程的各个阶段关联在一起。

2. 按照建设工程项目管理软件提供的基本功能划分

项目管理软件提供的基本功能,主要包括进度计划管理、费用管理、资源管理、风险管理、交流管理和过程管理等,这些基本功能有些独立构成一个软件,大部分则与其他某个或某几个功能集成构成一个软件。

(1)进度计划管理。对于建设工程项目来说,时间是最重要的资源。基于网络技术的进度计划管理功能是建设工程项目管理中开发最早、应用最普遍、技术上最成熟的功能,它也是目前绝大多数面向建设工程项目管理的信息系统的核心部分。

进度计划管理软件应提供的功能包括:定义工作(也称为任务、作业、活动),并将这些工作用一系列的逻辑关系连接起来;计算关键路径;时间进度分析;资源平衡;实际的计划执行状况;输出报告,包括横道图(甘特图)和网络图等。

(2)费用管理。进度计划管理系统建立项目时间进度计划,费用(或成本)管理系统确定项目的价格,这是现在大部分项目管理软件功能的布局方式。最简单的费用管理是用于增强时间计划性能的费用跟踪功能，这类功能往往与时间进度计划功能集成在一起，但难以完成复杂的费用管理工作；高水平的费用管理功能应能胜任项目寿命周期内的所有费用单元的分解、分析和管理的工作，包括从项目开始阶段的预算、报价及其分析、管理，到中期的结算与分析、管理，再到最后的决算和项目完成后的费用分析，这类软件有些是独立使用的系统，有些是与合同事务管理功能集成在一起的。

费用管理软件应提供的功能包括投标报价、预算管理、费用控制、绩效检测和差异分析。

（3）资源管理。项目管理软件中涉及的资源有狭义和广义之分。狭义资源一般是指在项目实施过程中实际投入的资源，如人力资源、施工机械、材料和设备等；广义资源除了包括狭义资源外，还包括其他（如工程量、影响因素等有助于提高项目管理效率的因素）。所有这些资源又可以根据其在使用过程中的特点划分为消耗性资源（如材料、工程量等）和非消耗性资源（如人力）。

资源管理软件应提供的功能包括拥有完善的资源库、能自动调配所有可行的资源、能通过与其他功能的配合提供资源需求、能对资源需求和供给的差异进行分析、能自动或协助用户通过不同途径解决资源冲突问题。

（4）过程管理。建设工程项目是由过程组成的，项目管理的工作就是要将这些过程集成在一起，保证项目目标的实现。过程管理功能应是每个项目管理软件所必备的功能，它可以为项目管理工作中的项目启动、计划编制、项目实施、项目控制和项目收尾等过程提供帮助。

（5）风险管理。变化和不确定性的存在使项目总是处在风险的包围中，这些风险包括时间上的风险（零时差或负时差）、费用上的风险（过低估价）、技术的风险（设计错误）等。针对这些风险的风险管理技术已经发展得比较完善，从简单的风险范围估计方法到复杂的风险模拟分析都在工程上得到了一定程度的应用。工程项目管理软件的风险管理功能大都采用了这些成熟的风险管理技术。风险管理功能中集成的常见风险管理技术包括综合权重的三点估计法、因果分析法、多分布形式的概率分析法和基于经验的专家系统等。

风险管理软件应提供的功能包括项目风险的文档化管理、进度计划模拟、减少乃至消除风险的计划管理等。目前的风险管理软件包有些是独立使用的，有些是和上述其他功能集成使用的。

（6）交流管理。交流是任何项目组织的核心，也是项目管理的核心。事实上，项目管理就是从项目有关各方之间及各方内部的交流开始的。大型项目的各个参与方，经常分布在跨地域的多个地点上，大多采用矩阵化的组织结构形式，这种情况对交流管理提出了很高的要求。信息技术，特别是近些年的Internet、Intranet和Extranet技术的发展为这些要求的实现提供了可能。

目前流行的大部分项目管理软件都集成了交流管理的功能，其所提供的功能包括进度报告发布、需求文档编制、项目管理、项目组成员间及其与外界的通信与交流、公告板和消息触发式的管理交流机制等。

（7）多功能集成的项目管理软件套件。目前流行的项目管理软件大部分是系列化的项目管理软件，通常称为项目管理软件套件（Project Management Software Suite）。套件指的是将管理建设工程项目所需的信息集成在一起进行管理的一种工具。一个套件通常可以拆分为一些功能模块或独立软件，这些模块或独立软件大部分可以单独使用，但这些模块或独立软件组合在一起使用，可以最大限度地发挥它们的效率。这些模块或独立软件都是由同一家软件公司开发，彼此间有统一的接口，可以互相调用数据，并且在功能上相互补充。

3. 按照项目管理软件适用的工程对象划分

(1)面向大型、复杂建设工程项目的项目管理软件。这类软件锁定的目标市场一般是那些规模大、复杂程度高的大型建设工程项目。其典型特点是专业性强，具有完善的功能，提供了丰富的视图和报表，可以为大型项目的管理提供有力的支持；但其购置费用较高，使用上较为复杂，使用人员必须经过专门培训。

(2)面向中小型项目和企业事务管理的项目管理软件。这类软件的目标市场一般是中小型项目或企业内部的事务管理过程。其典型特点是：提供了项目管理所需要的最基本的功能，包括时间管理、资源管理和费用管理等；内置或附加了二次开发工具；有很强的易学易用性，使用人员一般只要具备项目管理方面的知识，经过简单的引导，就可以使用；购置费用较低。

除上述划分方式外，还包括诸如从项目管理软件的用户角度划分等方式。

三、建设工程项目管理软件的功能分析

早期的项目管理软件仅能在大型计算机上运行，它们的应用也仅限于一些非常大的项目，使用不太方便，应用范围也非常有限。随着微型计算机性能的不断提高，出现了许多微机版的项目管理软件。这些微机版的项目管理软件大多运行在 Microsoft Windows 操作系统上，继承了 Windows 系统易学易用的特性，项目管理人员无须太多的计算机知识就能熟练地掌握和使用它们，同时，微机和微机版的项目管理软件的售价相对较低，这些都极大地拓宽了项目软件的应用范围。

微机版的项目管理软件种类较多，功能也存在差异，但通常都包括以下四个主要模块或子系统，如图 8-1 所示。

图 8-1 项目管理软件的主要模块

1. 网络处理模块

网络处理模块是项目管理软件的主要组成部分，它应用网络计划技术这个基本的项目管理工具，提供下述功能：

(1)计算项目的总工期，标示出关键线路和关键工作；

(2)表达出各工作之间的逻辑关系；

(3)进行各工作的时间参数计算，如最早可以开始时间(ES)、最早可以完成时间(EF)、最迟必须开始时间(LS)、最迟必须完成时间(LF)、总时差(TF)、自由时差(FF)等；

(4)进度跟踪,更新网络。其所提供的"前锋线"功能,可让项目管理人员一目了然地看出工作进展是超前还是落后,通过"拉直前锋线",便可以看出工作的超前或落后对后续工作和项目总工期的影响;

(5)利用概要工作的概念,使网络计划中的工作组织进一步条理化;

(6)具有子网络的功能,可形成不同详细程度的分级网络;

(7)可对每个工作添加辅助性说明和其他相关信息(如前提、限制等);

(8)能输入并处理 WBS(工作分解结构)编码;

(9)具有辅助功能,可帮助那些对计划工作并非内行的项目管理人员方便地创建初始网络计划;

(10)能进一步细分有关工作,间断进行(即任务可以被中断)等。

2. 资源安排与优化模块

资源安排与优化模块不仅可以分析进行各项工作所需要的资源及资源的利用率,也可以安排资源进行工作的时间和强度,从而使资源的使用更加合理。这些资源可以是劳动力和机械设备,也可以是材料和资金。

资源安排与优化模块应提供以下功能:

(1)每项工作可以被分配多种资源,每种资源进行工作的时间可以相互独立,并且资源的投入可以随时间而发生变化;

(2)允许资源进行加班工作;

(3)允许指定工作的优先级,这样当资源的使用发生冲突时(即对资源的需求超出了资源的供给),项目管理软件可根据各工作的优先次序对资源的使用进行优化安排。

资源的合理安排对工作的完成和项目目标的实现具有至关重要的意义。当资源在使用上发生冲突时,要么增加资源的供给(让资源加班也是一种方式),要么调整资源在有关工作上的投入,调整的原则是"向关键工作要时间,向非关键工作要资源"。具体来说,就是通过调整非关键工作上的资源投入,来确保关键工作上的资源需要,以保证关键工作按期或提前完成,从而使整个项目也能按期或提前完成。

在资源的使用没有出现冲突的情况下,通过适当的资源优化(在满足一定目标的前提下适当调整资源在有关工作上的投入),可以使资源的供应更加均衡,从而在一定程度上降低资源的使用成本。

3. 成本管理模块

成本的管理必须与进度同步进行,理由是在成本管理中,仅对实际支出和计划支出进行比较是不能确定成本的超支或节余的,因为进度的超前或落后也会造成实际支出的增加或减少。

在项目管理软件中,为实现成本的管理与进度同步,成本的划分不同于预算中的成本划分。在预算中,成本分为直接成本和间接成本两大部分,而直接成本通常包括人工费、材料费、机械设备费、分包费等,间接成本包括日常开支、管理费、不可预见费等。而在项目管理软件中,工作上的成本则依据是否与资源使用有关划分为工作固定成本和资源成本,资源成本又可细分为资源固定成本和变动成本(图8-2)。可见,同预算中成本的划分不同的是,项目管理软件把工作上与资源使用无关的那部分成本独立出来作为工作固定成本,而将与时间有关的人工费和机械设备费合并为变动成本,这样将便于进行成本和进度的同步控制。

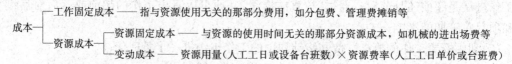

图 8-2　项目管理软件中工作上的成本划分

成本管理模块应提供以下功能：

(1) 能够进行成本和进度的同步计算和控制；

(2) 成本不仅可以与工作相关，也可以与里程碑（如项目实施中的重大事件）、概要工作（例如几项工作共同的管理费）关联；

(3) 可以处理与时间相关而与资源使用无关的成本（指那些无论工作开展与否都要承担的费用），例如项目上的管理费；

(4) 与时间相关的成本可以根据需要表示为与时间成非线性的关系；

(5) 可以根据计划进度或实际进度绘制出各种成本曲线和全部或分期的现金流量图；

(6) 可以记录实际成本支出和实际收入；

(7) 可分析各种成本偏差，如计划成本支出与当前进度预算成本的偏差、当前进度预算成本与当前实际成本支出的偏差等；

(8) 可以方便地进行有关成本信息的分类、汇总和查询；

(9) 能够处理多种货币单位，并能根据实际需要进行换算。

4. 报告生成及输出模块

报告生成及输出模块能够根据管理层次的不同，通过筛选、分类、汇总等手段生成内容不同、详略有别的报告，如指导班组施工用的作业横道计划图、供项目经理参考的进度和成本支出状况报告等，并能够将打印出来的书面形式的文件或者电子邮件、Web 网页等电子文档形式的文件发送到有关的管理人员手中，使得各个层次的管理人员都能够取得各自所需的有关信息，从而便于他们采取一致行动，使利用项目管理软件进行计算机辅助的施工项目管理落到实处。

报告生成及输出模块应提供以下功能：

(1) 能根据需要输出全部或局部的网络图（包括时标网络图），并能生成指导班组施工的横道图；

(2) 能输出各种资源报告和资源投入曲线；

(3) 能输出各种成本报告和成本曲线；

(4) 允许用户自定义输出报告的内容和格式，以满足施工项目管理中的特定需求；

(5) 提供支持"所见即所得"的预览功能，在正式报告/图形输出之前允许用户修改标题、图签、输出比例，添加有关文字说明等工作。

建设工程项目管理软件的发展状况

第二节 建设工程项目管理软件的应用

建设工程项目管理软件在我国工程建设领域的应用经历了从无到有、从简单到复杂、从局部应用到全面推广、从单纯引进或自行开发到引进与自主开发相结合的过程。到目前为止，在工程建设领域使用项目管理软件已经成为共识，在一个项目的管理过程中是否使用了项目管理软件已成为衡量项目管理水平高低的标志之一。

一、建设工程项目管理软件应用的重要性

建设工程项目管理软件的应用在工程项目管理工作中具有十分重要的作用，具体可表现为宏观和微观两个方面。

1. 从宏观角度分析

从宏观上看，项目管理软件应用的重要性表现为：

（1）加速信息在建筑企业内部和建设工程项目建设的各个参与方之间的流动，实现信息的有效整合和利用，减少信息损耗；

（2）通过项目管理软件及其所代表的现代项目管理思想在项目管理中的应用，可以提高建设工程项目的管理水平，提高建设工程项目各个参与方的管理水平，提高建设工程项目的整体效益，从而最终增强国家的综合实力；

（3）有利于建筑相关行业适应加入WTO后的国际化竞争。在全球知识经济和信息化高速发展的今天，作为项目管理工作中重要的知识管理工具——项目管理软件的应用已经成为决定建筑企业成败的关键因素，也是建筑企业实现跨地区、跨国经营的重要前提。

2. 从微观角度分析

从微观上来看，项目管理软件应用的重要性表现在以下几个方面。

（1）提升建筑企业的核心竞争力，使其适应市场化竞争的要求。

（2）缩短建筑企业的服务时间，提高建筑企业的客户满意度，及时地获取客户需求的信息，实现对市场变化的快速响应。

（3）可以有效提高企业的决策水平。项目管理软件的应用使企业在获取、传递、利用信息资源方面更加灵活、快捷和开放，可以极大地增强决策者的信息处理能力和方案评价选择能力，拓展了决策者的思维空间，延伸了决策者的智力，最大限度地减少了决策过程中的不确定性、随意性和主观性，增强了决策的合理性、科学性及快速反应能力，提高了决策的效益和效率。

（4）有效降低企业成本。项目管理软件的应用可以直接影响建筑企业价值链任何一环的成本，改变和改善成本结构。

（5）有助于理顺建筑企业内部的各种信息，提高建筑企业的管理水平。

（6）加速知识在建筑企业中的传播，同时，在企业内部营造出一个重视知识、重视人才的环境。

二、建设工程项目管理软件应用的形式

目前，在建设工程项目管理软件的应用过程中，存在以下两种形式。

(1)以业主为主导的统一的项目管理软件应用形式。采用这类形式的往往是大型或特大型建设工程项目。在这类项目的实施过程中，业主或者聘请专业的咨询单位、人员为建设工程项目提供涉及项目管理全过程的咨询，或者自行建立相应的部门专门从事这方面的工作，无论采用哪种方式，都需要做到事前针对项目的特点和业主自身的具体情况对项目管理软件（或项目管理信息系统）的应用进行详细的规划，包括应用范围、配套文档编制（招标文件、合同、系统输入/输出表格、使用与审查细则等）、各类编码系统的编制、信息的标准化、建设工程项目管理网络系统的建立和相关培训工作。在应用的准备过程中，建立实时数据和文档的申报、确认、审查、处理、存储、分发和回复程序，并在合同文件中用相应的条款对这些程序的执行进行约束。从使用的效果来看，由于在业主的组织下，将建设工程项目的各个参与方凝聚成一个有机的整体，实现了统一规划、统一步调、统一标准、协调程序，因此，应用效果较好。

(2)项目的某个参与方单独或各自单独应用项目管理软件的形式。这种项目管理软件的应用形式目前在建设工程项目管理中普遍存在。由于建设工程项目的各个参与方对项目管理软件应用的认识程度存在很大差距，只要业主没有对项目管理软件在项目管理中的应用进行统一布置，则往往工程参与方中的先知先觉者会单独选用适用于自己的项目管理软件或使用自己完善的面向企业管理和项目管理的信息系统，使使用项目管理软件的参与方比其他未使用项目管理软件的参与方有更高的效率，能掌握更多的信息，能更早地预知风险，能对出现的问题作出快速响应，在各个参与方之间处于一种有利的地位。但各自单独使用建设工程项目管理软件会带来诸多的不协调，从整体上看，其应用效果不如前一种形式。

三、建设工程项目管理软件应用的规划

项目管理是系统工程，在项目管理过程中引入项目管理软件，特别是以项目管理软件为核心的工程信息管理系统的引入，也是一个系统工程，是一个人机合一的有层次的系统工程，包括项目各个参与方的领导和项目管理团队成员理念的转变，项目管理决策和组织管理的转变，项目管理手段的转变。对于这样一个复杂的工程，如果未经周密的规划就仓促实施，必然会影响到最终的使用效果，严重的还会使整个项目的管理处于一种混乱无序的状态之中。

建设工程项目管理软件应用规划设计的内容主要包括以下几个方面。

(1)确定项目计划的层次和作业、组织、资源、费用的划分原则。应根据项目管理的需要来划分项目计划的层次。一般来说，不同层次的管理人员需要了解的项目信息的详细程度是不同的，即不同的管理层对应不同级别、不同层次的（网络）计划，在划分时应考虑到项目管理组织的结构和职责的划分情况。在确立了项目计划的层次后，就可以确定作业、组织、资源和费用的划分原则。在划分时，除了应考虑项目的具体情况、项目的管理目标和管理深度、项目管理团队的管理基础外，还应兼顾项目其他参与方的管理水平和管理基础，才能收到更好的效果。

(2)根据划分原则确定并建立项目管理软件的编码系统。一个项目必须有一套统一的信

息编码系统，统一的编码系统一方面是建设工程项目各个参与方进行交流的基础，另一方面也是各方对项目的不同理解的统一，是各方的项目管理思想和具体管理方式的一种体现。典型的项目管理软件的编码系统包括工作分解结构、组织分解结构、资源分解结构、费用分解结构和其他包括作业代码结构、作业分类码结构及报表文档编码结构在内的辅助编码结构。目前，比较先进的、面向大型复杂项目的项目管理软件可实现上述的大部分，甚至全部编码结构。

(3)建立项目管理软件应用的管理办法和相关细则。如果确定在工程中采用项目管理软件，则应在实施前建立项目管理软件应用的管理办法和相关细则，同时，要在建设工程项目的招标文件和合同中体现这些办法和细则，还应有相应的制约性规定。这些办法和细则包括与项目管理软件应用配套的招标文件和合同条件、实施时的管理措施、管理流程和使用方法、奖励和惩罚机制等，如对不同计划的详细程度做出具体规定的计划编制细则，不同参与方交界面处理的原则，进度计划的审查原则和审查方法，实施时进度跟踪和控制的方法和程序，项目实际进度评价的方法和尺度，目标计划更新的条件和原则等。

(4)项目管理软件实施前的准备工作。项目管理软件实施前最重要的准备工作是人员的培训工作。项目管理软件的应用能否成功，最终在于项目管理人员能否在日常的项目管理工作中理解、接受并贯彻项目管理软件所带来的新思想，能否熟练地操作和使用软件。因此，应对项目管理人员进行分层次、有针对性的培训。

四、建设工程项目管理软件应用的步骤

通常而言，在建设工程项目管理中应用项目管理软件时应遵循以下基本步骤。

(1)输入项目的基本信息。通常包括输入项目的名称、项目的开始日期(有时需输入项目的必须完成日期)、排定计划的时间单位(小时、天、周、月)、项目采用的工作日历等内容。

(2)输入工作的基本信息。工作的基本信息包括工作名称、工作代码(有时可以省略)、工作的持续时间(完成工作的工期)、工作上的时间限制(对工作开工时间或完工时间的限制)、工作的特性(工作执行过程中是否允许中断等)。

(3)输入工作之间的逻辑关系。工作之间的逻辑关系既可以通过数据表进行输入，也可以在图(横道图、网络图)上借助鼠标的拖放来指定，在图上输入直观、方便且不易出错，应作为逻辑关系的主要输入方式。

如果要利用项目管理软件对资源(劳动力、机械设备等)进行管理，那么还需要建立资源库(包括资源名称、资源最大限量、资源的工作时间等内容)，并输入完成工作所需的资源信息。

如果还要利用项目管理软件进行成本控制，那么就需要在资源库中输入资源费率(人工工日单价或台班费等)、资源的每次使用成本(如大型机械的进出场费等)，并在工作上输入确定好的工作固定成本。

(4)调整与保存计划。通过上一步的工作，就已经建立了一个初步的工作计划。利用项目管理软件所提供的有关图表以及排序、筛选、统计等功能，项目计划人员可以查看自己需要了解的有关项目信息，如项目的总工期、总成本、资源的使用状况等，如果发现其与自己的期望不一致，如工期过长、成本超出预算范围、资源的使用超出资源的供应、资源

的使用不均衡等，就可以对初步工作计划进行必要的调整，使之满足要求。例如，可通过缩短关键线路来使工期符合要求等。

计划调整完成后，就形成了一个可以付诸实施的计划，应当将其保存为比较基准计划，以便在计划执行过程中同实际发生的情况进行对比。

(5)公布并实施计划。可以通过打印出来的报告、图表等书面形式，也可以利用电子邮件、Web 网页等电子形式将制订好的计划予以公布并执行，应确保所有的项目参加人员都能及时获得自己所需要的信息。

(6)管理和跟踪项目。计划实施后，应当定期(如每周、每旬、每月等)对计划的执行情况进行检查，收集实际的进度/成本数据，并将之输入到项目管理软件中。需要输入的数据通常包括检查日期、工作的实际开始/完成日期、工作实际完成的工程量、工作已进行的天数、正在进行的工作完成率、工作上实际支出的费用等。

在将实际发生的进度/成本信息输入到计算机中后，就可以利用项目管理软件对计划进行更新。更新后应检查项目的进度能否满足工期要求，预期成本是否在预算范围之内，是否出现因部分工作的推迟或提前开始(或完成)而导致的资源过度分配(指资源的使用超出资源的供应)。这样，可以发现存在的潜在问题，从而及时调整项目计划来保证项目预期目标的实现，如通过压缩关键线路来满足工期要求等。项目计划调整后，应及时通过书面形式或电子形式通知有关人员，使调整后的计划能够得到贯彻和落实，起到指导施工的作用。

需要强调的是，项目计划的跟踪、更新、调整和实施这个过程需要不断的反复进行，直至项目结束。

五、建设工程项目管理软件应用时需要解决的问题

在建设工程项目管理中应用项目管理软件时，应着重解决下列问题。

(1)信息的标准化问题。随着项目管理软件和以项目管理软件为核心的项目管理信息系统应用的不断深入，信息的标准化问题已成为当前需要解决的首要问题。在不同软件和系统间，建设工程项目各个参与方间的数据信息不能共享，设计、施工、监理生产的数据不能进行交流，数据出现脱节，导致在软件的应用过程中发生诸如信息的重复输入、冗余信息大量存在、信息存在不一致等问题，使各个参与方在对项目管理软件的应用上举棋不定、难于决断，这种情况的存在，严重阻碍了项目管理软件应用(或建设工程项目管理信息化)的进程。显然，解决此类问题的关键，一方面是在软件的技术方面，即软件厂商间的标准统一问题，更重要的是在项目管理中加强信息的标准化管理，制定统一的信息规范。

(2)管理观念方面的问题。项目管理软件和以项目管理软件为核心的项目管理信息系统的应用能否取得成功，关键是要将先进的项目管理观念同项目管理实际结合在一起。

(3)建立应用的整体观念。项目管理软件和以项目管理软件为核心的项目管理信息系统的应用是一项系统工程，项目的各个参与方应树立以管理技术和管理基础为先导、选择适用的项目管理软件或系统，实施、培训并重的整体观念，对整个应用过程进行事前系统性的整体规划。

(4)单元软件和管理信息系统的问题。在项目管理软件应用的初期，用户往往注重对具有某些特定功能的项目管理软件的投入，但随着应用水平的不断提高，用户应逐渐地把重点转向各种功能软件和信息的集成和整合方面，即建设工程项目信息管理系统构建上来，

不应将重点过分集中在对单一软件的应用上。

(5)决策层应高度重视项目管理软件和项目管理信息系统的应用。对项目管理软件和项目管理信息系统的应用，不仅仅应由企业或项目的最高领导亲自参与主持，还应该包括整个决策层的参与决策。

第三节　建设工程常用项目管理软件

一、综合进度计划管理软件

(一) Primavera Project Planner(P3)

在国内外为数众多的大型项目管理软件当中，美国 Primavera 系统公司开发的 P3 普及程度和占有率是最高的。国内的大型和特大型建设工程项目几乎都采用了 P3。目前国内广泛使用的 P3 进度计划管理软件主要是指项目级的 P3。

Primavera 系统公司在项目级的 P3 后又推出了项目管理套件 Primavera Enterprise，该套件的核心 Primavera Project Planner for the Enterprise(P3e)，与 P3 相比，有了很大的变化。集成有该软件的套装软件 Primavera Enterprise，除了核心部分外，还包括辅助决策信息定制与采集(Primavision，可以根据管理人员、项目经理和专业人员自定义的视角为其提供项目的综合信息)、基于网络，采集进度/工时数据的工具软件(Primavera Progress Reporter)、多项目调度/分析工具软件(Primavera Portfolio Analyst)和为手持式移动设备提供相关服务的终端工具软件(Primavera Mobile Manager，可以将手持设备与项目数据直接连接，实现双向数据传输)，该套装软件所涵盖的管理内容较之以前推出的项目管理软件更广、功能更强大，充分体现了当今项目管理软件的发展趋势。

下面简要介绍这两个软件的情况。

1. Primavera Project Planner(P3)

P3 是用于项目进度计划、动态控制、资源管理和费用控制的综合进度计划管理软件，也是目前国内大型项目中应用最多的进度计划管理软件。

P3 的特点：拥有较为完善的管理复杂、大型建设工程项目的手段，拥有完善的编码体系，包括 WBS(工作分解结构)编码、作业代码编码、作业分类码编码、资源编码和费用科目编码等，这些编码以及这些编码所带来的分析、管理手段给项目管理人员的管理以充分的回旋余地，项目管理人员可以从多个角度对工程进行有效管理。

P3 具体的功能包括以下几项。

(1)同时管理多个工程，通过各种视图、表格和其他分析、展示工具，帮助项目管理人员有效控制大型、复杂项目。

(2)可以通过开放数据库互联(Open Data Base Connectivity，ODBC)与其他系统结合进行相关数据的采集、数据存储和风险分析。

(3)P3 提供了上百种标准的报告，同时还内置报告生成器，可以生成各种自定义的图形和表格报告。但其在大型工程层次划分上的不足和相对薄弱的工程(特别是对于大型建设工程项目)汇总功能将其应用限制在了一个比较小的范围内。

(4)某些代码长度上的限制妨碍了该软件与项目其他系统的直接对接，后台的 Btrieve 数据库的性能也明显影响到软件的响应速度和与项目信息管理系统集成的便利性，给用户的使用带来了一些不方便。这些问题在其后期的 P3E 中得到了一定程度的解决。

2. Primavera Project Planner for the Enterprise(P3e)

P3e 的特点主要有以下特点。

(1)首次在项目管理软件中增加了企业项目结构(Enterprise Project Structure，EPS)。利用 EPS 使得企业或项目组织可以按多重属性对项目进行层次化的组织，使企业可基于 EPS 层次化结构的任一层次和任一点进行项目执行情况的财务分析。

(2)提供了完善的编码结构体系。除了提供企业项目结构、工作分解结构、组织分解结构、资源分解结构、费用分解结构、作业分类码和报表结构等，所有的结构体系均提供了直观的树形视图。

(3)提供了丰富的图表。P3e 提供了 100 多种标准的报表格式和便利的报表管理方式，同时还提供了报表生成向导功能，以帮助项目管理人员随时定制自己所需要的报表。

(4)提供了专业的、结合进度的资源分析和管理工具，可以通过资源分解结构对企业的全部资源进行管理，资源还可以按角色、技能、种类划分。使用资源的角色、技能、种类可为资源协调与替代提供方便，从而使资源得到充分的利用。在 P3e 中除跟踪劳动力和非劳力资源费用外，还可跟踪作业的其他费用，并将实际费用、数量与预算进行对比，可通过图形、表格及报表对其加以反映。

(5)支持基于 EPS、WBS 的自上而下的预算分摊。P3e 支持按项目权重、里程碑权重、作业步骤及其权重进行绩效衡量，这些设置连同多样化的"赢得值"技术，使"进度价值"的计算方法拟人化而又符合客观实际。

(6)支持大型关系数据库 Oracle、MS SQL Server，为企业和建设工程项目管理信息系统的构建提供了极大的便利。

(7)与 P3 相比，它拥有更为直观易用的操作界面和更为全面的在线帮助功能。

(二) Microsoft Project

由 Microsoft 公司推出 Microsoft Project 是到目前为止在全世界范围内应用最为广泛的、以进度计划为核心的项目管理软件，Microsoft Project 可以帮助项目管理人员编制进度计划，管理资源的分配，生成费用预算，也可以绘制商务图表，形成图文并茂的报告。

借助 Microsoft Project 和其他辅助工具，可以满足一般要求不是很高的项目管理的需求；但如果项目比较复杂，或对项目管理的要求很高，那么该软件可能很难让人满意，这主要是该软件在处理复杂项目的管理方面还存在一些不足的地方。例如，资源层次划分上的不足，费用管理方面的功能太弱等。但就其市场定位和低廉的价格来说，Microsoft Project 是一款不错的项目管理软件。

该软件的典型功能特点如下。

1. 进度计划管理

Microsoft Project 为项目的进度计划管理提供了完备的工具，用户可以根据自己的习惯和项目的具体要求采用"自上而下"或"自下而上"的方式安排整个建设工程项目。

2. 资源管理

Microsoft Project 为项目资源管理提供了适度、灵活的工具，用户可以方便地定义和输入资源，可以采用软件提供的各种手段观察资源的基本情况和使用状况，同时还提供解决资源冲突的手段。

3. 费用管理

Microsoft Project 为项目管理工作提供了简单的费用管理工具，可以帮助用户实现简单的费用管理。

4. 突出的易学易用性，完备的帮助文档

Microsoft Project 是迄今为止易用性最好的项目管理软件之一，其操作界面和操作风格与大多数人平时使用的 Microsoft Office 软件中的 Word、Excel 完全一致。对中国用户来说，该软件有很大吸引力的一个重要原因是在所有引进的国外项目管理软件当中，只有该软件实现了"从内到外"的"完全"汉化，包括帮助文档的整体汉化。

5. 强大的扩展能力，与其他相关产品的融合能力

作为 Microsoft Office 的一员，Microsoft Project 也内置了 Visual Basic for Application（VBA），VBA 是 Microsoft 开发的交互式应用程序宏语言，用户可以利用 VBA 作为工具进行二次开发，一方面可以帮助用户实现日常工作的自动化；另一方面还可以开发该软件所没有提供的功能。此外，用户可以依靠 Microsoft Project 与 Office 家族其他软件的紧密联系，将项目数据输出到 Word 中生成项目报告，输出到 Excel 中生成电子表格文件或图形，输出到 Power Point 中生成项目演示文件，还可以将 Microsoft Project 的项目文件直接存储为 Access 数据库文件，实现与项目管理信息系统的直接对接。

二、Welcom Open Plan 项目管理软件

与前面介绍的 P3e 类似，Welcom 公司的 Open Plan，也是一个企业级的项目管理软件，该软件的特点如下。

1. 进度计划管理

Open Plan 采用自上而下的方式分解工程。拥有无限级别的子工程，每个作业都可分解子网络、孙网络，无限分解，这一特点为大型、复杂建设工程项目的多级网络计划的编制和控制提供了便利；此外，其作业数目不限，同时提供了最多 256 位宽度的作业编码和作业分类码，为建设工程项目的多层次、多角度管理提供了可能，使得用户可以很方便地实现这些编码与工程信息管理系统中其他子系统的编码的直接对接。

2. 资源管理与资源优化

资源分解结构（RBS）可结构化地定义数目无限的资源，其包括资源群、技能资源、驱控资源，以及通常资源、消费品、消耗品。拥有资源强度非线性曲线、流动资源计划。

在资源优化方面拥有独特的资源优化算法，4 个级别的资源优化程序，与 P3 一样，Open Plan 可以通过对作业的分解、延伸和压缩进行资源优化。Open Plan 可同时优化无限数目的资源。

3. 项目管理模板

Open Plan 中的项目专家功能提供了几十种基于美国项目管理学会（PMI）专业标准的管理模板，用户可以使用或自定义管理模板，建立 C/SCSC（费用/进度控制系统标准）或 ISO

(国际标准化组织)标准，帮助用户自动应用项目标准和规程进行工作，例如每月工程状态报告、变更管理报告等。

4. 风险分析

Open Plan 集成了风险分析和模拟工具，可以直接使用进度计划数据计算最早时间、最晚时间和时差的标准差和作业危机程度指标，不需要再另行输入数据。

5. 开放的数据结构

Open Plan 全面支持OLE2.0，与Excel等Windows应用软件可简单地复制和粘贴；工程数据文件可保存为通用的数据库，如Microsoft Access、Oracle、Microsoft SQL Server、Sybase，以及FoxPro的DBF数据库；用户还可以修改库结构增加自己的字段，并定义计算公式。

三、建设工程项目合同事务管理与费用控制管理软件

（一）Primavera Expedition

Primavera Expedition 是由Primavera系统公司开发的。它以合同为主线，通过对合同执行过程中发生的诸多事务进行分类、处理和登记，并和相应的合同有机地关联，使用户可以对合同的签订、预付款、进度款和工程变更进行控制；同时，可以对各项工程费用进行分摊和反检索分析；可以有效处理合同各方的事务，跟踪有多个审阅回合和多人审阅的文件审批过程，加快事务的处理进程；可以快速检索合同事务文档。

1. 软件的特点

(1)可用于建设工程项目管理的全过程。

(2)具有很强的拓展能力，用户可以利用软件本身的工具进行二次开发，进一步增强该软件的适用性。

2. 软件的功能

(1)合同与采购订单管理。Expedition内置了一套符合国际惯例的工程变更管理模式，用户也可以自定义变更管理的流程；Expedition还可以根据既定的关联关系帮助用户自动处理项目实施过程中的设计修改审定、修改图分发、工程变更、工程概算/预算、合同进度款/结算。

(2)变更的跟踪管理。Expedition对变更的处理采取变更事项跟踪的形式。其将变更文件分成四大类：即请示类、建议类、变更类和通知类，可以实现对变更事宜的快速检索。通过可自定义的变更管理，用户可以快速解决变更问题，可以随时评估变更对工程费用和总体进度计划的影响，评估对单个合同的影响和对多个合同的连锁影响，其对变更费用提供从估价到确认的全过程管理，通过追踪已解决和未解决的变更对项目未来费用的变化趋势进行预测。

(3)费用管理。在费用控制上，其通过可动态升级的费用工作表，将实际情况自动传递到费用工作表中，各种变更费用也可反映到对应的费用类别中，从而为用户提供分析和预测项目趋势时所需要的实时信息，以便用户作出更好的费用管理决策；通过对所管理的工程的费用趋势分析，如分析材料短缺或工资上涨对工程费用的影响，用户能采取适当的行动，以避免不必要的损失。

(4)交流管理。Expedition通过内置的记录系统来记录各种类型的项目交流情况。通过

请示记录功能帮助用户管理整个工程的跨度内的各种送审文件，无论其处于处理的哪个阶段，在什么人手中，都可以随时评估其对费用和进度的潜在影响；通过会议纪要功能记录每次会议的各类信息；通过信函和收发文的功能，实现往来信函和文档的创建、跟踪和存档；通过电话记录功能记录重要的电话交谈内容。

(5)记事。其可以对送审文件、材料到货、问题、日报进行登录、归类、事件关联、检索、制表等。

(6)项目概况。其可以反映项目各方的信息、项目执行状态及项目的简要说明。

(二) Prolog Manager

Prolog Manager 是由美国 Meridian 系统公司开发的，它以合同事务管理为主线，可以处理项目管理中除进度计划管理外的大部分事务。

该软件具有以下主要功能和特点。

(1)合同管理。该软件可以管理工程所涉及的所有合同信息，包括相关的单位信息、每个合同的预算费用、已发生的变更(设计变更、进度计划变更、施工条件变更等)、将要发生的变更、进度款的支付和预留等。

(2)采购管理。该软件可以管理建设工程项目中需要采购的各种材料、设备和相应的规范要求，可以直接和进度作业连接。

(3)费用管理。该软件可以准确获取最新的预算、实际费用信息，使用户及时了解建设工程项目费用的情况。

(4)工程事务管理。该软件可以完成项目管理过程中的事务性管理工作，包括对工程中的人工、材料和设备、施工机械等进行记录和跟踪，处理施工过程中的日常记事、施工日报、安全通知、质量检查、现场工作指示等。

(5)文档管理。该软件提供图纸分发、文件审批、文档传送功能，可以通过预先设置的有效期发出催办函。

(6)标准化管理。该软件可以将项目管理所需的各种信息分门别类进行管理；各个职能部门按照所制定的标准对自己的工作情况进行输入和维护，管理层可以随时审阅项目各个方面的综合信息，考核各个部门的工作情况，掌握工作的进展，准备及时地作出决策。

(7)兼容性。该软件可以输入、输出相关数据，可以与其他应用软件相互读写信息；既可将进度作业输出到有关进度软件(Microsoft Project、P3、Open Plan)，又可将进度计划软件的作业输入到该软件中。

(三) Cobra 成本控制软件

Cobra 成本控制软件是由 Welcom 公司开发的成本控制软件。

该软件的功能特点如下：

(1)费用计划。其可以和进度计划管理相结合，形成动态的费用计划。预算元素或目标成本的分配可在作业级或"工作包"级进行，也可直接从预算软件或进度计划软件中读取。其支持多种预算，可实现量价分离，可合并报告多种预算费用计划。每个预算可按用户指定的时间间隔分布，如每周、每月、每年等。支持多国货币，允许使用 16 种不同的间接费率，自定义非线性曲线，并提供大量自定义字段，可定义计算公式。

(2)费用分解结构。其可以将工程及其费用自上而下地分解，可在任意层次上修改预算和预测。其可以设定不限数目的费用科目、会计日历、取费费率、费用级别、工作包，使用户建立完整的项目费用管理结构。

（3）实际执行反馈。其可用文本文件或 DBF 数据库递交实际数据，可连接用户自己的工程统计软件和报价软件，自动计算间接费用。其可修改过去输入错误的数据，可总体重算。

（4）执行情况评价/赢得值。软件内置了标准评测方法和分摊方法，可按照所使用的货币、资源数量或时间计算完成的进度，可用工作包、费用科目、预算元素或分级结构、部门等评价执行情况。其拥有完整的标准报告和图形，内置电子表格。

（5）开放的数据结构。数据库结构完全开放，可以方便地与用户自己的管理系统连接。市场上通用的电子报表软件和报表生成器软件都可利用该软件的数据制作报表。

（6）预测分析。其提供无限数量的同步预测分析，可手工干预或自动生成；提供无限数量的假设分析；可使用不同的预算、费率、劳动力费率和外汇费率；可自定义计算公式；还可用需求金额来反算工时。

（7）进度集成。其提供在工程实施过程中任意阶段的费用和进度集成的动态环境，该软件的数据可以完全从软件提供的项目专家或其他项目中读取，无须重复输入。工程状态数据可利用进度计划软件自动更新，修改过的预算也可自动更新到项目专家的进度中去。

（四）建筑工程项目成本管理系统(EPCCS)V3.0

中国建筑工程总公司与北京广联达慧中软件技术有限公司联合开发的"建筑工程项目成本管理系统(EPCCS)V3.0"是一个辅助施工企业从项目中标开始，对项目实施成本进行全过程跟踪控制管理的软件。该软件在经过中国建筑工程总公司几个项目经理部的试用后，取得了非常好的效果，它对项目成本实施计划管理、实时控制以及核算管理，使项目经理所管理的项目的收支情况清晰明了，成本盈亏一目了然，是项目经理的得力助手。

1. 软件的特点

（1）软件由五大模块组成，分为公司级与项目级两级使用，不同岗位的人使用不同的功能模块。

（2）成本管理项目划分与会计科目对应关系由用户自行设置，能适应各类施工企业不同的成本管理模式。

（3）软件设计了与广联达造价系列软件的数据接口，方便用户进行造价方面的数据调用。

（4）软件设计了与用友财务管理软件及各地区预算管理软件的接口，实现了财务和预算方面的数据调用。

（5）预算数据及财务数据的输入有手工输入和从相关软件中调用两种方式，方便了用户的使用。

（6）工程项目成本支出有从财务管理软件中读取和通过确认单填报两种方式，适应工程项目部设置财务管理和不设财务管理两种管理方式。

（7）施工成本预测及月度施工预算表编制功能，提供了整体系数法、单项系数法和手工输入法三种方式，适应主要、次要材料及机械设备消耗量的测算。

（8）设有总、分包施工图预算对比功能，便于审查分包预算。

（9）有总、分包预算对比，材料计划消耗与实际消耗对比，预算人工费与实际人工费支出对比等功能，并可用直方图、比例图等图形显示。

(10)数据输出有向打印机输出和向文件输出两种方式，便于数据的利用和与其他软件的接口。

(11)有材料收、发、存管理功能，能满足工地施工材料管理的需要。

(12)输出表的三级表头名称、栏目、栏目名称、排列、宽度、行数、标题、字体大小、上边及左侧留空均可由用户自定义，适应不同企业不同的成本管理习惯。有打印预览功能，便于输出结果的查对。

2. 软件的功能

(1)系统的初始化。主要功能包括打印输出的设置、预算软件数据库结构对口的设置、财务软件数据库对口的设置、材料数据库的维护、成本核算公式的确定、计算工程造价的取费公式的设置、操作人员的权限设定、成本台账格式的设置等。

(2)工程成本管理。主要功能包括工程造价数据读入、分包工程划分、分包信息管理、分包费用管理、施工成本预测、工程管理费计划编制、企业管理费计划编制与工程成本节超分析、月度工程成本收入、月度工程成本支出、月度工程成本节超分析、工程决算造价数据、工程决算成本支出、工程决算成本节超分析等。

(3)施工成本管理。主要功能包括项目施工成本计划、月度计划完成工作量、月度施工成本计划收入、月度施工成本计划支出、月度施工成本计划节超分析、月度实际完成工作量、月度直接费实际收入、分包管理、签证管理、施工成本决算分析等。

(4)物资管理。主要功能包括材料信息管理、材料收发管理、周转材料管理和机械设备管理四个方面。

(5)成本核算管理。主要功能包括财务数据、费用确认单与成本台账三个部分。

四、建筑信息模型或建筑信息管理

建筑信息模型(Building Information Modeling)或建筑信息管理(Building Information Management)(简称 BIM)，是以建筑工程项目的各项相关信息数据作为基础，建立起三维的建筑模型，通过数字信息仿真模拟建筑物所具有的真实信息。它具有信息完备性、信息关联性、信息一致性、可视化、协调性、模拟性、优化性和可出图性八大特点。

1. BIM 简介

BIM 涵盖了几何学、空间关系、地理信息系统、各种建筑组件的性质及数量(例如供应商的详细信息)，可以用来展示整个建筑生命周期，包括了兴建过程及营运过程。从 BIM 设计过程的资源、行为、交付三个基本维度，给出设计企业的实施标准的具体方法和实践内容。BIM 不是简单地将数字信息进行集成，而是一种数字信息的应用，并可以用于设计、建造、管理的数字化方法。这种方法支持建筑工程的集成管理环境，可以使建筑工程在其整个进程中显著提高效率、大量减少风险。

BIM 用数字化的建筑组件表示真实世界中用来建造建筑物的构件。对于传统计算机辅助设计用矢量图形构图来表示物体的设计方法来说是个基本的改变，因为它能够结合众多图形来展示对象。

施工文件对准确信息的需求来自多方面，包括图纸、采购细节、环境状况、文件提交程序和其他与建筑物品质规格相关的文件。支持建筑信息模型的人士期望这样的技术，可以为设计、承造、建筑物业主/经营者创建沟通的桥梁，提供处理工程专案所需要的实时相关信息。而提供准确信息的方法是经由工程的各个参与方在各自运行工作的责任期间,就其拥有的信息,对这个建筑信息模型进行增添和参考。例如,当大厦管理员发现一些渗漏事件,首先可能不是探索整栋大厦,而是转向在建筑信息模型查找位于嫌疑点的阀门。使其能够依据适当的计算机计算能力,获得阀门的规格、制造商、零件号码和其他在过去曾被研究过的信息,针对可能的原因进行维护。

2. BIM 的特点

(1)可视化(Visualization)。可视化即"所见所得"的形式。对于建筑行业来说,可视化的真正运用在建筑业的作用是非常大的,例如经常拿到的施工图纸,只是各个构件的信息在图纸上的采用线条绘制表达,但是其真正的构造形式就需要建筑业参与人员去自行想象了。对于一般简单的东西来说,这种想象也未尝不可,但是近几年建筑业的建筑形式各异,复杂造型在不断的推出,那么这种光靠人脑去想象的东西就未免有点不太现实了。所以 BIM 提供了可视化的思路,让人们将以往的线条式的构件形成一种三维的立体实物图形展示在人们的面前。建筑业也有设计方面出效果图的事情,但是这种效果图是分包给专业的效果图制作团队进行识读设计制作出的线条式信息制作出来的,并不是通过构件的信息自动生成的,缺少了同构件之间的互动性和反馈性,然而 BIM 提到的可视化是一种能够同构件之间形成互动性和反馈性的可视,在 BIM 建筑信息模型中,由于整个过程都是可视化的,所以可视化的结果不仅可以用来进行效果图的展示及报表的生成,更重要的是,项目设计、建造、运营过程中的沟通、讨论、决策都在可视化的状态下进行。

(2)协调性(Coordination)。协调性是建筑业中的重点内容,不管是施工单位还是业主及设计单位,无不在做着协调及相配合的工作。一旦项目的实施过程中遇到了问题,就要将各有关人士组织起来开协调会,找各施工问题发生的原因及解决办法,然后出变更,采取相应补救措施等进行问题的解决。那么这个问题的协调真的就只能出现问题后再进行协调吗?在设计时,往往由于各专业设计师之间的沟通不到位,而出现各种专业之间的碰撞问题,例如暖通等专业中的管道在进行布置时,由于施工图纸是各自绘制在各自的施工图纸上的,真正施工过程中,可能在布置管线时正好在此处有结构设计的梁等构件在此妨碍着管线的布置,这种就是施工中常遇到的碰撞问题,像这样的碰撞问题的协调解决就只能在问题出现之后再进行解决吗? BIM 的协调性服务就可以帮助处理这种问题,也就是说 BIM 建筑信息模型可在建筑物建造前期对各专业的碰撞问题进行协调,生成协调数据,提供出来。当然 BIM 的协调作用也并不是只能解决各专业间的碰撞问题,它还可以解决例如:电梯井布置与其他设计布置及净空要求的协调,防火分区与其他设计布置的协调,地下排水布置与其他设计布置的协调等。

(3)模拟性(Simulation)。模拟性并不是只能模拟设计出的建筑物模型,还可以模拟不能够在真实世界中进行操作的事物。在设计阶段,BIM 可以对设计上需要进行模拟的一些东西进行模拟实验,例如:节能模拟、紧急疏散模拟、日照模拟、热能传导模拟等;在招标投标和施工阶段可以进行 4D 模拟(三维模型加项目的发展时间),也就是根据施工的组织设计模拟实际施工,从而来确定合理的施工方案来指导施工。同时还可以进行 5D 模拟(基于 3D 模型的造价控制),从而来实现成本控制;后期运营阶段可以模拟日常紧急情况的处理方式的模拟,例如地震人员逃生模拟及消防人员疏散模拟等。

(4)优化性。事实上整个设计、施工、运营的过程就是一个不断优化的过程,当然优化和 BIM 也不存在实质性的必然联系，但在 BIM 的基础上可以做更好的优化、更好地进行优化。优化受三个方面的制约：信息、复杂程度和时间。没有准确的信息得不出合理的优化结果，BIM 模型提供了建筑物的实际存在的信息，包括几何信息、物理信息、规则信息，还提供了建筑物变化以后的实际存在。复杂程度高到一定程度，参与人员本身的能力无法掌握所有的信息，必须借助一定的科学技术和设备的帮助。现代建筑物的复杂程度大多超过参与人员本身的能力极限，BIM 及与其配套的各种优化工具提供了对复杂项目进行优化的可能。基于 BIM 的优化可以做以下工作。

1) 项目方案优化：把项目设计和投资回报分析结合起来，设计变化对投资回报的影响可以实时计算出来；这样业主对设计方案的选择就不会主要停留在对形状的评价上，而更多的可以使得业主知道哪种项目设计方案更有利于自身的需求。

2) 特殊项目的设计优化：例如裙楼、幕墙、屋顶、大空间到处可以看到异型设计，这些内容看起来占整个建筑的比例不大，但是占投资和工作量的比例和前者相比却往往要大得多，而且通常也是施工难度比较大和施工问题比较多的地方，对这些内容的设计施工方案进行优化，可以带来显著的工期和造价改进。

(5) 可出图性。BIM 并不是为了出大家日常多见的建筑设计院所出的建筑设计图纸，及一些构件加工的图纸，而是通过对建筑物进行了可视化展示、协调、模拟、优化以后，可以帮助业主出如下图纸：

1) 综合管线图（经过碰撞检查和设计修改，消除了相应错误以后）；

2) 综合结构留洞图（预埋套管图）；

3) 碰撞检查侦错报告和建议改进方案。

通过上述内容，我们可以大体了解 BIM 的相关内容。BIM 在世界很多国家已经有比较成熟的 BIM 标准或者制度。BIM 在中国建筑市场内要顺利发展，必须将 BIM 和国内的建筑市场特色相结合，才能够满足国内建筑市场的特色需求，同时 BIM 将会给国内建筑业带来一次巨大变革。

(6) 一体化性。基于 BIM 技术可进行从设计到施工再到运营贯穿了工程项目的全生命周期的一体化管理。BIM 的技术核心是一个由计算机三维模型所形成的数据库，不仅包含了建筑的设计信息，而且可以容纳从设计到建成使用，甚至是使用周期终结的全过程信息。

(7) 参数化性。参数化建模指的是通过参数而不是数字建立和分析模型，简单地改变模型中的参数值就能建立和分析新的模型；BIM 中图元是以构件的形式出现，这些构件之间的不同，是通过参数的调整反映出来的，参数保存了图元作为数字化建筑构件的所有信息。

(8) 信息完备性。信息完备性体现在 BIM 技术可对工程对象进行 3D 几何信息和拓扑关系的描述以及完整的工程信息描述。

3. Revit 软件

Revit 软件是 Autodesk 公司开发的一套系列软件。Revit 系列软件是专为建筑信息模型(BIM)构建的，可帮助建筑设计师设计、建造和维护质量更好及能效更高的建筑。

Revit 软件是我国建筑业 BIM 体系中使用最广泛的软件之一。

Revit 软件作为一种应用程序，它提供了 Revit Architecture、Revit MEP 和 Revit Structure 软件的功能。

Revit Architecture 软件可以按照建筑师和设计师的思考方式进行设计，因此，可以提供更高质量、更加精确的建筑设计。建筑设计通过使用专为支持建筑信息模型工作流而构建的工具，可以获取并分析概念，并可通过设计、文档和建筑保持视野。强大的建筑设计工具可帮助用户捕捉和分析概念，以及保持从设计到建筑的各个阶段的一致性。

Revit MEP 软件向暖通、电气和给水排水(MEP)工程师提供工具，可以设计最复杂的建筑系统。MEP 工程设计使用信息丰富的模型在整个建筑生命周期中支持建筑系统，可对暖通、电气和给水排水进行设计和分析高效的建筑系统以及为这些系统编档。

Revit Structure 软件为结构工程师和设计师提供了工具，可以更加精确地设计和建造高效的建筑结构。

为支持 BIM 而构建的 Revit 可帮助用户使用智能模型，通过模拟和分析深入了解项目，并在施工前预测性能。使用智能模型中固有的坐标和一致信息，可提高文档设计的精确度。专为结构工程师构建的工具可帮助用户更加精确地设计和建筑高效的建筑结构。

五、工程项目管理系统(PKPM)

PKPM 是由中国建筑科学研究院与中国建筑业协会工程项目管理委员会共同开发的一体化施工项目管理软件。它是以工程数据库为核心，以施工管理为目标，针对施工企业的特点而开发的。其中主要包括 3 种软件。

(1)标书制作及管理软件。可提供标书全套文档编辑、管理、打印功能，根据投标所需内容，可从模板素材库、施工资料库、常用图库中，选取相关内容，任意组合，自动生成规范的标书及标书附件或施工组织设计。还可导入其他模块生成的各种资源图表和施工网络计划图以及施工平面图。

(2)施工平面图设计及绘制软件。提供临时施工的水、电、办公、生活、仓储等计算功能，生成图文并茂的计算书供施工组织设计使用，还包括从已有建筑生成建筑轮廓，建筑物布置，绘制内部运输道路和围墙，绘制临时设施(水电)工程管线、仓库与材料堆场、加工厂与作业棚、起重机与轨道，标注各种图例符号等。该软件还可提供自主版权的通用图形平台，并可利用平台完成各种复杂的施工平面图。

(3)项目管理软件。项目管理软件是施工项目管理的核心模块，它具有很高的集成性，行业上可以和设计系统集成，施工企业内部可以同施工预算、进度、成本等模块数据共享。该软件以《建设工程施工项目管理规范》为依据进行开发，软件自动读取预算数据，生成工序、确定资源、完成项目的进度、成本计划的编制，生成各类资源需求量计划、成本降低计划、施工作业计划以及质量安全责任目标，通过网络计划技术、多种优化、流水作业方案、进度报表、前锋线等手段实施进度的动态跟踪与控制，通过质量测评、预控及通病防治实施质量控制。

其功能和特点是：

1)按照项目管理的主要内容，实现四控制(进度、质量、成本、安全)，三管理(合同、现场、信息)，一提供(为组织协调提供数据依据)的项目管理软件；

2)提供了多种自动建立施工工序的方法；

3)根据工程量、工作面和资源计划安排及实施情况自动计算各工序的工期、资源消耗、成本状况，换算日历时间，找出关键路径；

4)可同时生成横道图、单代号、双代号网络图和施工日志；

5)具有多级子网功能,可处理各种复杂工程,有利于工程项目的微观和宏观控制;

6)具有自动布图,能处理各种搭接网络关系、中断和强制时限;

7)自动生成各类资源需求曲线等图表,具有所见即所得的打印输出功能;

8)系统提供了多种优化、流水作业方案及里程碑功能实现进度控制;

9)通过前锋线功能动态跟踪与调整实际进度,及时发现偏差并采取调整措施;

10)利用三算对比、国际上通行的赢得值原理进行成本的跟踪与动态调整;

11)对于大型、复杂及进度、计划等都难以控制的工程项目,可采用国际上流行的"工作包"管理控制模式;

12)可对任意复杂的工程项目进行结构分解,在工程项目分解的同时,对工程项目的进度、质量、成本、安全目标等进行了分解,并形成结构树,使得管理控制清晰,责任目标明确;

13)利用严格的材料检验、监测制度,工艺规范库,技术交底、预检、隐蔽工程验收、质量预控专家知识库进行质量保证,统计分析"质量验评"结果,进行质量控制;

14)利用安全技术标准和安全知识库进行安全设计和控制;

15)可编制月度、旬作业计划、技术交底,收集各种现场资料等进行现场管理;

16)利用合同范本库签订合同和实施合同管理。

六、清华思维尔项目管理软件

清华思维尔项目管理软件是将网络计划及优化技术应用于建设项目的实际管理中,以国内建设行业普遍采用的横道图双代号时标网络图作为项目进度管理与控制的主要工具。通过挂接各类工程定额实现对项目资源、成本的精确分析与计算。不仅能够从宏观上控制工期、成本,还能从微观上协调人力、设备、材料的具体使用。

1. 软件的特点

(1)遵循规范。软件设计严格遵循《工程网络计划技术规程》(JGJ/T 121—2015)、《网络计划技术》(GB/T 13400)等国家标准,提供单起单终、过桥线、时间参数双代号网络图等重要功能。

(2)灵活实用。系统提供"所见即所得"的矢量图绘制方式及全方位的图形属性自定义功能,与 Word 等常用软件的数据交互,极大地增强了软件的灵活性。

(3)控制方便。可以方便地进行任务分解,建立完善的大纲任务结构与子网络,实现项目计划的分级控制与管理。

(4)制图高效。系统内图表类型丰富实用,并提供拟人化操作模式,制作网络图快速精美,智能生成施工横道图、单代号网络图、双代号时标网络图、资源管理曲线等各类图表,智能流水、搭接、冬歇期、逻辑网络图等功能更好地满足实际绘图与管理的需要。

(5)接口标准。该软件提供对 Ms Project 项目数据接口,确保快捷、安全地进行数据交换并智能生成双代号网络图;可输出图形为 AutoCAD. Emf 通用图形格式。

(6)输出精美。满足用户对输出模式和规格的要求,保证图表输出美观、规范,并可以导出到 Excel 进行二次调整处理。

2. 软件的功能

(1)项目管理。以树型结构的层次关系组织实际项目并允许同时打开多个项目文件进行操作。

(2)编辑处理。可随时插入、修改、删除、添加任务,实现或取消任务间的四类逻辑关系,进行升级或降级的子网操作,以及任务查找等功能。

(3)数据录入。可方便地选择在图形界面或表格界面中完成各类任务信息的录入工作。

(4)视图切换。可随时选择在横道图、双代号、单代号、资源曲线等视图界面间进行切换,从不同角度观察、分析实际项目。同时在一个视图内进行数据操作时,其他视图动态适时的改变。

(5)图形处理。能够对网络图、横道图进行放大、缩小、拉长、缩短、鹰眼、全图等显示,以及对网络图的各类属性进行编辑等操作。

(6)数据管理与接口。实现项目数据的备份与恢复、Ms Project 项目数据的导入与导出、AutoCAD 图形文件输出、Emf 图形输出等操作。

(7)图表打印。可方便地打印出施工横道图、单代号网络图、双代号网络图、资源需求曲线图、关键任务表、任务网络时间参数计算表等多种图表。

本章小结

在建设工程项目管理过程中使用的各个软件,主要用于收集、综合和分发项目管理过程的输入和输出信息。本章主要介绍建设工程项目管理软件的应用及常用的管理软件。

思考与练习

一、填空题

1. _____ 是指在项目管理过程中使用的各类软件,这些软件主要用于收集、综合和分发项目管理过程的输入和输出的信息。

2. 项目管理软件提供的基本功能,主要包括 _____ 、_____ 、_____ 、_____ 、_____ 和 _____ 等。

3. _____ 软件应提供的功能包括投标报价、预算管理、费用控制、绩效检测和差异分析。

4. _____ 是指建设工程项目是由过程组成的,项目管理的工作就是要将这些过程集成在一起,保证项目目标的实现。

二、选择题

1. 按照建设工程项目管理软件适用的各个阶段划分不包括( )。

   A. 适用于某个阶段特殊用途的项目管理软件

   B. 普遍适用于各个阶段的项目管理软件

   C. 对各个阶段进行集成管理的软件

   D. 对特殊阶段进行特殊管理的软件

2. (　　)应提供的功能包括:定义工作(也称为任务、作业、活动),并将这些工作用一系列的逻辑关系连接起来;计算关键路径;时间进度分析;资源平衡;实际的计划执行状况;输出报告,包括横道图(甘特图)和网络图等。
   A. 进度计划管理软件　　　　　　B. 费用管理
   C. 资源管理　　　　　　　　　　D. 多功能集成的项目管理软件套件

3. (　　)内置了一套符合国际惯例的工程变更管理模式,用户也可以自定义变更管理的流程。
   A. Primavera Expedition　　　　B. Prolog Manager
   C. Primavera Project Planner　　D. Microsoft Project

三、简答题
1. 建设工程项目管理软件主要具有哪些特征?
2. 按照项目管理软件适用的工程对象划分为哪些?
3. 建设工程项目管理软件的功能分析分为哪几个模块?
4. 建设工程项目管理软件应用的重要性表现在哪几个方面?
5. 建设工程项目管理软件应用的形式有哪些?
6. 简述在建设工程项目管理中应用项目管理软件时应遵循的基本步骤。
7. 简述 Primavera Project Planner(P3)软件及其特点。
8. 简述 BIM 软件及其特点。

参考文献

[1] 邓铁军. 工程建设项目管理[M]. 3版. 武汉：武汉理工大学出版社，2019.
[2] 丛培经. 工程项目管理[M]. 5版. 北京：中国建筑工业出版社，2017.
[3] 刘喆，刘志君. 建设工程信息管理[M]. 北京：化学工业出版社，2005.
[4] 陈国青，李一军. 管理信息系统[M]. 北京：高等教育出版社，2006.
[5] 韩同银，李明. 建筑施工项目管理[M]. 北京：机械工业出版社，2012.
[6] 卢有杰，卢家仪. 项目风险管理[M]. 北京：清华大学出版社，2001.
[7] 成虎，陈群. 工程项目管理[M]. 4版. 北京：中国建筑工业出版社，2015.